巢湖流域水生态健康研究
Aquatic Ecosystem Health of Chaohu Basin

高俊峰　蔡永久　夏　霆　张志明　尹洪斌　黄　琪等　著

科　学　出　版　社

北　京

内 容 简 介

本书基于对巢湖流域河流、湖泊、水库水生态的全面调查，从流域、水生态功能区、子流域、调查样点四个尺度，分析、评价了巢湖流域水生生物及其栖息地特征。书中系统分析了水环境和沉积物的时空分布，阐明了水生生物栖息地的物理和化学特征；从数量和多样性等方面对浮游植物、着生硅藻、浮游动物、大型底栖动物、水生植物和鱼类的特征进行了多尺度的分析与评估，阐明了不同水体和空间尺度的生物特征。在此基础上，参考国内外水生态健康的评估成果，构建了巢湖流域水生态健康评估指标体系和评估方法，并对巢湖流域的水生态健康做出了定量评估，分析了水生态健康状况的空间分布规律、影响因素。本研究成果对于揭示巢湖流域水生态及其健康的规律，为巢湖流域生态恢复、保护与管理等提供科学依据。

本书可以作为科研院所、高等院校，以及相关企业、机构、管理部门的流域生态学、环境学、地理学、水文学等专业和领域的科研、教学、规划、管理等工作的参考书。

图书在版编目（CIP）数据

巢湖流域水生态健康研究／高俊峰等著 . —北京：科学出版社，2016. 6
ISBN 978-7-03-048431-4

Ⅰ . ①巢… Ⅱ . ①高… Ⅲ . ①巢湖流域–水环境质量–评价 Ⅳ . ①X824

中国版本图书馆 CIP 数据核字（2016）第 119712 号

责任编辑：刘 超／责任校对：邹慧卿
责任印制：肖 兴／封面设计：无极书装

科学出版社 出版

北京东黄城根北街 16 号
邮政编码：100717
http：//www. sciencep. com

中国科学院印刷厂 印刷
科学出版社发行 各地新华书店经销

*

2016 年 6 月第 一 版 开本：787×1092 1/16
2016 年 6 月第一次印刷 印张：23 1/4
字数：520 000
定价：168. 00 元
（如有印装质量问题，我社负责调换）

前　　言

我国一直以水质参数来代表水环境质量，但水质参数仅能表征流域水生态系统的化学特征，生物特征及其生物栖息地质量又与水质特征密切相关。随着流域水生态问题的出现和研究的深入，20 世纪 60 年代以来，人们从对流域水质状况关注逐渐扩大到对水生态健康的关注，不仅关注水体物理、化学特征，更应该关注水体的生物特征及其生境的质量，以利于提出生态系统的持续、稳定发展的策略，使生态系统具备较强的抵御外界干扰能力，同时为认识生态系统的状况，可为受损生态系统的恢复与重建提供科学依据。

国家相关部门已经认识到开展水生态健康评估的重要性、必要性和紧迫性。但由于我国湖泊及其所在流域在本底状况、水体特征、生物特征、栖息地状况，以及人类活动压力状况等都存在巨大差异。由此，在参考国内外相关方法和标准的基础上，提出适合流域特点的水生态健康评价指标体系、评价标准和评价方法是可行的策略。

水生态系统是由水生生物群落与水环境共同构成的具有特定结构和功能的动态平衡系统。流域水生态系统健康评价是对流域水生态系统结构和功能完整性的评价。生态完整性是指水生态系统能够支撑与维持自身平衡的能力，其内部的有机体具有组成丰富性、多样性以及与区域环境相适应的特征。流域生态系统健康反映的是流域生态系统在外来干扰下维持其自然状态、稳定性和自组织能力的程度。

巢湖是我国著名的五大淡水湖之一，具有供水、防洪、灌溉、渔业、旅游等多种服务功能。巢湖流域地处江淮丘陵之间，流域总面积为 1.35 万 km^2，有河流 33 条，主要出入河流有十条，其中杭埠河—丰乐河是注入巢湖水量最大的河流，其次为南淝河、白石天河。巢湖流域属北亚热带季风气候区，气候温和湿润，主要土壤类型有水稻土、黄褐土、紫色土、棕壤、黄壤、石灰土等。植被基本为人工林和次生林，以及大范围分布的种植农作物。巢湖流域是安徽省人口较集中的地区之一，2014 年流域内的人口为 965.4 万人，GDP 总量为 5579.4 亿元，产业结构方面，第二、第三产业比重已达到 90% 以上。随着巢湖流域社会经济的快速发展，人类活动对生态环境的压力越来越大，导致水环境恶化、水生生物种类减少、多样性下降、栖息地环境恶化等水生态健康问题的出现。

本书基于对巢湖流域河流、湖泊、水库水生态的全面调查，从流域、水生态功能区、子流域、调查样点四个尺度，分析、评价了巢湖流域水生生物及其栖息地特征。书中系统分析了水环境和沉积物的时空分布，阐明了水生物栖息地的物理和化学特征；从数量和多样性等方面对浮游植物、着生硅藻、浮游动物、大型底栖动物、水生植物和鱼类的特征进行了多尺度的分析与评估，阐明了不同水体和空间尺度的生物特征。在此基础上，参考国内外水生态健康的评估成果，构建了巢湖流域水生态健康评估指标体系和评估方法，并对巢湖流域的水生态健康做出了定量评估，分析了水生态健康状况的空间分布规律、影响因素。

从研究结果来看，巢湖流域水质以Ⅳ类为主，占 56.29%，其次为Ⅰ、Ⅱ和Ⅲ类，占 31.06%；Ⅴ类水占 5.27%。从时间上来看，春季水质较夏季水质差，表明季节变化对水质有较大影响。从空间上看，由于受城市污染及农村面源污染影响，南淝河流域水质最差，流域北部和西南部主要河道水质较好。因子分析显示氮磷等营养物质是流域水质主要污染来源，6 条主要入湖水系污染程度的排序为：南淝河、十五里河>派河>兆河>柘皋河>白石天河>杭埠河。

巢湖流域河流和湖库沉积物中的有机质、总氮、总磷含量较高，巢湖的西半湖高于东半湖，东部平原区的河流略高于西部丘陵区河流，兆河流域要高于其他子流域；含量高值主要分布在肥东县的巢湖湾区以及巢湖东北湖区。沉积物中重金属元素含量基本上都超过了安徽省土壤环境背景值，其中 Cd、Hg 是巢湖流域水体沉积物中最主要的污染物。潜在生态风险为南淝河、裕溪河以及派河流域高于其它子流域，巢湖西半湖要高于东半湖。

巢湖流域发现浮游植物 276 种，隶属于 7 门、46 科、123 属（含变种）。蓝藻门、绿藻门和硅藻门数量比例大，是 3 个主要物种类别，出现率高的物种和优势物种多为耐营养型物种。流域不同水生态分区、不同子流域浮游植物种类、密度、生物量、生物多样性等群落结构特征存在时空差异性。

巢湖流域发现着生硅藻 181 种，隶属于 2 纲、7 目、11 科、38 属。内无壳缝目、双壳缝目和单壳缝目物种是主要优势物种，春季硅藻物种多样性状况优于夏季，杭埠河物种数最多，白石天河和柘皋河最少。

巢湖流域发现浮游动物——轮虫 114 种，隶属于 2 纲、2 目、20 科、36 属。从轮虫物种的空间分布看，春季巢湖及山丘区轮虫物种数较少，平原区轮虫物种数较高；夏季山丘区轮虫物种数整体上较低，平原区及巢湖的中部和东部物种数较高。春季巢湖的生物多样性指数均显著小于其他子流域，夏季南淝河流域的生物多样性指数显著小于其他子流域。一般认为，轮虫群落的物种多样性与水体营养水平和受污程度关联性很大。上述结果表明，春季巢湖的营养水平和受污染程度较高，降低了的轮虫物种多样性和群落均匀度；夏季南淝河流域具有的最低的物种多样性指数与其受到重污染密切相关。

巢湖流域发现大型底栖动物 243 种，隶属 3 门、7 纲、22 目、85 科、206 属。铜锈环棱螺、霍甫水丝蚓和苏氏尾鳃蚓是主要优势种。底栖动物物种数在源头溪流中较高，在巢湖及城市河流中较低。生物多样性指数的分布特征与物种数基本一致，呈现出西部丘陵区较高、东部平原区和巢湖较低的分布特征。流域内各水系的优势种也有差异，杭埠河的优势种数目最多，十五里河的优势种数量仅有 1 种，为耐污种霍甫水丝蚓。

巢湖流域发现水生植物 123 种，隶属于 43 科、85 属，以喜旱莲子草（*Alternanthera philoxeroides*）、芦苇（*Phragmites australis*）、菹草（*Potamogeton crispus*）、菱（*Trapa sp.*）、金鱼藻（*Ceratophyllum demersum*）、黑藻（*Hydrilla verticillata*）、虉草（*Phalaris arundinacea*）等为优势种。水生植物物种丰富度指数、多样性指数、优势度指数和均匀度指数均表现为西部丘陵区>东部平原区>巢湖湖滨带。水生植被群落的分为 2 个植被型组、4 个植被型、2 个植被亚型和 23 个群系。

巢湖流域共发现鱼类 60 种，隶属于 8 目、17 科。同历史数据相比，鱼类多样性明显下降，洄游鱼类局域性灭绝。巢湖鱼类主要以鲤科鱼类为主，种类数减少。就河流鱼类而言，主要由定居性物种组成，其物种数和物种组成的季节变化不明显，但鱼类的个体数量特征季节差异显著。巢湖流域鱼类群落的空间变化较小，二级河流的鱼类多样性高于其他等级河流，西南森林区的群落结构显著区别于其他区域。

巢湖流域的河流、湖泊水生态健康均处于中等水平，接近于良的下限。河流"优"和"良"的样点主要分布于西南山区、丘陵区域，"中"等级主要分布于东南部平原区域和流域丘陵岗地区域，"差"和"劣"的样点主要分布于南淝河和十五里河中下游区域。巢湖"优"等级的样点位于南部沿岸，"差"等级的样点位于巢湖西北部，此外，东半湖水生态健康评价得分高于西半湖。

本书共分十章，第 1 章是对巢湖流域水生态相关背景的介绍，第 2 章介绍了巢湖流域的水质特征，第 3 章介绍了沉积物特征，第 4 章～第 9 章分别就巢湖流域的浮游植物、着生硅藻、浮游动物、大型底栖动物、水生植物和鱼类做了介绍，第 10 章评价了巢湖流域水生态健康。

本书的总体框架和内容由中国科学院南京地理与湖泊研究所的高俊峰构思和设计。第 1 章由张志明（中国科学院南京地理与湖泊研究所）撰写，第 2 章由尹洪斌（中国科学院南京地理与湖泊研究所）撰写，第 3 章由中国科学院南京地理与湖泊研究所的蔡永久和蒋豫撰写，第 4 章由南京工业大学的夏霆、龙健和何涛撰写，第 5 章由夏霆、狄文亮（南京工业大学）和龙健撰写，第 6 章由温新利（安徽师范大学生命科学学院）撰写，第 7 章由蔡永久和张又（河海大学）撰写，第 8 章由刘坤（安徽师范大学生命科学学院）撰写，第 9 章由严云志（安徽师范大学生命科学学院）撰写，第 10 章由黄琪（江西师范大学）撰写。全书由高俊峰统稿和定稿。王雁、马晓华等整理了部分数据与参考文献，并绘制了部分图件。

本内容的研究和出版得到水体污染控制与治理科技重大专项"重点流域水生态功能三级四级分区研究"（编号：2012ZX07501002-008）、"巢湖湖滨带与圩区缓冲带生态修复技术与工程示范"（编号：2012ZX07103003-04-01）等课题的支持。

本研究和书稿撰写过程中，到多方面的关心与支持。在此谨向为本研究工作提供帮助与指导的单位、专家、学者，参与本工作但未列出名字的其他专家、学者和研究生，表示衷心感谢！

本书虽力求反映巢湖流域水生态系统时空特征和变化状况，评价水生态健康状态和影响因素，但由于条件所限，书中不妥之处请广大读者批评指正。

作　者

2015 年 12 月

目　　录

Contents

第1章 巢湖流域概况[①]

巢湖流域位于安徽省中部，属长江中下游北岸水系，流域西北以江淮分水岭为界，南临长江，西接大别山，东北邻滁河流域（水利部长江水利委员会，1999；赵济，1995；安徽省水利厅水利志编辑室，2010）。巢湖流域总面积为 $1.35 \times 10^4 km^2$，位于东经 $117°16'54'' \sim 117°51'46''$，北纬 $31°43'28'' \sim 31°25'28''$，约占安徽省总面积的9.3%。其中，巢湖闸以上为 $9153km^2$，巢湖闸以下为 $4333km^2$（安徽省水利厅水利志编辑室，2010）。流域地形总体上为由西向东渐低，流域西南部杭埠河上游为山区，海拔最高达到1500m左右，东北为丘陵及浅山区，沿江、沿湖为平原水网区，地面高程为 $7.5 \sim 13.0m$（王耀武等，1999）。流域内包括安徽省合肥市（合肥市辖四区、巢湖市1市，以及庐江、肥东、肥西、长丰4县），马鞍山市（含山县、和县），芜湖市（鸠江区、无为县），六安市（金安区、舒城县），安庆市岳西县，共5市、16县（市、区）（高俊峰和蒋志刚，2012）（图1-1）。

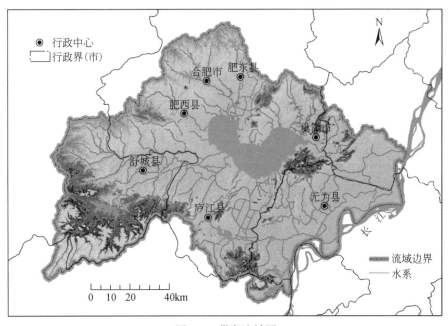

图1-1 巢湖流域图

巢湖流域属于北亚热带湿润性季风气候区，多年平均气温为16℃，相对湿度为76%，气候温和湿润，四季分明，雨量适中，热量丰富，无霜期较长，一般在200天以上（中国

---

① 本章由张志明（中国科学院南京地理与湖泊研究所）撰写，高俊峰统稿、定稿。

科学院《中国自然地理》编辑委员会，1984）。巢湖流域多年平均年降水量为 1215mm，其中汛期 5～8 月降水量占年降水量的 51%。流域最大年降水量为 1986mm（1991 年），最小年降水量为 672mm（1978 年）。多年平均年径流量为 59.2 亿 m^3，51% 的径流量集中在汛期 5～8 月（中国河湖大典编辑委员会，2010）。巢湖流域水资源量丰富，境内有巢湖、黄陂湖、龙河口水库、董铺水库等湖泊和水库。流域多年平均水资源量为 65 亿 m^3，其中 5～9 月占 64%（中国科学院《中国自然地理》编辑委员会，1985；安徽省水利厅水利志编辑室，2010）。

1.1 流域气候与降雨径流

1.1.1 气温

巢湖流域气温分布特点为西低东高，西部及西南部山丘区气温较低，东部平原区气温较高（图 1-2），多年平均气温为 16℃。以巢湖流域合肥气象站为例，该气象站气温年际变化明显，呈现出波动上升的趋势，且 1999～2009 年年均气温明显高于多年平均气温（图 1-3），这与长江流域多年平均气温的变化是一致的（杨桂山等，2009）。气象数据显示，合肥气象站气温月际变化明显，1 月多年平均气温最低，为 2.5℃；7 月多年平均气温最高，为 28.3℃（合肥站）（图 1-4）。极端最高气温为 41.0℃，出现在 1959 年 8 月 23 日；极端最低气温为 –20.6℃，出现在 1955 年 1 月 6 日。

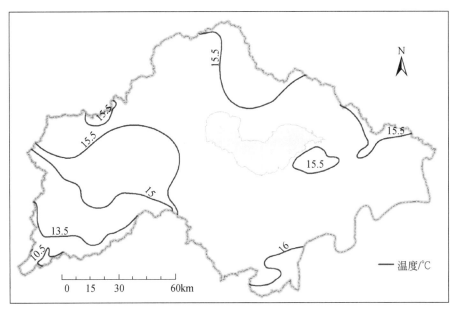

图 1-2　巢湖流域多年平均气温分布图

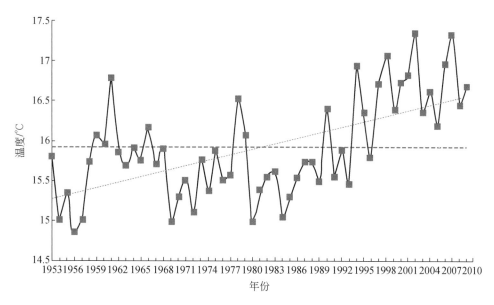

图 1-3　巢湖流域合肥站逐年平均气温

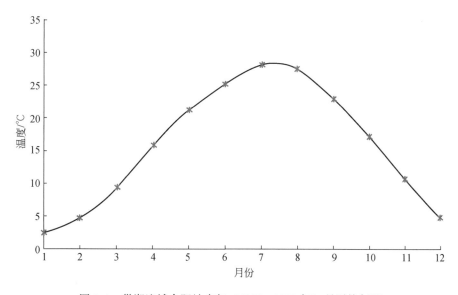

图 1-4　巢湖流域合肥站多年（1953～2009 年）月平均气温

1.1.2　降水

巢湖流域降水量空间分布特征为南高北低，南部及西南部山丘区降水量较高，北部及东部平原区降水量较低（图 1-5），多年平均降水量为 1215mm（中国河湖大典编辑委员会，2010）。以巢湖流域合肥气象站为例，该气象站多年（1953～2009 年）平均降水量年际变化较明显，2004～2009 年年平均降水量变幅较小（图 1-6）。

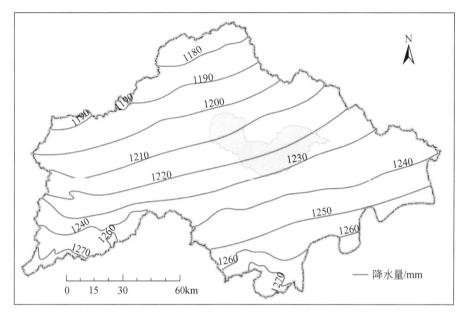

图 1-5　巢湖流域多年平均降水量分布图

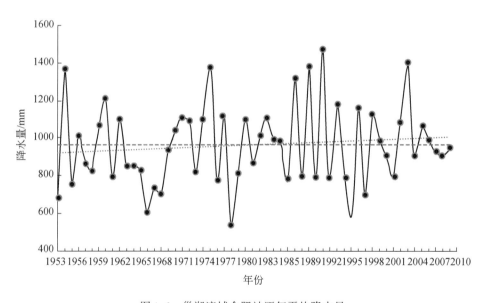

图 1-6　巢湖流域合肥站逐年平均降水量

气象数据显示，合肥气象站年内雨量分布不均，降水量月际变化明显，全年以夏季（6～8 月）降水量最多，为 410.1mm，占全年降水量的 44.1%；春季（3～5 月）降水量为 248.0mm，占全年降水量的 26.6%；秋季（9～11 月）降水量为 128.0mm，占全年降水量的 13.8%；冬季（2～12 月）降水量最少，为 95.7mm，占全年降水量的 10.3%。

逐月来看，合肥站 12 月平均降水量最低，为 23.6mm，7 月平均降水量最高，为 168.7mm（图 1-7），极端最大降水事件发生在 1984 年 6 月 13 日，24 小时累积降水量达到 238.4mm。

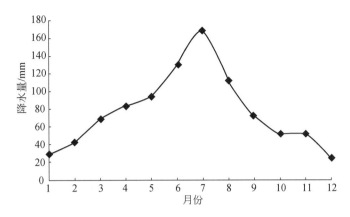

图 1-7　巢湖流域合肥站多年（1953~2009 年）月平均降水量

1.1.3　蒸发

巢湖流域多年平均蒸发量为 1013.5mm，变幅为 915.9~1293.9mm。巢湖流域多年平均蒸发量平原大于山区，空间分布西南部最低，东南部次之，中部和北部较高（图 1-8）；巢湖流域多年平均蒸发量库区（水面）蒸发量大于陆地。多年平均蒸发量最高值出现在董铺水库监测站（1293.9mm），多年平均蒸发量最小的站点为毛坦厂站，其值为 831.5mm。

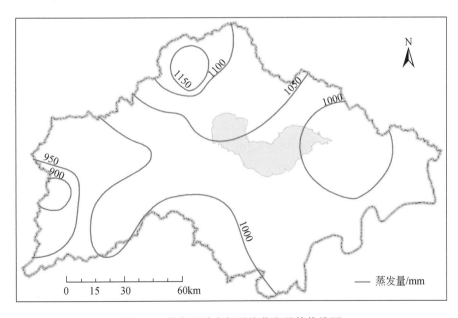

图 1-8　巢湖流域多年平均蒸发量等值线图

受温度、风速、空气湿度和地面形状等因素的影响，巢湖流域蒸发量呈明显的季节性特征（图1-9），全年以夏季（6~8月）蒸发量最高，为437.4mm，占全年蒸发量的42.1%；春季（3~5月）蒸发量为290.8mm，占全年蒸发量的28.0%；秋季（9~11月）蒸发量为235.7mm，占全年蒸发量的22.7%；冬季（2~12月）蒸发量最少，为75.2mm，占全年蒸发量的7.2%，夏季蒸发量可达冬季的5~6倍。

逐月来看，巢湖流域合肥站1月平均蒸发量最低，为21.3mm；6月平均蒸发量最高，为148.1mm（图1-9）。相比较于巢湖流域合肥站降水量，该地区冬季蒸发量低于降水量，而其他季节大部分时间蒸发量大于降水量，7月降水量达到最大时，蒸发量小于降水量（图1-7和1-9）。合肥站最大年蒸发量为1278mm（1965年），最小年蒸发量为778.4mm（1952年）。

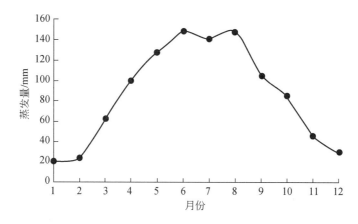

图1-9　巢湖流域合肥站多年月平均蒸发量

1.1.4　径流

巢湖流域水资源丰富，多年平均径流量为59.2亿 m³，51%径流量集中在汛期5~8月（中国河湖大典编辑委员会，2010）。巢湖闸上年均入湖水量为34.9亿 m³，最大为1991年的89.4亿 m³，最小为1978年的7.9亿 m³。年均出湖水量为30亿 m³，最大为1991年的85亿 m³，最小为1978年的1亿 m³。由于巢湖流域暴雨主要集中在汛期5~8月，除长江洪水顶托倒灌外，流域内洪水由暴雨形成。1954年发生全流域性大暴雨，且长江遭遇历史上最高洪水位，致使巢湖最高水位达到12.93m，1991年连续两次发生大暴雨，暴雨量级大，持续时间长，但长江水位相对较低，巢湖最高洪水位为12.71m，历史上大洪水的年份还有1849年和1931年（安徽省水利厅水利志编辑室，2010）。

为防御江洪倒灌侵袭和发展蓄水灌溉，20世纪60年代先后兴建了裕溪闸防洪工程和巢湖闸蓄水工程。历史上巢湖与长江自然沟通，江湖之间水量交换频繁，巢湖流域水旱灾害也十分严重。长江干流大水年份或丰水期，因江水顶托或倒灌，明显抬高巢湖洪水位，一旦巢湖流域发生暴雨，易造成巢湖流域洪水泛滥；但在长江干流枯水年份或枯水期，江水长时间低于巢湖湖底，巢湖经常干枯，对巢湖生态环境造成破坏，周边用水也极为困难。在建闸控湖前，巢湖与长江水量交换频繁，一方面巢湖流域易发生大面积水旱灾害，另一方面由于汛期江水经常入湖，也有利于维持巢湖自然开放性水域生态系统的平衡；建闸后，在发挥巨大的防洪减灾和灌溉供水效益的同时，江水入湖水量和巢湖蓄水位也发生了很大变化，成为了人工控制下的半封闭水域。

由观测资料分析，巢湖闸建成前，长江多年平均入巢湖水量为 13.6 亿 m³，人工控湖后，巢湖变为了半封闭湖泊，一般年份江水不再入巢湖，江水年均入湖水量由控湖前的为 13.6 亿 m³ 缩减为 1.7 亿 m³。

1.1.4.1 径流量

巢湖周围分布有 9 条主要的入湖河流，分别为杭埠河、南淝河、派河、兆河、十五里河、塘西河、白石天河、双桥河、柘皋河，还有一条出湖河流为裕溪河。1962 年建巢湖闸以调节巢湖之水，1967 年建裕溪闸以拒江水倒灌，两闸内形成渠化河流。巢湖周围河流呈向心状分布，其中杭埠河、派河、南淝河、白石天河 4 条河流占流域径流量的 90% 以上。

杭埠河年均径流量最多，为 19.23 亿 m³，占入湖总水量的 55.1%。南淝河年均径流量为 3.80 亿 m³，占入湖总水量的 10.9%。派河年均径流量为 1.75 亿 m³，占入湖总水量的 5.0%。白石天河年均径流量为 3.28 亿 m³，占入湖总水量的 9.4%。兆河年均径流量为 1.47 亿 m³，占入湖总水量的 4.2%。柘皋河年均径流量 1.5 亿 m³，占入湖总水量的 4.3%。十五里河年均径流量为 0.31 亿 m³，占入湖总水量的 0.9%。塘西河年均径流量为 0.15 亿 m³，占入湖总水量的 0.4%。双桥河年均径流量为 0.07 亿 m³，占入湖总水量的 0.2%。其他区间，年入湖水量为 3.34 亿 m³，占入湖总水量的 9.6%（表 1-1）。地表径流的年补给水量为 20 亿 ~30 亿 m³，最大年补给水量为 51 亿 m³（1954 年），年平均总水量为 39.8 亿 m³，其汛期与诸河降水季节大致相吻合，多出现在 5 ~8 月。

表 1-1 巢湖流域主要入湖河流河道年平均径流量

河流名称	入湖水量/亿 m³	入湖水量比重/%
杭埠河	19.23	55.1
南淝河	3.80	10.9
派河	1.75	5.0
白石天河	3.28	9.4
柘皋河	1.50	4.3
兆河	1.47	4.2
十五里河	0.31	0.9
塘西河	0.15	0.4
双桥河	0.07	0.2
区间	3.34	9.6
合计	34.90	100

资料来源：安徽省水利厅水利志编辑室，2010。

1.1.4.2 径流深

巢湖流域内涉及合肥市的面积超过一半（行政区划调整后，合肥市所占巢湖流域的面积达到52.7%），同时考虑数据的可获得性，选取合肥市各区县径流深进行分析。合肥市区、长丰县、肥东县、肥西县、巢湖市、庐江县各行政区多年径流深分别为325.2mm、232.7mm、233.7mm、280.4mm、410.9mm、450.3mm（图1-10）。合肥多年平均径流深分布有南高北低的特征，其中径流深最大的是庐江县，其位于合肥市最南部，而多年平均径流深最低的长丰县位于合肥市的最北部，其与巢湖流域降水量有着类似的空间分布特征。

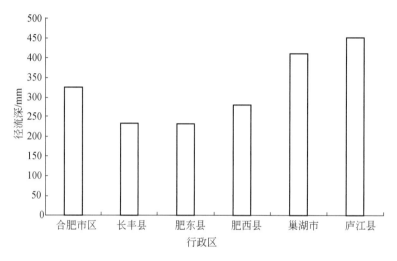

图1-10 合肥市多年平均径流深

1.2 流域地貌与水系

1.2.1 地貌

全新世早期，巢湖盆地仍是一个河流切割的流水盆地，盆地内水系排水状态良好，河水可以顺着盆地自西向东顺畅地流入长江，因此未蓄水成湖。到全新世中期，全球处于冰后期，气候温暖，降水丰沛，海面上升。同时，巢湖盆地内共接纳了31条大小河流的来水，而且仅有一条出水道。一旦下泄受阻，加上江水倒灌入盆地，古巢湖也随之形成。古巢湖极盛期的水域范围可达到2000余平方千米。全新世中期以后，气候趋向干凉，海面下降，长江口向前推移，潮区界也相应下移。由于长江水顶托和倒灌作用的减弱，古巢湖水系排泄通畅，水位下降，水域缩小，大片滩地出露，此时盆地内不存在大面积的水体。

巢湖之名最早出现在《后汉书》上。到了三国时期，巢湖水位由于保持稳定和水域的进一步扩展，成了"周四五百里，港汊大小三百六十一"的大湖。公元500年前后，我国又步入了一次温暖湿润期，气温升高，降水量增加，巢湖水域也相应扩大，当时巢湖水域达1000km²以上。到了唐代后期，巢湖开始萎缩。其后，巢湖地区开始修筑湖堤，垦殖湖滩，围垦加剧。由于大规模的围垦，巢湖蓄水容积锐减，造成洪涝和干旱灾害的交替发生。1962年兴建了巢湖闸，之后又开挖了兆河，修建了凤凰颈排灌工程和裕溪闸，使巢湖地区的防洪、抗洪能力有所增强，但巢湖却由一个天然湖泊演变成人工控制的湖泊（水利部长江水利委员会，2002；张琛和孙顺才，1991；窦鸿身和姜加虎，2003）。

巢湖流域总体地势是西高东低，中部低洼平坦，整体向长江倾斜，巢湖则居于流域中心，流域内水系呈辐辏状，入湖河流由四周向湖内汇聚。巢湖流域地处江淮丘陵地带，四周分布有银屏山、冶父山、大别山、防虎山、浮槎山等低山丘陵，并形成东西长、南北窄的不规则形状，地形为西高东低、中间低洼平坦，巢湖流域最大高程约为1498m，位于流域西南部，平均高程为65.7m（图1-11）。巢湖湖泊形态为东西两端向北翘起，中间向南突出，成凹子形，状如鸟巢，故名巢湖。巢湖坐落于巢湖盆地最低洼部位，面积为764.66km²，占流域总面积的8.41%，是流域内诸河径流汇聚之地，具有调蓄滞洪、供水、水产、维持生物多样性等多种功能，对流域内生态安全发挥着重要作用。

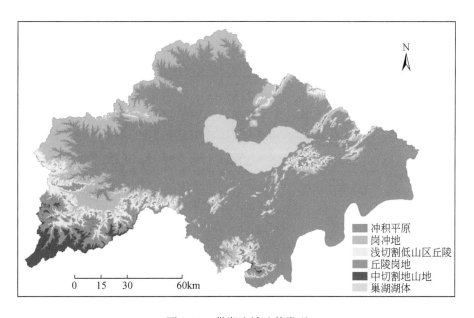

图1-11 巢湖流域地貌类型

按流域地貌成因，巢湖地形地貌可以划分为以下几种类型：构造侵蚀地貌、侵蚀剥蚀地貌、侵蚀堆积地貌。

1.2.1.1 构造侵蚀地貌

中切割地山区主要分布于西部大别山区，北部浮槎山区，东部及东南部凤凰山、银屏山区等。海波高度在 500m 以上，最高峰位于流域西南部，为万佛山主峰老佛顶。该区分布面积为 307.6km²，占流域总面积的 2.3%。该区地貌特点为山岭纵横，河谷发育，多为河流上游地段，属于构造侵蚀地貌。

1.2.1.2 侵蚀剥蚀地貌

流域内侵蚀剥蚀地貌有浅切割低山丘陵区和丘陵岗地区。

浅切割低山丘陵区主要分布于流域东南部耙耙山、南部冶父山，以及中部与中切割低山区的接壤地区。海拔高度为 200～500m（图 1-11），面积为 806.2km²，占流域总面积的 6.1%。其地貌特征为山坡较缓，沟谷较开阔，多为支流、小流交汇地段。

丘陵岗地区主要分布于流域西部防虎山，并零星镶嵌于低山丘陵外侧，海拔高度为 100～200m（图 1-11），面积为 876.2km²，占流域总面积的 6.6%。其地貌特征为缓坡宽谷，主、干河流基本形成，为河流的中上游地段。

1.2.1.3 侵蚀堆积地貌

流域内侵蚀堆积地貌区有岗冲地区、冲积平原区。

岗冲地区主要分布于低山丘陵与冲击平原之间广阔过渡地带。海拔高度为 50～100m（图 1-11），地形多呈现平缓状的波浪式起伏，分布面积为 1937.0km²，占流域总面积的 14.6%，多为二级阶地或部分一级阶地。

冲积平原区则主要围绕巢湖沿岸及主、干河流中下游河段两侧分布，海拔高度为 0～50m（图 1-11），面积为 9350.0km²，占流域总面积的 70.4%，由河流下泻泥沙冲积而形成，开阔平坦。

1.2.2 水系

巢湖流域水系主要支流发源于大别山区，自西向东流注入并流经巢湖，由裕溪河进入长江。以巢湖为中心，四周河流呈放射状注入（中国河湖大典编委会，2010；安徽省水利厅水利志编辑室，2010；张志明等，2015）。巢湖流域可分为巢湖闸上和巢湖闸下两部分。巢湖闸上集水面积为 9153.0km²，南淝河、杭埠河、派河、兆河、十五里河、塘西河、白石天河、柘皋河、双桥河等支流呈辐射状注入巢湖（图 1-12），其中杭埠河是入湖水量最大的支流；巢湖闸下流域面积为 4333.0km²，裕溪河、西河、清溪河、牛屯河分洪道等支流将巢湖与长江沟通。巢湖流域主要湖泊有巢湖和黄陂湖，同时也将枫沙湖和竹丝湖考虑在内；主要大中型水库有龙河口水库、董铺水库、大房郢水库、大官塘水库、蔡塘水库、张桥水库和众兴水库等。

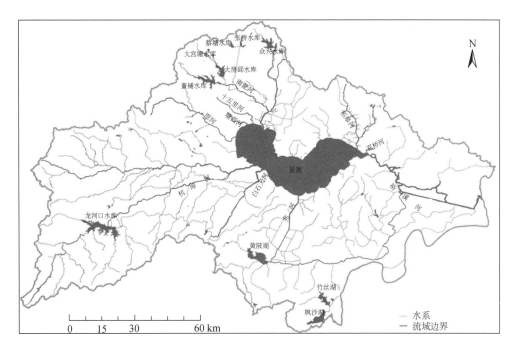

图 1-12　巢湖流域水系图

1.2.2.1　河流

(1) 南淝河

南淝河源于江淮分水岭大潜山余脉长岗南麓，肥西县长岗乡邓店村西侧。流域集水区面积为 1464.0km²，跨合肥市市区、肥西县、长丰县、肥东县。东南流向，河长为70.0km，河道宽度为 20~150m，河道平均坡降为 0.05‰（表 1-2）。其中，河源至合肥市亳州路桥为上游，长为 38km；亳州路桥至屯溪路桥为中游，长为 5.5km；屯溪路桥至施口为下游，长为 26.5km。南淝河主要一级支流有 7 条，左岸有四里河、板桥河、史家河、二十埠河、店埠河、长乐河 6 条支流，右岸仅有二里河 1 条支流。其中，流域面积大于100km² 的有四里河、板桥河、二十埠河和店埠河（安徽省水利厅水利志编辑室，2010）。南淝河现状整体水质为劣Ⅴ类，属于重度污染，以 10.9% 的入湖水量产生了 21%~32%的污染物，主要超标项目为氨氮、总氮、总磷和高锰酸盐指数（王书航等，2011），是巢湖主要的污染负荷来源地之一。

表 1-2　巢湖流域主要出入湖河流特征统计

河流名称	集水区面积/km²	河道长度/km	平均坡降/‰
南淝河	1464.0	70.0	0.05
派河	584.6	60.0	0.20
杭埠河	4150.0	145.5	9.69
白石天河	577.0	34.5	0.04

河流名称	集水区面积/km²	河道长度/km	平均坡降/‰
兆河	504.0	34.0	0.01
柘皋河	518.2	35.2	0.01
十五里河	111.2	27.0	0.50
塘西河	50.0	12.7	0.70
双桥河	27.0	4.5	0.40
区间河流	1167.2	—	—
裕溪河（巢湖闸下游）	4333.0	61.7	—
入湖河流	9153.0	—	—
出湖河流	4333.0	—	—
总计	13486	485.1	—

资料来源：安徽省水利厅水利志编辑室，2010。

（2）派河

派河源出肥西县江淮分水岭枣林岗及紫蓬山脉北麓。东南向流，自枣林岗经城西桥、三官庙、上派镇、中派河，于下派河注入巢湖。派河流域集水区面积为 584.6km²，河道长度为 60.0km，河道平均坡降为 0.20‰（表 1-2）。派河支流共 8 条，流域面积均小于 100km²，其中右岸有梳头河、王老堰河、倪大堰河 3 条支流，左岸有滚子河、岳小河、斑鸠堰河、祁小河、古埂河 5 条支流。三官庙以上为山丘区，地面高程为 25~65m，三官庙以下为低丘区，地面高程为 15~25m，下游靠近巢湖为狭长的平原圩区，地面高程为 7.5~15m。派河现状水质为劣Ⅴ类水，水质重度污染，是巢湖主要的污染负荷来源之一。以 5% 的入湖水量产生了 12%~14% 的污染物，主要超标项目为总氮和总磷（王书航等，2011）。

（3）杭埠河

杭埠河古称龙舒水、南溪，清代称前河、巴洋河。杭埠河干流发源于岳西县境内大别山区的猫耳尖，自西南向东北流经舒城县龙河口、马家河口至将军垱，下经庐江县境广寒桥与丰乐河相汇入巢湖。杭埠河流域集水区面积为 4150.0km²，河道长度为 145.5km，河道平均坡降为 9.69‰（表 1-2）。流域内以山丘区为主，其中山区占 35.1%，丘陵区占 53.6%，平原圩区占 11.3%。杭埠河以晓天河为主源，流域面积在 100km² 以上的一级支流有 6 条：左岸有丰乐河、毛坦厂河；右岸有河棚河、龙潭河、孔家河、清水河。杭埠河现状水质为Ⅲ类水，以 55.1% 的入湖水量产生 5%~32% 的污染物，主要超标项目为高锰酸盐指数（王书航等，2011）。杭埠河水量最丰、水质较好，是巢湖流域最大的入湖支流和最重要的清水来源。

（4）白石天河

白石天河又名白山河，白石天河位于庐江县北部，马槽河是其上源，发源于庐江县汤池镇牛王寨。现白石天河起自广寒桥，东南流，右纳丘陵区天桥河、金牛河、石头河等小支流来水；至石头，向下折东北流，至金墩圩北，右纳罗埠河来水；至白山北，穿圩区折北流，至南坝折东流，于吴家圩注入巢湖。白石天河流域集水区面积为 577.0km²，河道长度为 34.5km，河道平均坡降为 0.04‰（表 1-2）。白石天河自小河沿至罗埠河口称为上游，长为 20km，由西向东流，河道弯曲狭窄，其间汇入的主要支流有金牛河、罗埠河。罗埠河口至巢湖为下游段，长为 14.5km。整个流域分为低山、丘陵和圩区 3 类地形，面积分别为总面积的 37.6%、45.1%、17.3%。白石天河现状水质为 Ⅲ～Ⅳ 类水，水质较好，是巢湖主要的清流来源之一，以 9.4% 的入湖水量产生了 1%～7% 的污染物，主要超标项目为高锰酸盐指数（王书航等，2011）。

（5）兆河

兆河又名塘串兆河，属人工河道。从西河上游的缺口开始，承黄陂湖来水，向东北经塘串河口，穿过白湖农场至姥山颈，北流至夏公咀，左纳盛桥河，折东北经沐集镇，于马尾河口注入巢湖。兆河流域集水区面积为 504.0km²，河道长度为 34.0km，河道平均坡降为 0.01‰（表 1-2）。兆河地跨庐江县和无为县。流域北侧为巢湖、裕溪河，东南与西河相接，西侧与白石天河流域为邻。兆河在缺口附近上承黄陂湖，下连西河，北以兆河闸与巢湖相通，是巢湖、西河的排洪通道，也是巢湖引江灌溉供水通道。兆–西河现状水质为 Ⅲ～Ⅳ 类，水质轻度污染。兆–西河以 4.2% 的入湖水量产生了 2%～12% 的污染物，主要超标项目为高锰酸盐指数（王书航等，2011），主要污染源为城镇生活污水和工业废水，以及未来庐南重工业园区带来的环境压力。

（6）柘皋河

柘皋河源出巢湖市清涧乡太子山东麓，上游有 3 条小支流汇于柘皋镇附近，河床由此渐宽，至杭家渡又汇入夏阁河，向南注入巢湖。柘皋镇以下，可通航小型农用船。柘皋河流域集水区面积为 518.2km²，河道长度为 35.2km，河道平均坡降为 0.01‰（表 1-2）。整个流域丘陵区占 92%，平原圩区占 8%。柘皋河现状为 Ⅲ～Ⅳ 类水，水质轻度污染。柘皋河以 4.3% 的入湖水量产生了 1%～7% 的污染物，主要超标项目为高锰酸盐指数、总氮和总磷（王书航等，2011），主要污染源为农业面源、富磷山体开采造成的磷污染和城镇污水污染，除此之外，柘皋河还存在行洪断面偏小、堤防低矮单薄的问题。

（7）十五里河

十五里河位于合肥市西南郊，发源于大蜀山东南麓，自西北流向东南，穿过合肥市蜀山区和包河区，流经蜀山、姚公、烟墩、骆岗、晓星、义城等乡镇，在同心桥处汇入巢湖。十五里河流域集水区面积为 111.2km²，河道长度为 27.0km，河道平均坡降为 0.50‰，为合肥市西南部的主要行洪通道之一。十五里河现状水质为劣 Ⅴ 类水，水质属重度污染，十五里河以 0.9% 的入湖水量产生了 6%～43% 的污染物，主要超标项目为氨氮和总氮（王书航等，2011），是巢湖主要的污染负荷来源之一。

（8）塘西河

塘西河属巢湖直接入湖一级支流，由西北向东南流经合肥市经济技术开发区和滨湖新区，在义城镇附近汇入巢湖。塘西河流域集水区面积约为 50.0km²。河道长度为 12.7km，河道平均坡降为 0.70‰，河底高程 6.5～13.2m，现状两岸无堤防，地面高程为 8.0～15.8m。横埠以上为丘陵岗地区，以下为圩区。汛期受巢湖水位顶托，下游易受洪涝灾害。由于多年未经治理，堤防或岸坡杂草丛生，河道淤积阻水严重。塘西河入巢湖口段有部分民房，分布在塘西河口以上沿河100m范围内，因生产生活污水排放和缺乏水源补给，塘西河水体污染严重，河流生态环境较差。塘西河现状水质为劣V类水，水质属重度污染，是巢湖主要的污染负荷来源之一。

（9）双桥河

双桥河流域面积为76.0km²，主要位于巢湖市区，是巢湖市区重要的景观河道。双桥河流域集水区面积约为27.0km²，河道长度为4.5km，河道平均坡降为0.40‰。双桥河现状为劣V类水，水质重度污染。双桥河以0.2%的入湖水量产生了1%～2%的污染物，主要污染物类型为氨氮（王书航等，2011）。双桥河污染物来源复杂且含量较高，上游来水主要污染源为城镇生活污水和工业废水，部分边坡的农业灌溉用水也对水质造成影响。

（10）裕溪河

古称濡须水，为长江左岸一级支流，系巢湖流域洪水入江的主要通道，也是巢湖引江的重要通道。裕溪河由巢湖闸上承巢湖来水，下注长江。河道全长为61.7km。其中巢湖闸至裕溪闸为57.4km，裕溪闸至河口为4.3km（安徽省水利厅水利志编辑室，2010）。流域面积（巢湖闸下游）为4333km²，流域面积大于100km²的支流有西河、清溪河、黄陈河。裕溪河巢湖闸下段全年、汛期和非汛期水质均值为Ⅳ类；裕溪闸上段主要为Ⅱ～Ⅲ类。

1.2.2.2 湖泊

（1）巢湖

巢湖又名居巢湖，俗称焦湖，因湖面状如鸟巢，春秋战国时属楚境巢国，而名巢湖。巢湖位于安徽省中部，长江下游左岸，系在构造盆地基础上发育起来的典型断陷湖泊。巢湖湖底平坦，高程变化为5～10m，最低点为4.61m；湖盆的地势由西北向东南倾斜，平均湖底坡度为0.96‰。大体上以中庙—姥山岛—庙嘴子一线为界，湖面可划分东西两个半湖。西半湖水面面积约为248.0km²，湖底高程5.5m以上；东半湖水面面积约为531.0km²，湖底高程在5.0m左右。湖中流速为0.02～0.07m/s，最大流速约为0.62 m/s；且东半湖大于西半湖，姥山至中庙一线出现最大流速（安徽省水利厅水利志编辑室，2010）。

巢湖是安徽省第一大湖，也是全国五大淡水湖之一，还是中国重要的湿地。巢湖湖水主要靠地表径流补给，水位为8.37m时，湖长为61.7km。最大湖宽为20.8km，面积为769.55km²，最大水深为3.77m，平均水深为2.69m（姜加虎等，2009；高俊峰和蒋志刚，2012；张志明等，2015）。当巢湖水位达到历史最高13m时，湖岸线长约为181km，最大容积为48.1亿m³（安徽省地方志编辑委员会，1999）。巢湖闸建立以前，1956～1960年月平均最低水位为6.64m（2月），月平均最高水位为8.96m（8月），月平均水位为7.71m（图1-13）。当长江水位高于巢湖时，江水经裕溪河倒灌进入巢湖，多年平均倒灌量为9.1亿m³，建闸后，20世纪80年代初月平均最低水位为7.86m（2月），月平均最高水位为10.12m（7月），月平均水位为8.77m，水位波动明显（图1-13）。进入21世纪后，水位波动变缓，2008～2009年月平均最低水位为8.43m（4月），月平均最高水位为9.30m（11月），月平均水位为8.94m，2011～2012年月平均最低水位为8.46m（6月），月平均最高水位为 9.55m（9 月），月平均水位为 9.07m（图 1-13）。多年平均长江倒灌入湖水量为 2.0 亿 m³。因此，巢湖水位变化过程随巢湖闸的调控发生了根本改变（图 1-13），为减轻防洪压力和发展蓄水灌溉，人工调控巢湖水位，汛期洪水位较控湖前下降 2～3m，枯水季水位抬高 2～3m。冬春季水位抬高，汛期水位降低，水位波动幅度明显减小。

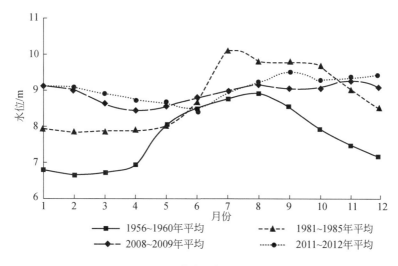

图 1-13　巢湖历年水位变化

（2）黄陂湖

黄陂湖位于巢湖流域裕溪河支流西河上游，庐江县城东南约为 8km，属长江流域巢湖水系，系丘陵之间洼地经积水而成的河间壅塞湖。黄陂湖流域面积为 598km²，流域内大部分为山丘区。入湖支流主要有苏家河、中塘河、东大河、扁担河、黄泥河、瓦洋河、马坝河和失槽河 8 条，其中最大的两条上游支流为黄泥河和瓦洋河，流域面积分别为 194.6km²、164.6km²，河长分别为 34.3km、21.0km（安徽省水利厅水利志编辑室，2010；中国河湖大典编辑委员会，2010）。下游向东分流入西河，向北分流经兆河入巢湖。黄陂湖东西平均长 8.8km，南北平均长 2.4km，湖底高程为 8.5～9.0m。水位 10m 时，面积为 37.9km²（庐江县地方志编纂委员会，1993）；当达到设计洪水位 12m 时，黄陂湖最大面积为 42.5km²，容积为 1.38 亿 m³。但由于围湖造田及入湖泥沙淤积的影响，使湖面积缩小约 1/3。到 20 世纪末期，正常水位为 10.5m 时，湖面由 38.8km² 缩小为 26.6km²，相应容量变为 0.45 亿 m³（巢湖地区简志编纂委员会，1995）。

（3）枫沙湖

枫沙湖又名沙湖，跨枞阳县、无为县境，湖盆系长江故道长期积水淤积而成。枫沙湖流域面积为 433km²，地貌主属低山丘陵区，湖四周多圩区。当湖水位为 11.0m 时，水面面积为 21.4km²，蓄水量为 0.63 亿 m³；当湖水位为 13.0m 时，水面面积为 25.8km²，蓄水量为 1.14 亿 m³。湖周主要涉水建筑物为一闸一站、双河口闸 1990 年建成，为控制枫沙湖水位而建，设计流量为 272m³/s。沙地抽排站建于 1987 年，装机 8 台 155kW，设计流量为 16.8m³/s（安徽省水利厅水利志编辑室，2010；中国河湖大典编辑委员会，2010）。

（4）竹丝湖

竹丝湖位于无为县境内，因明清时期周围居民用竹枝插标为界，分块捕捞鱼虾而得名。湖盆为长江故道长期积水淤积而成。竹丝湖流域面积为91.4km²，地势西部高、东部低，最高峰三官山高程为765.0m，有源出三官山东麓的溪流入湖。湖水出湖后经竹丝湖闸入横埠河，于土桥南经梳妆台闸注入长江。当水位为10.0m时，水面面积为11.15m²，蓄水量为0.19亿m³（安徽省水利厅水利志编辑室，2010；中国河湖大典编辑委员会，2010）。

1.2.2.3 水库

巢湖流域的主要水库有7座，包括大（二）型水库3座，中型水库4座，总库容为14.79亿m³。其中，大（二）型水库主要有龙河口水库、董铺水库和大房郢水库，总库容分别为9.03亿m³、2.49亿m³和1.84亿m³。中型水库主要有众兴水库、大官塘水库、蔡塘水库和张桥水库，总库容分别为0.99亿m³、0.10亿m³、0.21亿m³和0.13亿m³。

（1）龙河口水库

龙河口水库位于安徽省舒城县中西部、杭埠河上游，水库兴建于1958年11月，1960年正式截流蓄水，是以防洪、灌溉为主，结合发电、水产养殖和旅游开发的综合利用工程，属于大（二）型水库。水库集水区面积为1120.0km²，水库为湖泊型，东西长为25.0km，南北约为5km。水库上游有晓天河、龙河、滑石河、五桥河、胡家河等10余条河溪直接汇入。龙河口水库属调节性水库，水库设计洪水位为72.64m，校核洪水位为75.04m，兴利水位为68.3m，死水位为53.0m。总库容为9.03亿m³，防洪库容为3.87亿m³，兴利库容为5.16亿m³，正常库容为4.60亿m³，死库容为0.5亿m³（表1-3）。水库水位达到兴利水位时，水面面积为48.24km²（安徽省水利厅水利志编辑室，2010；中国河湖大典编辑委员会，2010）。水库多年平均径流总量为9.13亿m³，径流年内分配不均匀，汛期来水量占60%以上。龙河口水库流域地貌类型以山地、丘陵和岗区为主，地势由西南向东北倾斜，坡度为35°~40°（安徽省水利厅，1998）。

表1-3 巢湖流域主要水库统计表

水库名称	水库类型	集水区面积/km²	洪水位/m	总库容/亿m³	兴利库容/亿m³	所属水系
龙河口水库	大（二）	1120.0	72.64	9.03	5.16	杭埠河
董铺水库	大（二）	207.5	31.50	2.49	0.75	南淝河
大房郢水库	大（二）	184.0	30.74	1.84	0.64	南淝河
众兴水库	中型	114.0	46.38	0.99	0.62	南淝河
大官塘水库	中型	21.0	46.45	0.10	0.06	南淝河
蔡塘水库	中型	26.0	45.73	0.21	0.10	南淝河
张桥水库	中型	34.4	45.06	0.13	0.07	南淝河

资料来源：安徽省水利厅水利志编辑室，2010。

（2）董铺水库

董铺水库位于合肥市西郊南淝河上游，水库兴建于1956年11月，1960年蓄水，是以防洪为主，结合城市供水的综合利用水利工程，属于大（二）型水库。水库集水区面积为 207.5km²，水库设计洪水位为 31.50m，正常蓄水位为 28.00m，相应水面面积为 15.76km²。水库总库容为 2.49 亿 m³，防洪库容为 0.61 亿 m³，兴利库容为 0.75 亿 m³，正常库容为 0.66 亿 m³，死库容为 0.02 亿 m³（表 1-3）。水库多年平均径流量 0.57 亿 m³（安徽省水利厅水利志编辑室，2010；中国河湖大典编辑委员会，2010）。

（3）大房郢水库

大房郢水库位于南淝河支流四里河下游，水库兴建于 2001 年 12 月，2003 年 12 月蓄水，是以防洪为主，结合城市供水的综合利用水利工程，属于大（二）型水库。水库集水区面积为 184.0km²，水库设计洪水位为 30.74m，正常蓄水位为 28.0m，相应水面面积为 14.50km²。总库容为 1.84 亿 m³，防洪库容为 0.48 亿 m³，兴利库容为 0.64 亿 m³，死库容为 0.02 亿 m³（表 1-3）。水库多年平均径流量为 0.40 亿 m³（安徽省水利厅水利志编辑室，2010；中国河湖大典编辑委员会，2010）。

（4）众兴水库

众兴水库位于南淝河支流店埠河上游，水库兴建于 1958 年，1972 年基本建成并蓄水；2002 ~ 2004 年进行了除险加固，是以灌溉、防洪为主，结合城市供水、水产养殖等综合利用的水库，属于重点中型水库。水库集水区面积为 114.0km²，设计洪水位为 46.38m，校核洪水位为 47.27m，兴利水位为 45.6m，相应水面面积为 15.40km²。总库容量为 0.99 亿 m³，兴利库容为 0.62 亿 m³，正常库容 0.70 亿 m³，死库容为 0.07 亿 m³（表 1-3）。多年平均径流量为 0.20 亿 m³（安徽省水利厅水利志编辑室，2010；中国河湖大典编辑委员会，2010）。

（5）大官塘水库

大官塘水库位于南淝河支流四里河上游，该水库是以灌溉为主，结合防洪、养殖、工业及居民用水等综合利用的水库，属于中型水库。水库集水区面积为 21.0km²，水库设计洪水位为 46.45m，校核洪水位为 47.70m（郭青山，1999）。总库容量为 0.10 亿 m³，兴利库容为 0.06 亿 m³，死库容为 5.0 万 m³（表 1-3）。

（6）蔡塘水库

蔡塘水库位于南淝河支流板桥河西支上游，该水库是以灌溉为主，结合防洪、养殖、供水等综合利用的水库，属于中型水库。水库集水区面积为 26.0km²，设计洪水位为 45.73m，校核洪水位为 47.07m（郭青山，1999）。总库容量为 0.21 亿 m³，兴利库容为 0.10 亿 m³，正常库容为 970 万 m³，死库容为 71.0 万 m³（表 1-3）。当水位为 45m 时，相应的水面面积为 3.07km²。

（7）张桥水库

张桥水库位于南淝河支流板桥河东支上游，该水库是以灌溉为主，结合防洪、城镇供水和养殖等综合利用的中型水库，属于中型水库。水库集水区面积为 34.4km²，设计洪水位为 45.06m，校核洪水位为 46.85m（郭青山，1999）。总库容量为 0.13 亿 m³，兴利库容为 0.07 亿 m³，死库容为 33.0 万 m³（表 1-3）。

1.3　流域水生态功能分区

水生态功能分区是在全面考虑流域自然地理、地貌、水文，以及相关区划方案的基础上，以有利于流域水生态功能区划分为目的，将流域划分为一系列相对同质、均匀的单元，从而为流域水环境管理提供基础。针对流域水生态系统的层次结构特征和管理需求，设定不同级别水生态功能分区的目的。水生态功能一级分区的目的体现水生态系统形成的自然地理因素的分布与格局，水生态功能二级分区的目的是体现流域人类活动干扰程度的空间差异性。

流域水生态功能分区的基本原则为区内相似性原则、区间差异性原则、等级性原则、综合性与主导性原则、共轭性原则和可操作性原则。其中，同一分区内水生态系统格局、特征、功能、过程及服务功能具有最大的相似性和不同分区之间具有最大的差异性，即相似性原则和差异性原则是根据水生态系统原理进行水生态功能分区的根本性原则。

除上述基本原则外，进行水生态功能一级分区时，还应该遵循以下特有原则。

以水定陆、水陆耦合原则：陆地生态、气候、土壤等自然条件，以及人类活动等是流域水生态特征与功能的重要影响因素或决定因素，在水文汇流过程下，各种陆源营养盐或污染物输移到水体中，形成特定的水生态系统结构和特征，从而体现出不同的功能特征；考虑水流方向，体现陆水一致性是进行水生态功能一级分区的首要原则。

地域发生学原则：流域水生态系统本底值及其功能的形成是由多种因素驱动的，驱动因素特征决定了水生态功能，应结合流域自然本底因素的空间特征，综合进行水生态功能区划分。

子流域完整性原则：流域内地表水体生态系统的格局、特征、结构、过程和服务功能等不仅受水环境自身的影响，也受到陆面汇水区物质输移的影响，因此水生态功能分区不仅仅是对流域内水体的划分，还必须考虑影响地表水体生态系统的陆地集水区，其与地表水体是一个完整的统一体。

进行水生态功能二级分区时除遵循上述原则外，还应遵循以下特有原则。

突出湖体重要性原则：湖泊型流域通常拥有较大面积的湖泊，因此湖体与出入湖河流及流域水体在水生态系统生物群落和生物种群类型上具有较大的一致性，但湖泊作为一个特殊的生态系统，在生物群落多样性与完整性等方面与周围水体具有较大的差异。

依据上述分区目的、原则及依据，面向流域水生态功能分区的现实需求，建立巢湖流域水生态一级、二级分区指标体系（表1-4）。

表1-4 流域水生态功能分区指标体系

分区类型	指标类型	指标描述
一级分区	河网密度	反映水系分布影响下的流域水文资源特征
	地面高程	反映区域地形状况，影响降水分配、地表径流及其空间分布，体现降水和气温等多种要素对水生态系统的影响特征
二级分区	建设用地面积比	反映点源和生活面源污染物潜在负荷强度对水生态系统的影响
	耕地面积比	反映点源和生活面源污染物潜在负荷强度对水生态系统的影响
	土壤类型	反映土壤空间分布异质性对水生态系统的影响
	坡度	反映地表起伏差异导致的水动力条件的变化，引起营养盐或污染物质输移的变化导致的水生态系统异质性

以流域土地利用图、DEM、河流水系图和土壤类型图等资料为基础，利用上述分区指标体系，以分区功能为基本分区单元，考虑相关分区依据，借助分区指标，对相似的分区功能单元进行合并，并结合专家小组的咨询与判断，对分区结果进行调整，得到分区结果（图1-14）。

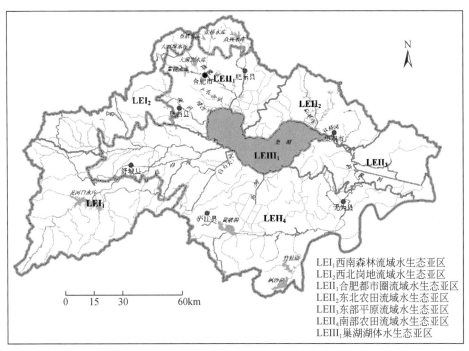

LEI₁西南森林流域水生态亚区
LEI₂西北岗地流域水生态亚区
LEII₁合肥都市圈流域水生态亚区
LEII₂东北农田流域水生态亚区
LEII₃东部平原流域水生态亚区
LEII₄南部农田流域水生态亚区
LEIII₁巢湖湖体水生态亚区

图1-14　巢湖流域二级水生态功能分区图

1.4　流域社会经济

巢湖流域历来是安徽省政治经济文化中心和长江中下游地区重要的农产品生产基地，在全省社会经济发展中具有举足轻重的地位（吴开亚，2008；董昭礼，2009）。2014年，全流域国内生产总值为5579.4亿元，占全省国内生产总值的26.8%；总人口为956.4万人，人均GDP为58 335.6元/人，是全省平均水平的1.7倍。2014年，巢湖流域三产比例为5.73∶54.90∶39.37，其中，第一产业增加值为320.0亿元，第二产业增加值为3062.8亿元，第三产业增加值为2196.6亿元（《安徽统计年鉴》编辑委员会，2015；《合肥统计年鉴》编辑委员会，2015）。

1.4.1　经济状况

1.4.1.1　经济总量

近年来，巢湖流域经济发展速度加快，是安徽省经济发展水平较高的地区之一。GDP

总量从 2000 年的 519.7 亿元上升至 2014 年的 5579.4 亿元，平均增长率超过 17%。其中，2005 年增长率最高，超过 30%，2001 年最低，为 10.5%，而 2004～2011 年以来增速均保持在 20% 以上。自 2000 年以来，经济一直保持着持续快速的增长（图 1-15）。从流域内部看，2014 年合肥市辖区 GDP 总量最高为 3434.5 亿元，占流域 GDP 总量的 61.6%，肥西县次之，为 508.8 亿元，占流域 GDP 总量的 9.1%，GDP 总量最小的是含山县，为 116.1 亿元，占流域 GDP 总量的 2.1%（高俊峰和蒋志刚，2012；《安徽统计年鉴》编辑委员会，2011，2012，2013，2014，2015）。

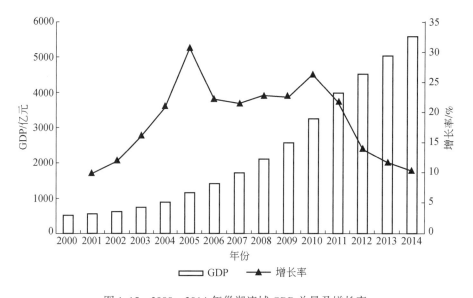

图 1-15　2000～2014 年巢湖流域 GDP 总量及增长率

1.4.1.2　产业结构

巢湖流域产业结构不断优化，三产比例由 2000 年的 17.16：45.33：37.51 调整为 2014 年的 5.73：54.90：39.37。其中，第一产业占比逐年减少，由 2000 年的 17.16% 降至 2014 年的 5.73%；第二产业占比显著增加，由 2000 年的 45.33% 上升至 2014 年的 54.90%；第三产业占比增长较为缓慢，由 2000 年的 37.51% 增长至 2014 年的 39.37%。截至 2014 年，巢湖流域第二、第三产业产值之和为 5259.5 亿元，占 GDP 的比重为 94.3%，已初步形成第二、第三产业共同推动全流域经济快速增长的格局（图 1-16）（高俊峰和蒋志刚，2012；《安徽统计年鉴》编辑委员会，2011，2012，2013，2014，2015）。

1.4.1.3　农业

巢湖流域农业发展基础好，保持稳定增长态势。农业产值增加值由 2000 年的 98.18 亿元增加到 2014 年的 320.0 亿元，年均增长率为 8.9%。其中，除 2007 年以外，其他年份农业产值保持较高的增长率，2006 年农业产值增长率最高，超过 50%（图 1-17）。近年来，受自然条件、农业基础、农业政策等因素的影响，农业发展波动幅度明显，但

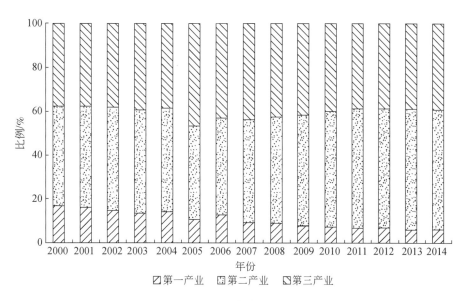

图 1-16　2000～2014 年巢湖流域产业结构变化

农业总体仍保持稳定增长。从流域内部看，2014 年，农业产值最高的地区为肥东县，为 61.8 亿元，其次是无为县和肥西县，分别为 50.4 亿元和 48.6 亿元，合肥市辖区农业产值最低，仅为 13.0 亿元（《安徽统计年鉴》编辑委员会，2011，2012，2013，2014，2015）。在工业化进程加速、产业结构调整、土地资源紧缺的背景下，巢湖流域农业的发展必须放弃传统农业模式，以现代农业发展为理念，建设和发展环巢湖生态农业，形成高效、高产、高附加值的农业产业（高俊峰和蒋志刚，2012）。

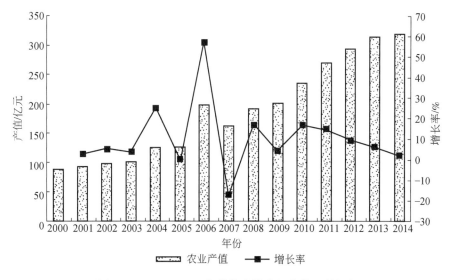

图 1-17　2000～2014 年巢湖流域农业产值及增长率

1.4.1.4 工业

巢湖流域因其优越的地理条件、传统的工业基础等优势,依托合肥、巢湖等重要城市经济的快速发展,已成为安徽省制造业的优势与强势基地。2000~2014 年,工业增加值由 2000 年的 235.58 亿元增至 2014 年的 3062.8 亿元,年均增长率高达 18.6%,工业经济发展速度尤为迅速。其中,2006~2011 年,巢湖流域工业产值增加值都超过了 20%。2010 年,工业产值增长率最高,超过 30%(图 1-18)。从空间分布看,2014 年工业产值最高的地区是合肥市区,为 1774.8 亿元,占流域工业增加值的 57.9%,其次是肥西县、肥东县,分别为 344.4 亿元、294.8 亿元,含山县工业产值最低,仅为 60.7 亿元,占流域的 2.0%,区域差异显著(《安徽统计年鉴》编辑委员会,2011,2012,2013,2014,2015)。随着合肥市国家级开发区、巢湖经济技术开发区等产业集聚的发展、交通网络的建立和完善、合肥都市圈的形成,无论从历史基础,还是从现有条件和发展潜力看,巢湖流域都具有支撑工业发展的绝对优势,未来工业仍将保持高速增长(高俊峰和蒋志刚,2012)。

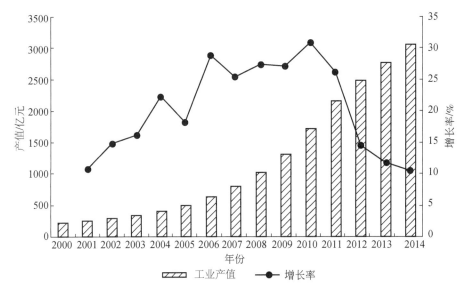

图 1-18　2000~2014 年巢湖流域工业产值及增长率

1.4.1.5 第三产业

随着第三产业的快速发展,其在经济发展中的份额稳步提高。2000~2014 年,第三产业增加值从 2000 年的 191.19 亿元增长至 2014 年 2196.6 亿元,年均增长率达 17.7%,但不同时期增长速度具有显著的差异性。其中,2000~2003 年为缓慢发展期,第三产业增加值从 2000 年的 191.19 亿元增长至 2003 年的 287.13 亿元,年均增长率达 10.7%;2004~2010 年为迅速提升期,年均增长率达 21.3%,高出第一阶段 10 个点;2011~2014 年为平稳增长期,年均增长率为 9.3%(图 1-19)。在区域内部,第三产业增加值最高的地区是合肥市区,为 1646.6 亿元,占流域第三产业增加值的 75.0%,其次是肥西县和肥东县,分别为115.8亿元、91.9亿元，含山县最低，仅为34.4亿元，占流域的1.6%，区域差异显著（《安徽统计年鉴》编辑委员会，2011，2012，2013，2014，2015）。随着合肥滨湖新区、环巢湖带等地区的开发，以合肥市区为核心、巢湖市等地区为支点的新兴服务业必将成为推动巢湖流域经济快速增长的重要力量（高俊峰和蒋志刚，2012）。

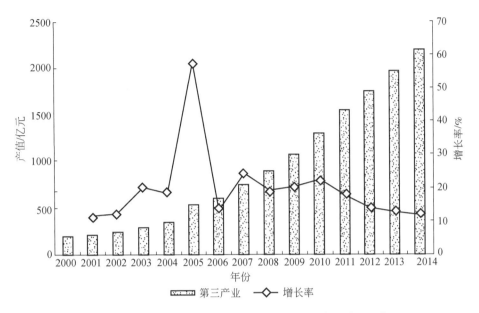

图1-19　2000~2014年巢湖流域第三产业产值及其增长率

1.4.2　人口与城镇化

1.4.2.1　人口

巢湖流域人口总量呈现逐年低速增长的趋势，年末总人口由2000年的887.4万人上升至2014年的965.4万人，年均增长率仅为0.5%。2000~2014年，巢湖流域总人口年均增长率只有2003~2007年超过1%，其余年份均低于1%，特别地，自2011年以来，多数年份巢湖流域人口出现负增长（图1-20）。2014年，全流域总人口占全省人口总量的13.8%，人口密度约为708人/km²，属于人口较为稠密的地区。从空间分布上看，合肥市区总人口最多，为245.4万人，占流域总人口的25.7%，其次是无为县、庐江县，分别为122.1万人、119.5万人，含山县总人口最低，为44.3万人，占流域总人口的4.6%（《安徽统计年鉴》编辑委员会，2011，2012，2013，2014，2015）。

1.4.2.2　城镇化

巢湖流域的人口城镇化水平较低，但增长速度较快。城镇人口由2000年的222.8万人增长至2014年的305.5万人，人口城镇化率由25.11%上升至31.94%（图1-21），与经济发达的太湖流域相比差距较大（陈爽和王进，2004）。自2000年以来，巢湖流域人口

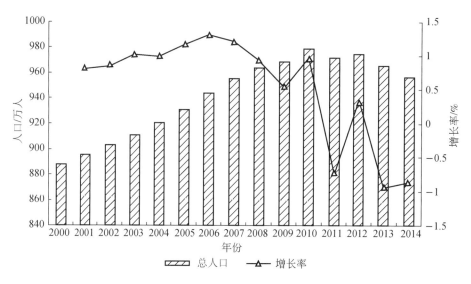

图 1-20　2000~2014 年巢湖流域总人口及增长率

城镇化率都超过 25%，一直处于增加的趋势，且 2009 年开始，巢湖流域城镇化率超过了 30%。从区域内部看，2014 年合肥市辖区非农人口为 196.0 万人，城镇化率达到 80.0%，其次为巢湖市区和含山县，分别为 26.9% 和 18.7%，其他区域城镇化率均小于 16%（《安徽统计年鉴》编辑委员会，2011，2012，2013，2014，2015）。

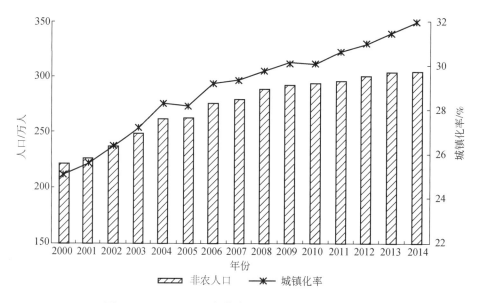

图 1-21　2000~2014 年巢湖流域非农人口及城镇化率

参 考 文 献

安徽省地方志编辑委员会. 1999. 安徽省志 山湖志 巢湖志. 北京：方志出版社.

安徽省水利厅. 1998. 安徽水旱灾害. 北京：中国水利水电出版社.

安徽省水利厅水利志编辑室. 2010. 安徽河湖概览. 武汉：长江出版社.

《安徽统计年鉴》编辑委员会. 2011. 安徽统计年鉴. 北京：中国统计出版社.

《安徽统计年鉴》编辑委员会. 2012. 安徽统计年鉴. 北京：中国统计出版社.

《安徽统计年鉴》编辑委员会. 2013. 安徽统计年鉴. 北京：中国统计出版社.

《安徽统计年鉴》编辑委员会. 2014. 安徽统计年鉴. 北京：中国统计出版社.

《安徽统计年鉴》编辑委员会. 2015. 安徽统计年鉴. 北京：中国统计出版社.

巢湖地区简志编纂委员会. 1995. 巢湖地区简志. 合肥：黄山书社.

陈爽，王进. 2004. 太湖流域城市化水平及外来人口影响测评. 长江流域资源与环境，13（6）：524-529.

董昭礼. 2009. 合肥·六安·巢湖·淮南及桐城发展报告. 北京：社会科学文献出版社.

窦鸿身，姜加虎. 2003. 中国五大淡水湖. 合肥：中国科学技术大学出版社.

范成新，汪家权，羊向东，等. 2012. 巢湖磷本底影响及其控制. 北京：中国环境科学出版社.

高俊峰，蒋志刚. 2012. 中国五大淡水湖保护与发展. 北京：科学出版社.

郭青山. 1999. 合肥市水利志. 合肥：黄山书社.

《合肥统计年鉴》编辑委员会. 2011. 合肥统计年鉴. 北京：中国统计出版社.

《合肥统计年鉴》编辑委员会. 2012. 合肥统计年鉴. 北京：中国统计出版社.

《合肥统计年鉴》编辑委员会. 2013. 合肥统计年鉴. 北京：中国统计出版社.

《合肥统计年鉴》编辑委员会. 2014. 合肥统计年鉴. 北京：中国统计出版社.

《合肥统计年鉴》编辑委员会. 2015. 合肥统计年鉴. 北京：中国统计出版社.

何进知，魏巍. 2008. 董铺和大房郢水库水质评价及保护措施. 水文，28（4）：95-96.

姜加虎，窦鸿身，苏守德. 2009. 江淮中下游淡水湖群. 武汉：长江出版社.

庐江县地方志编纂委员会. 1993. 庐江县志. 北京：社会科学文献出版社.

水利部长江水利委员会. 1999. 长江流域地图集. 北京：中国地图出版社.

水利部长江水利委员会. 2002. 长江流域水旱灾害. 北京：中国水利水电出版社.

王书航，姜霞，金相灿. 2011. 巢湖入湖河流分类及污染特征分析. 环境科学，32（10）：2834-2839.

王耀武，陈昌新，王宗观，等. 1999. 巢湖流域暴雨洪水特征分析. 水文，4：50-52.

吴开亚. 2008. 巢湖流域环境经济系统分析. 合肥：中国科学技术大学出版社.

杨桂山，马超德，常思勇. 2009. 长江保护与发展报告. 武汉：长江出版社.

张琛，孙顺才. 1991. 巢湖形成演变与现代沉积作用. 湖泊科学，3（1）：16-17.

张志明，高俊峰，闫人华. 2015. 基于水生态功能区的巢湖环湖带生态服务功能评价. 长江流域资源与环境，24（7）：1110-1118.

赵济. 1995. 中国自然地理. 北京：高等教育出版社.

中国河湖大典编辑委员会. 2010. 中国河湖大典·长江卷. 北京：中国水利水电出版社.

中国科学院《中国自然地理》编辑委员会. 1984. 中国自然地理·气候. 北京：科学出版社.

中国科学院《中国自然地理》编辑委员会. 1985. 中国自然地理·地表水. 北京：科学出版社.

第 2 章　水 质 特 征[①]

巢湖流域污染物质在时空分布上具有显著异质性，其在不同断面会表现出不同的浓度和分布特征。以 2013 年春季和夏季两次水质监测参数为基础，在空间上识别巢湖河流及湖库主要污染特征和来源，并对巢湖流域水质进行综合评价；采用多元统计方法进行了相关性分析和主成分分析，判别了水质指标的相关关系及影响水质的主要污染因子。结果表明，巢湖流域水质以Ⅳ类为主，占 56.29%；其次为Ⅰ类、Ⅱ类和Ⅲ类，占 31.06%；Ⅴ类水占 5.27%。从时间上来看，春季水质较夏季水质差，表明季节变化对水质有较大影响。从空间尺度来看，由于受城市污染及农村面源污染的影响，南淝河流域水质最差，流域北部和西南部主要河道水质较好。因子分析显示，氮磷等营养物质是流域水质污染的主要来源，6 条主要入湖水系污染程度的排序为南淝河、十五里河>派河>兆河>柘皋河>白石天河>杭埠河。

2.1　水质采样点设置与样品采集

2013 年，对巢湖流域水质状况进行了春季（平水期）和夏季（丰水期）2 次调查，调查时间分别是 2013 年 4 月和 2013 年 7 月，调查点位共计 191 个，包括湖库点位 42 个，河流点位 149 个（图 2-1）。

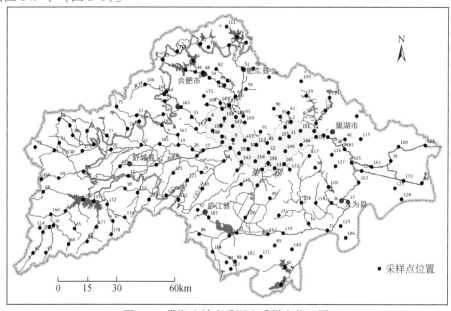

图 2-1　巢湖流域水质调查采样点位置图

---

① 本章由尹洪斌（中国科学院南京地理与湖泊研究所）撰写，高俊峰统稿、定稿。

用 YSI6600 V2 型多参数水质监测仪（美国）现场测定表层（30~50cm）的 pH、水温（Tem）、电导率（EC）、浊度（Tur）等水质理化指标。采集水样用于分析营养盐指标和重金属指标，营养盐指标主要包括叶绿素 a（Chla）、总氮（TN）、总磷（TP）、氨氮（NH₃-N）、磷酸根（PO₄³⁻-P），以及高锰酸盐指数（COD$_{Mn}$），重金属指标主要包括镉（Cd）、铬（Cr）、铜（Cu）、锌（Zn）、铅（Pb）、砷（As）、汞（Hg）。

2.2　水质分析方法

水体的采样及分析方法均按照《水和废水监测分析方法》（第四版）（魏复盛等，2002）和《湖泊富营养化调查规范》（金相灿和屠清瑛，1990）中的方法进行（表 2-1）。除在项目支持下对巢湖流域进行系统的水环境调查外，项目组还积极与地方环保部门等相关单位加强联系，收集了近几年来巢湖及主要入湖河流的水质数据。

表 2-1　水体水质指标分析方法

水质指标	测试方法	使用仪器
总氮（TN）	碱性过硫酸钾消化接紫外比色法	UV-250 全自动分光光度计
总磷（TP）	碱性过硫酸钾消化接钼蓝比色法	UV-250 全自动分光光度计
氨氮（NH₃-N）	比色法	连续流动分析仪
硝态氮（NO₃⁻-N）	比色法	连续流动分析仪
亚硝态氮（NO₂⁻-N）	比色法	连续流动分析仪
磷酸根（PO₄³⁻-P）	比色法	连续流动分析仪
高锰酸盐指数（COD$_{Mn}$）	酸性高锰酸盐氧化法	容量滴定仪器
总有机碳（TOC）	燃烧差减法	TOC 仪
叶绿素 a（Chla）	热乙醇法	UV-250 全自动分光光度计
镉（Cd）	ICP-MS 法	电感耦合等离子体质谱仪（Agilent Technologie，7700x）
铬（Cr）	ICP-MS 法	
铜（Cu）	ICP-MS 法	
镍（Ni）	ICP-MS 法	
铅（Pb）	ICP-MS 法	
锌（Zn）	ICP-MS 法	
砷（As）	原子荧光光度计法	原子荧光光度计（AFS 8120）
汞（Hg）	测汞仪器法	Tekran 2600 痕量汞分析仪

2.3　水体基本理化性质及分布特征

2.3.1　河流理化性质及其分布特征

2.3.1.1　pH

水体 pH 是表示水体酸碱程度的一个指标，其值的波动与水体浮游藻类，以及水生植物生长与呼吸作用密切相关。

图 2-2 和表 2-2 为 pH 在巢湖流域河流中的分布情况和季节变化。由图 2-2、表 2-2 可以看出，pH 在整个流域中的时空分布相对均匀，春季和夏季的变异系数分别为 0.09 和 0.08，其中春季 pH 的变化范围为 6.93~10.45，平均值为 8.16；夏季水体 pH 的变化范围为 6.48~9.97，平均值为 7.73，春季河流 pH 普遍高于夏季。pH 的极值出现在杭埠河流域，这可能是由于上游水体中水生植物生长茂盛，植物呼吸作用产生的二氧化碳大量消耗了水体中的氢离子，致使水体呈现出强碱性（秦伯强，2002；袁和忠等，2009）。

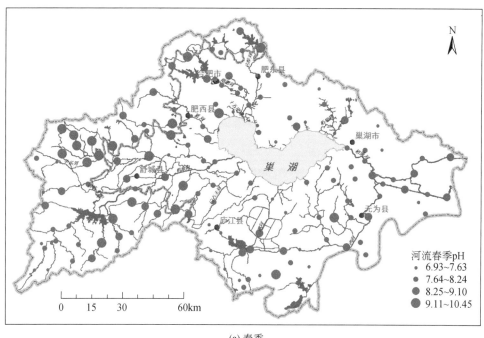

(a) 春季

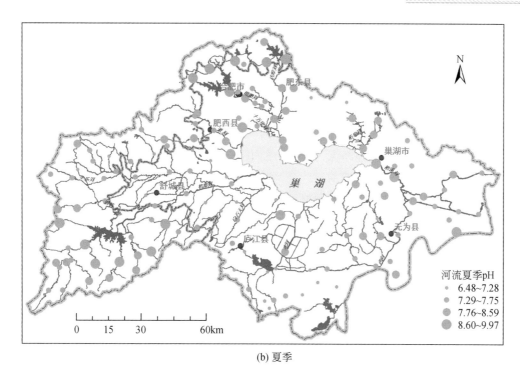

(b) 夏季

图 2-2　巢湖流域河流 pH 时空分布特征

表 2-2　巢湖流域河流水体理化指标概况

指标	春季			夏季		
	最小值	最大值	平均值	最小值	最大值	平均值
pH	6.93	10.45	8.16	6.48	9.97	7.73
电导率（ms/cm）	0.03	3.16	0.25	0.06	13.42	0.49
透明度（m）	0.10	2.00	0.49	0.05	1.20	0.45

　　pH 在各个子流域的统计图如图 2-3 所示。从图 2-3 中可以看出，在两个季节中杭埠

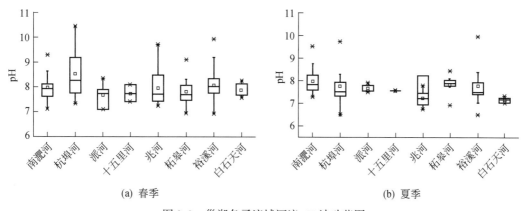

(a) 春季　　　　　　　　　　　　　　　　(b) 夏季

图 2-3　巢湖各子流域河流 pH 波动范围

河、裕溪河和兆河具有明显的季节性波动。春季杭埠河、丰乐河流域 pH 高于其他子流域，平均 pH 为 8.54，其次为裕溪河流域，平均 pH 为 8.09。夏季南淝河流域和杭埠河河流域水质较其他流域的水质偏碱性，其平均 pH 分别为 8.02 和 7.81。

2.3.1.2 电导率

电导率是以数字表示溶液传导电流的能力，其值的大小与其所含的无机酸、碱、盐的量有一定关系。通常，天然纯净无污染水中的电导率很低，但是由于受到人为污染时，水体中的电导率数值出现巨大的波动。

图 2-4 为春夏两季电导率在巢湖流域河流中的分布情况。从全流域的分布情况来看，流域北部地区河流，如南淝河、派河的电导率显著高于其他区域，这与这些河流受到合肥市的污染有关。春夏两季电导率在空间上均呈现出巨大的波动，其中春季水体电导率在 0.03 ~ 3.16ms/cm 波动，平均值为 0.25ms/cm，变异系数达 1.16；夏季水体电导率在 0.06 ~ 13.42ms/cm 波动，平均值为 0.49ms/cm，变异系数达 3.00（表 2-2）。从巢湖流域来看，春夏电导率的极值均出现在南淝河，春季平均值为 0.30ms/cm，夏季平均值为 1.53 ms/cm，且该流域下游地区的电导率值高于中上游。这主要是由于流域经济以工业为主，水体长期接受来自合肥城区的工业污水，导致其电导率较高（谢森等，2010）。

电导率在各个子流域中的分布如图 2-5 所示。从图 2-5 中可以看出，夏季各子流域水体电导率的波动要显著大于春季，这主要是由于在丰水期，流域上下游在雨水的稀释下电导率出现了波动。在各个子流域中，兆河流域与南淝河流域水体中的电导率波动范围最大，这表明这两个流域中存在显著的点源污染。

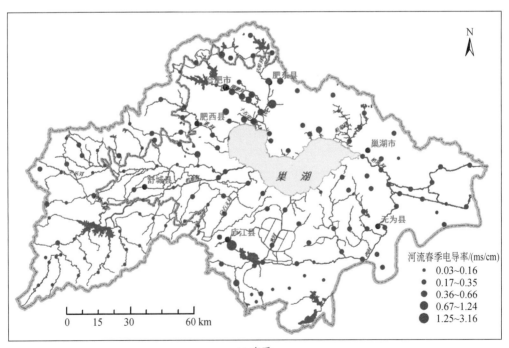

(a) 春季

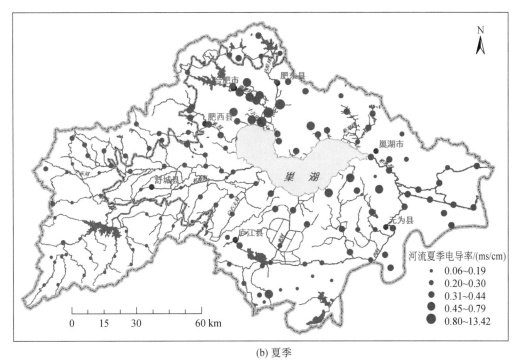

(b) 夏季

图 2-4 巢湖流域河流电导率时空分布特征

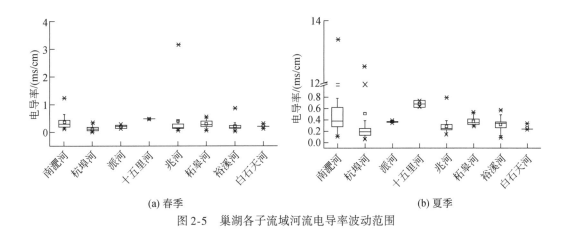

(a) 春季   (b) 夏季

图 2-5 巢湖各子流域河流电导率波动范围

2.3.1.3 透明度

图 2-6 是透明度（SD）在巢湖流域河流中的分布情况和季节变化图。透明度在整个流域中的时空分布差异性显著，其中西部区域水体的透明度要显著大于其他区域，这是由于该区域主要为农业，水生植被茂盛，水体中的悬浮物较低。春季透明度的变化范围为 0.10~2.00m，平均值为 0.49；夏季透明度为 0.05~1.20m，均值为 0.45m。透明度的大小可以反映出水体的浑浊程度，以及风浪扰动的大小（表 2-2）（李素菊等，2002）。春季派河在所有子流域中数值波动最大，但其平均值亦是出于整个流域中的最大值；夏季则兆

河、裕溪河流域水体中的透明度波动范围较大（图2-7）。

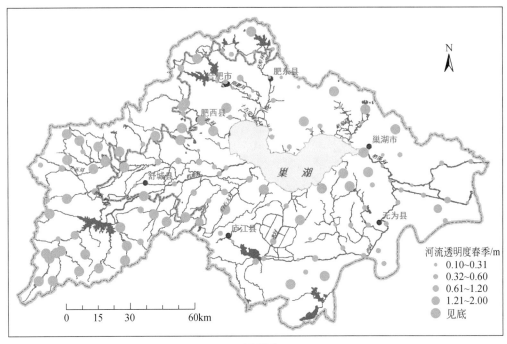

(a) 春季

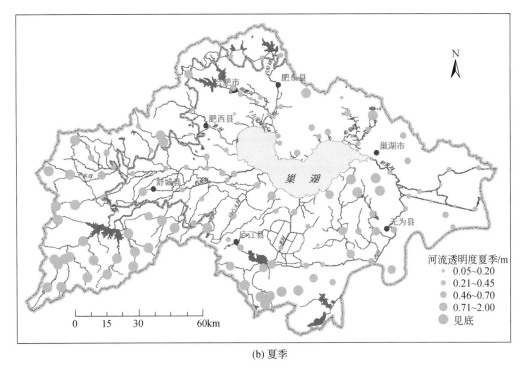

(b) 夏季

图 2-6　巢湖流域河流透明度时空分布特征

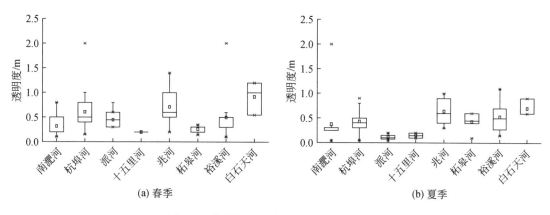

(a) 春季　　　　　　　　　　　　　　　　(b) 夏季

图 2-7　巢湖各子流域河流透明度波动范围

2.3.2　湖库理化性质及其分布特征

2.3.2.1　pH

图 2-8 为 pH 在巢湖流域湖库中的分布情况和季节变化。湖库水体 pH 主要与水体中藻类的生长有关系，蓝藻暴发会引起水体中的 pH 显著升高。

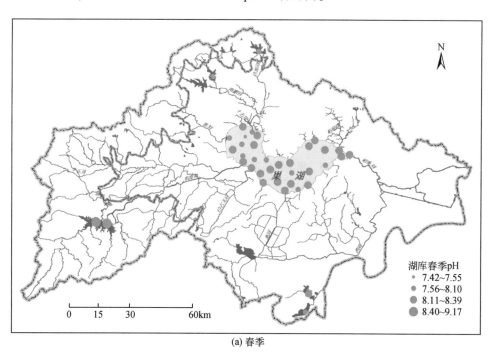

湖库春季pH
· 7.42~7.55
○ 7.56~8.10
● 8.11~8.39
● 8.40~9.17

(a) 春季

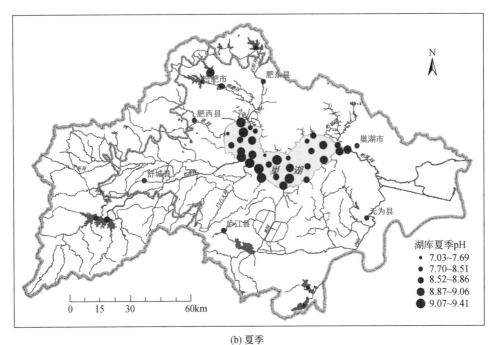

(b) 夏季

图 2-8　巢湖流域湖库 pH 时空分布特征

　　春季巢湖流域湖库 pH 为 7.42~9.17（表 2-3），巢湖全湖 pH 差异不大，基本是中性及偏弱碱性，pH 最大值出现在龙河口水库和黄陂湖。夏季湖库 pH 差异性比春季显著，pH 为 7.03~9.41，这主要是由于夏季水体中蓝藻与水生生物的呼吸代谢引起水体中 pH 的升高。巢湖南部湖区和西南湖区 pH 呈碱性（pH>9），其他区域 pH 偏中性，最低值出现在巢湖南淝河入湖湖区，这可能是由于当温度适宜的条件下，水和底泥中微生物通过厌氧发酵产生许多有机酸或其他中间产物，这些物质对湖水的酸碱性会产生一定的影响（吴剑等，2009；汪家权等，2002）。巢湖湖体中的 pH 季节波动不是很大，夏季水体的 pH 平均值要高于春季（图 2-11）。

表 2-3　巢湖流域湖库水体理化指标概况

指标	春季			夏季		
	最小值	最大值	平均值	最小值	最大值	平均值
pH	7.42	9.17	8.16	7.03	9.41	8.69
电导率（ms/cm）	0.04	0.28	0.16	0.07	20.11	1.48
透明度（m）	0.10	1.30	0.27	0.05	2.2	0.49

2.3.2.2　电导率

　　图 2-9 为电导率在巢湖流域湖库中的分布情况和季节变化。电导率在流域湖库的分布与河流具有相似性，其空间波动较为显著。在一些入湖河口区水体中的电导率明显偏大，如春季和夏季两季节水体中电导率的极值均出现在南淝河口，这主要受南淝河入湖污染物输

入的影响。春季电导率范围为 0.04 ~ 0.28ms/cm，平均值为 0.16ms/cm，变异系数为 0.36；夏季电导率范围为 0.07 ~ 20.11ms/cm，平均值为 1.48ms/cm，变异系数则达到了 3.08（表 2-3）。夏季湖库水体电导率的波动范围要明显大于春季。巢湖湖体中电导率的波动范围不

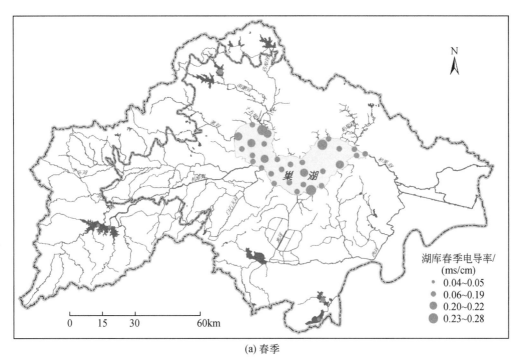

(a) 春季

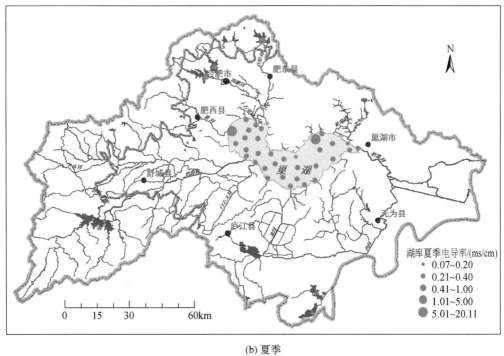

(b) 夏季

图 2-9　巢湖流域湖库电导率时空分布特征

大，且季节波动也不是十分明显，夏季巢湖湖体中的电导率要大于春季，这可能是由于夏季巢湖湖体接受了来自入湖河流更多的污染物（孔明等，2014；Yin et al.，2011）。

2.3.2.3 透明度

图2-10为透明度在巢湖流域湖库中的分布和季节变化情况。春季巢湖流域湖库中的

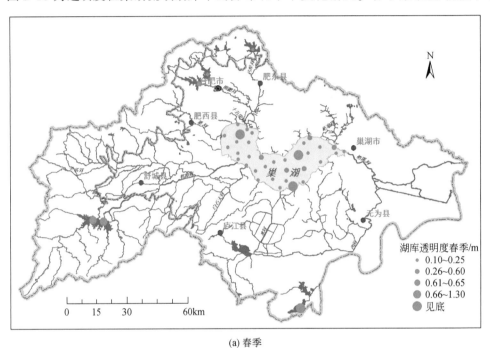

(a) 春季

(b) 夏季

图2-10 巢湖流域湖库透明度时空分布特征

透明度要略小于夏季，变异系数分别为 0.94 和 1.14，平均值分别为 0.27m 和 0.49m（表2-3）。巢湖湖体内的水体透明度要显著低于其他湖库，这主要是因为巢湖是一个浅水湖泊，而其他湖库为深水类型湖泊或者水库。浅水湖泊较易受到风浪扰动的影响，表层底泥中的悬浮物在风浪的作用下进入上覆水体中，进而降低了巢湖湖体的透明度。巢湖在一年四季中，春季的风浪要明显大于其他季节，这也是导致巢湖湖体在春季时期水体透明度略低于夏季的原因（图2-11）。

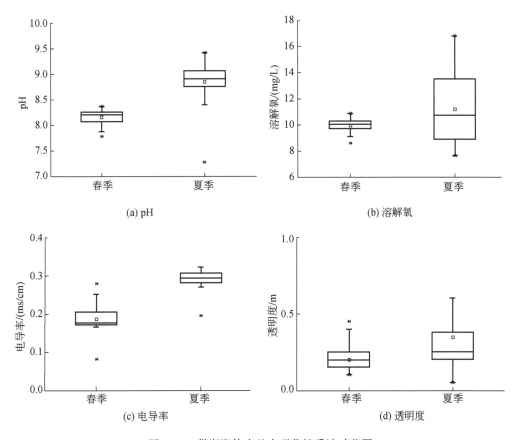

图 2-11　巢湖湖体中基本理化性质波动范围

2.4　营养物质分布特征

2.4.1　河流营养物质及其分布特征

2.4.1.1　总氮

图 2-12 为巢湖流域河流的总氮（TN）时空分布特征，总氮浓度分布具有较强的空间差异性和不均匀性。春季和夏季总氮的浓度在南淝河流域和十五里河流域显著高于其他区

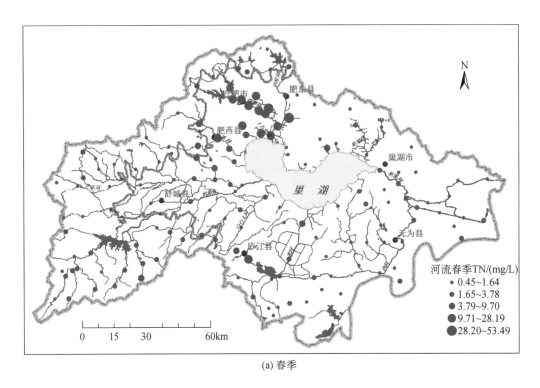

(a) 春季

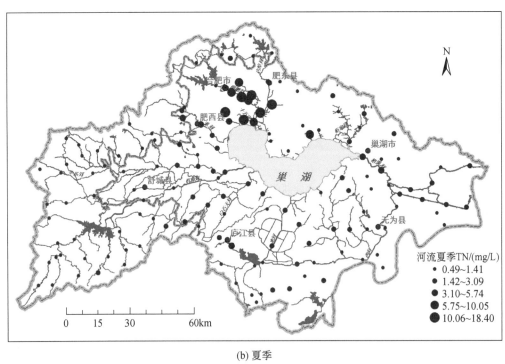

(b) 夏季

图 2-12　巢湖流域河流总氮时空分布特征

域，极值也出现在十五里河，这与合肥市的污染程度严重密切相关。春季杭埠河上游区域水体中的总氮较夏季也呈现出明显的增加，这是由于在春季枯水期，水体污染浓度呈现累积现象，而在夏季丰水期，由于雨水的稀释作用，水体中总氮的浓度出现了下降（王艳平等，2015）。巢湖流域春季总氮在 0.45 ~ 53.5mg/L 波动，平均值为 3.68mg/L；夏季总氮在 0.49 ~ 18.40mg/L 波动，平均值为 2.31mg/L（表 2-4），变异系数表明春季总氮的波动幅度较夏季稍大。

表 2-4　巢湖流域河流营养物质指标概况

指标	春季				夏季			
	最小值	最大值	平均值	变异系数	最小值	最大值	平均值	变异系数
高锰酸盐指数（mg/L）	1.76	68.30	5.88	0.97	1.65	8.63	4.94	0.34
总磷（mg/L）	0.01	8.81	0.37	2.91	0.02	2.18	0.19	1.46
总氮（mg/L）	0.45	53.50	3.68	1.98	0.49	18.40	2.31	1.36
氨氮（mg/L）	0.06	31.60	2.16	2.36	0.08	17.71	1.13	2.20

图 2-13 表明，巢湖各子流域在春夏两季中表现出不同的波动趋势，其中南淝河在整个流域的波动范围最大。南淝河与十五里河水体中总氮浓度的平均值要显著高于其他河流，其中南淝河春季中的总氮浓度最大值接近 60mg/L，具有明显的点源污染特征。由于南淝河、派河和十五里河对巢湖西半湖造成了较大的污染，所以它们也是巢湖流域控污的重中之重（Gao et al.，2015）。

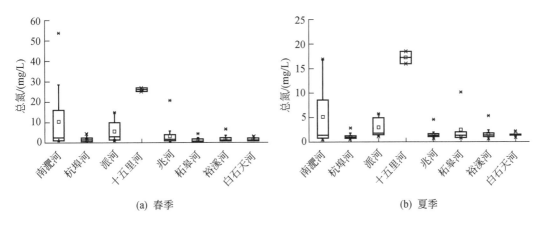

(a) 春季　　　　　　　　　　　　　　　(b) 夏季

图 2-13　巢湖各子流域河流总氮波动范围

2.4.1.2　总磷

图 2-14 为巢湖流域河流的总磷（TP）时空分布特征，与总氮相比，巢湖流域水中的总磷浓度分布具有更大的空间差异性。南淝河、派河，以及十五里河仍然是整个巢湖流域的重点污染区域。其他区域中只是个别采样点出现较高的 TP 浓度，反映出了点源污染源

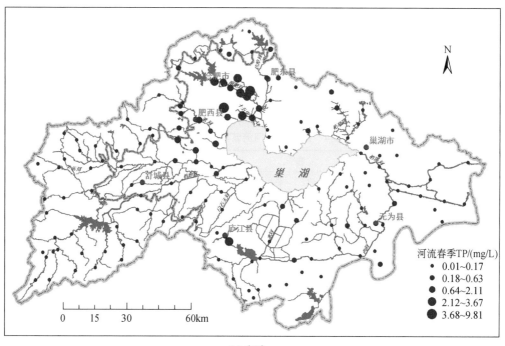

(a) 春季

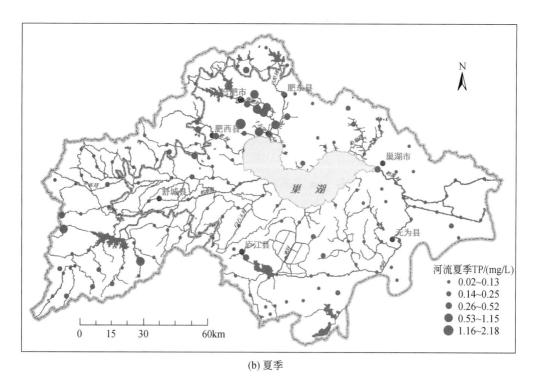

(b) 夏季

图 2-14　巢湖流域河流总磷时空分布特征

的存在。巢湖流域水体春季总磷浓度在 $0.01 \sim 8.81$mg/L 波动，平均值为 0.37mg/L；夏季巢湖流域总磷浓度在 $0.02 \sim 2.18$mg/L 波动，平均值为 0.19mg/L（表2-4）。变异系数表明春季巢湖流域水体总磷的波动要显著大于夏季。

图 2-15 给出了巢湖各子流域在春夏两季的波动范围，十五里河、南淝河以及派河的平均值要显著高于其他子流域，且浓度波动范围也要大于其他子流域（刘成等，2014；Gao et al.，2015）。春季南淝河总磷的最高浓度达到 8mg/L 左右，污染较为严重。同样在夏季，十五里河总磷的最高浓度接近了 2.0mg/L。磷是湖泊富营养化的主要限制因子，且有研究表明，总磷的浓度在 0.02mg/L 时就足以引起湖泊富营养化的发生。南淝河、派河以及十五里河水体中如此高的总磷浓度，对巢湖是一个巨大的威胁，必须采取相应的措施进行应对。

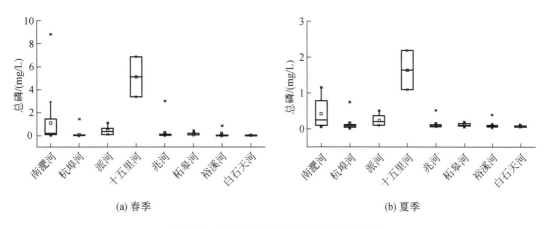

(a) 春季　　　　　　　　　　　　　　　(b) 夏季

图 2-15　巢湖各子流域河流总磷波动范围

2.4.1.3　氨氮

图 2-16 为巢湖流域河流氨氮（NH_3-N）浓度的时空分布特征。与总磷、总氮的浓度分布趋势类似，南淝河、十五里河以及派河流域的氨氮浓度要显著高于其他区域，这表明这些区域受到了较为严重的污染（孔明等，2014）。除此之外，在裕溪河下游区域，氨氮的浓度也较高，这与个别点位受到点源污染密切相关。巢湖流域河流水体春季氨氮的浓度在 $0.06 \sim 31.60$mg/L 波动，平均值为 2.16mg/L；夏季水体中氨氮的浓度在 $0.08 \sim 17.71$mg/L 波动，平均值为 1.13mg/L（表2-4）。变异系数表明，春夏两季氨氮的浓度波动范围与趋势基本类似。

图 2-17 给出了巢湖各子流域氨氮的浓度波动范围。在各个子流域中，十五里河与南淝河流域水体中氨氮的波动范围较大，其平均值也要显著高于其他各子流域。以农业污染为主的杭埠河、兆河等流域水体中的氨氮处于较低水平。

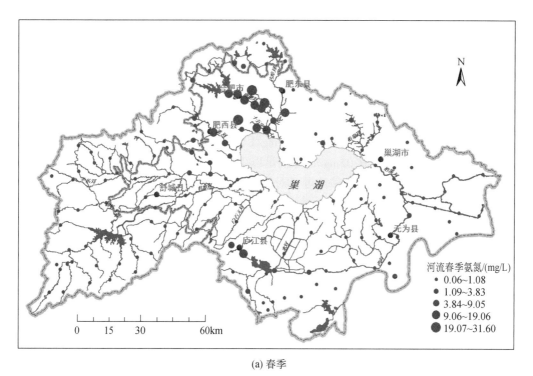

(a) 春季

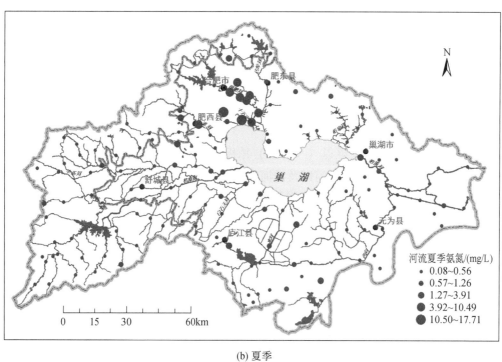

(b) 夏季

图 2-16　巢湖流域河流氨氮时空分布特征

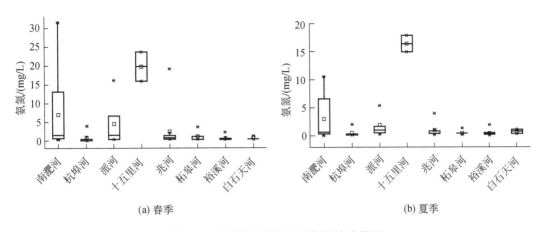

(a) 春季　　　　　　　　　　　　　　　(b) 夏季

图 2-17　巢湖各子流域河流氨氮波动范围

2.4.1.4　高锰酸盐指数

图 2-18 为巢湖流域河流高锰酸盐指数（COD$_{Mn}$）的时空分布。巢湖流域水体高锰酸盐指数的波动与总磷、总氮的波动具有明显的差异。除春季南淝河采样点位的异常值外，其他采样点的数值均在正常的波动范围之内。因为水体中高锰酸盐指数的大小主要与水体中可以消耗的有机质密切相关，所以其在整个巢湖流域中的波动不是十分明显。巢湖流域春季水体高锰酸盐指数在 1.76～68.3mg/L 波动，平均值为 5.88mg/L；夏季水体高锰酸盐指数在 1.63～8.63mg/L 波动，平均值为 4.94mg/L。变异系数表明，春季水体中高锰酸盐指数的波动范围要显著大于夏季。

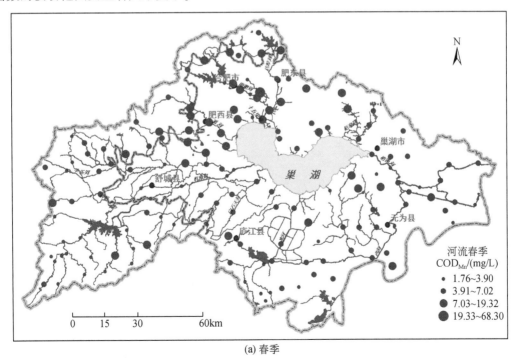

(a) 春季

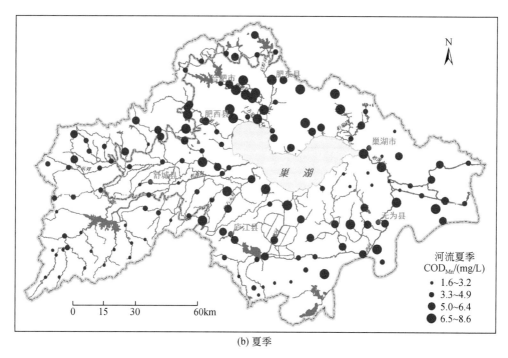

(b) 夏季

图 2-18　巢湖流域河流高锰酸盐指数时空分布特征

图 2-19 给出了春夏两季水体中高锰酸盐的变化趋势。从图 2-22 中可以看出，各子流域水体中高锰酸盐指数的平均值差异不大，其中春季水体中高锰酸盐指数的极值出现在南淝河，夏季各子流域的极大值没有明显差别（Liu et al.，2015）。

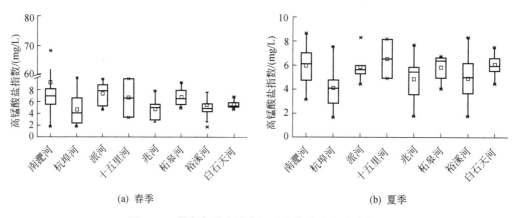

(a) 春季　　　　　　　　　　　　　　　　　(b) 夏季

图 2-19　巢湖各子流域高锰酸盐指数浓度波动范围

2.4.2　湖库营养物质及其分布特征

2.4.2.1　总氮

图 2-20 为巢湖流域湖库总氮时空分布。巢湖湖体的总氮浓度要显著高于其他湖库水

体中总氮的浓度。巢湖流域湖库春季总氮浓度在 0.71 ~ 17.90mg/L 波动，平均值为

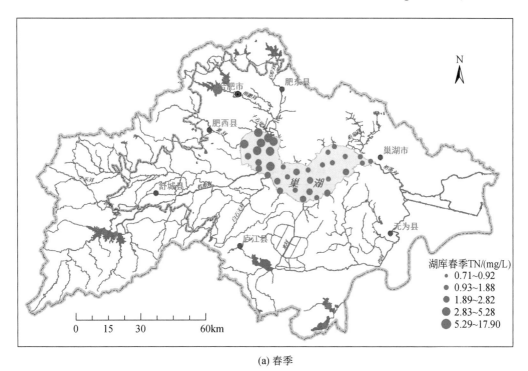

(a) 春季

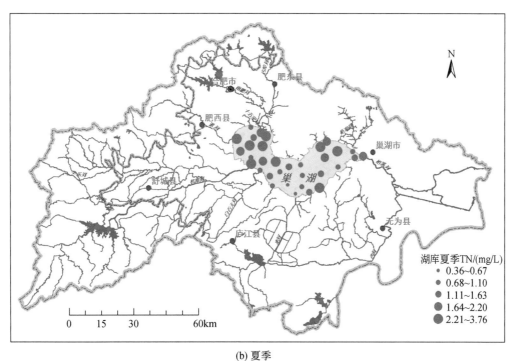

(b) 夏季

图 2-20　巢湖流域湖库总氮时空分布特征

3.03mg/L；夏季总氮浓度在0.36~3.76mg/L波动，平均值为1.52mg/L。春季平均值要明显大于夏季，这主要是由于在枯水期，水体中氮的污染没有得到稀释。变异系数表明，春季巢湖流域湖库水体总氮浓度的波动要显著大于夏季（表2-5）。就巢湖湖体而言，巢湖北部湖湾区域，以及派河入湖口区域总氮浓度较高，最高值出现在中庙镇附近。这些区域同样也是巢湖蓝藻易聚集区。巢湖流域湖库主要敏感水域总氮浓度在春季（4月）较高，由于春季正处于农耕季节，化肥使用量较大，而农田氮素利用率较低，导致大量氮素流失并通过河流进入湖区，所以该时期水体总氮浓度较高（Liu et al.，2015）。图2-24表明，巢湖湖体春季总氮的平均浓度要略大于夏季。

表2-5 巢湖流域湖库营养物质指标概况

指标	春季				夏季			
	最小值	最大值	平均值	变异系数	最小值	最大值	平均值	变异系数
高锰酸盐指数（mg/L）	1.76	9.56	5.03	0.39	1.88	6.90	4.62	0.29
总磷（mg/L）	0.01	2.44	0.22	1.90	0.01	0.57	0.11	0.85
总氮（mg/L）	0.71	17.90	3.03	1.09	0.36	3.76	1.52	0.55
氨氮（mg/L）	0.12	15.85	1.21	2.61	0.06	1.01	0.38	0.59

2.4.2.2 总磷

图2-21为巢湖流域湖库总磷时空分布。总磷的分布特征与总氮的分布特征类似，巢湖湖体的磷浓度要显著大于其他湖库总磷的浓度。巢湖流域湖库总磷浓度春季在0.01~2.44mg/L波动，平均值为0.22mg/L；夏季总磷浓度在0.01~0.57mg/L波动，平均值为

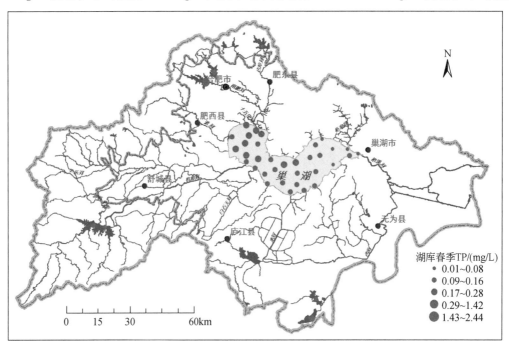

(a) 春季

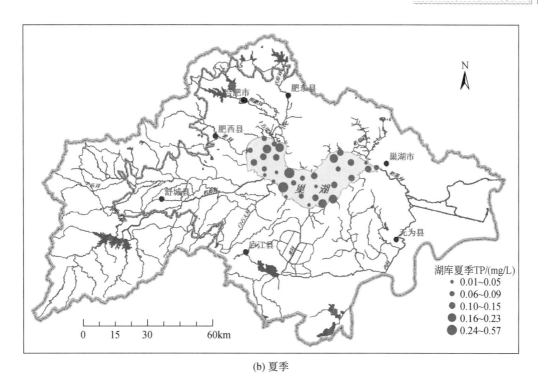

(b) 夏季

图2-21　巢湖流域湖库总磷时空分布特征

0.11mg/L（表2-5）。巢湖春季总磷的平均浓度要大于夏季总磷的平均浓度（图2-24），这主要是因为夏季该区域为梅雨季节，大量含磷丰富的地表径流通过河流进入湖区。此外，由于夏季蓝藻暴发期间导致生物可利用性磷被大量利用，从而引起夏季总磷的含量低于春季。从空间分布来看，巢湖西北部地区总磷的含量要高于其他湖区。南淝河、十五里河以及派河3条入湖河流污染物输入是导致该区域磷浓度处于较高水平的重要原因（Gao et al.，2015）。

2.4.2.3　氨氮

图2-23为巢湖流域湖库氨态氮时空分布。巢湖湖体氨氮的浓度要显著高于其他湖库。整个巢湖流域湖库春季氨氮在0.12～15.85mg/L波动，平均值为1.21mg/L；夏季氨氮在0.06～1.01mg/L波动，平均值为0.38mg/L（表2-5）。变异系数表明，春季巢湖流域湖库水体氨氮的异质性要显著大于夏季。整体来看，氨氮的波动趋势与总氮类似。图2-24表明，巢湖湖体春季氨氮的平均浓度与夏季基本一致。

2.4.2.4　高锰酸盐指数

图2-23为巢湖流域湖库高锰酸盐指数时空分布。巢湖湖体高锰酸盐指数的浓度要显著高于其他湖体。巢湖流域春季湖体高锰酸盐指数在1.76～9.56mg/L波动，平均值为5.03mg/L；夏季高锰酸盐指数在1.88～6.90mg/L波动，平均值为4.62mg/L。变异系数表明，巢湖流域湖库春夏两季高锰酸盐指数在空间的异质性基本类似（表2-5）。图2-24表

明，巢湖春季高锰酸盐指数含量略高于夏季，主要是巢湖西北部湖区较高，这是由于该区域大量接受来自合肥市及其周边乡镇的工业及生活污水，促使高锰酸盐指数处于较高值。

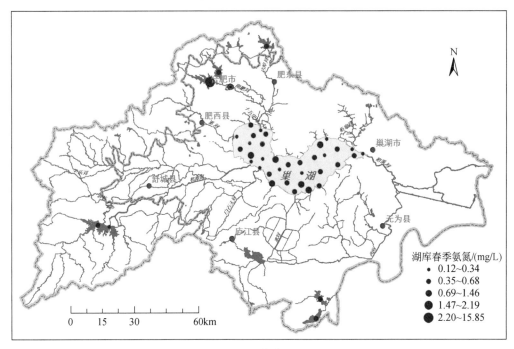

(a) 春季

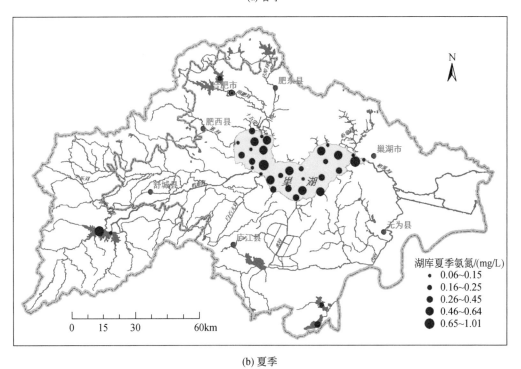

(b) 夏季

图 2-22 巢湖流域湖库氨氮时空分布特征

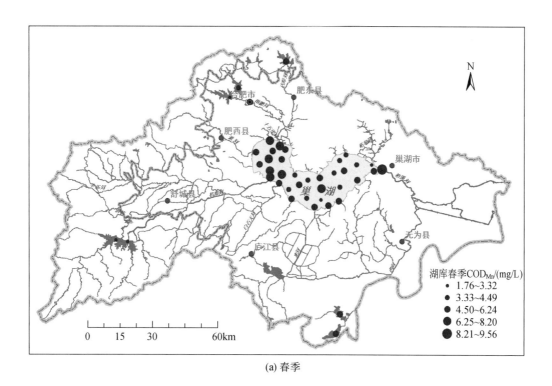

(a) 春季

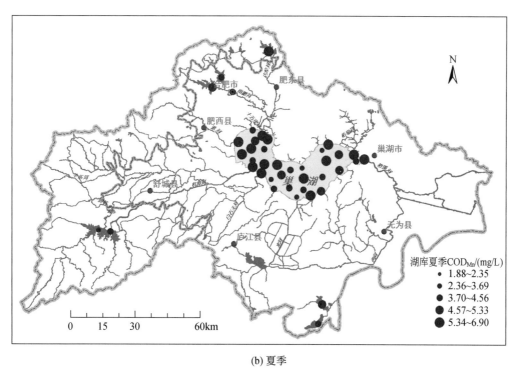

(b) 夏季

图 2-23 巢湖流域湖库高锰酸盐指数时空分布特征

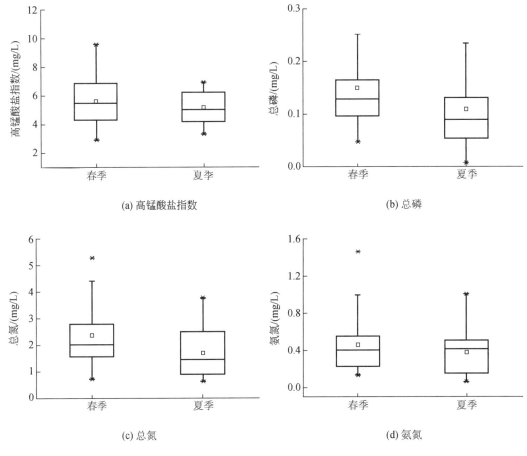

图 2-24　巢湖湖体各营养物质波动范围

2.5　重金属分布特征

2.5.1　河流重金属性质及其分布特征

图 2-25 是巢湖流域河流中的重金属（Cu、Pb、Zn、Cd、Cr、Ni、Hg 和 As）浓度分布。不同重金属在巢湖流域空间尺度所表现的分布特征也不同，如镍与砷的高浓度区域主要分布在南淝河、派河与十五里河区域，这表明这两种污染物质具有相似的污染特征与属性，而其余 6 种重金属在巢湖流域空间并没有明显的分布趋势。在所研究的 8 种重金属中，镍、汞与镉在空间上的变异系数要显著大于其他种类的重金属（表 2-6），表明这些重金属比较容易受到点源污染的影响。在所有的重金属中，锌的平均浓度最大，镍次之，镉最低，这种变化规律与前期的研究基本相同。

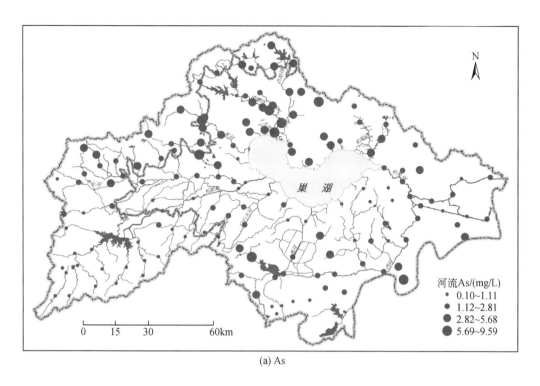

(a) As

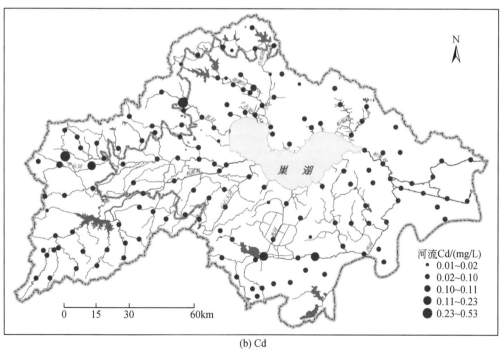

(b) Cd

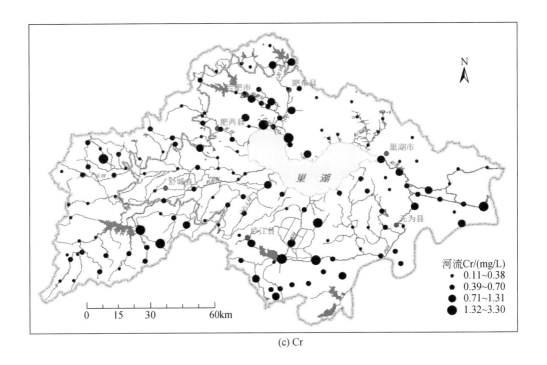

(c) Cr

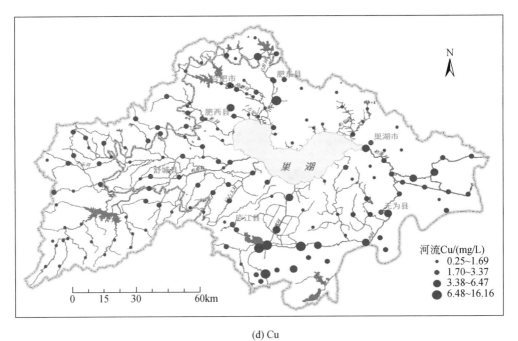

(d) Cu

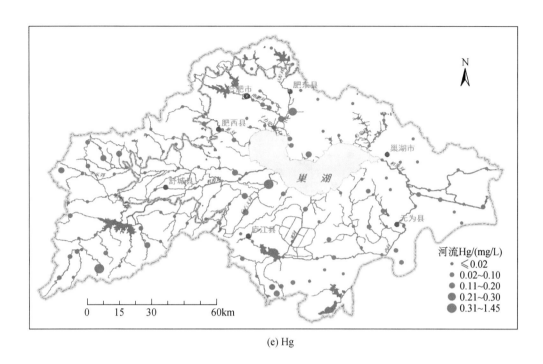

(e) Hg

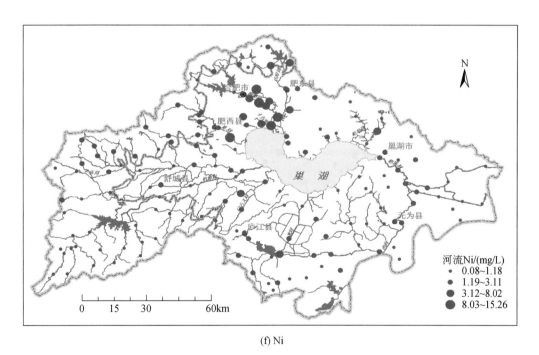

(f) Ni

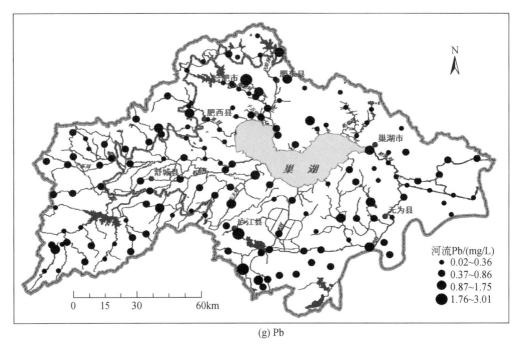

(g) Pb

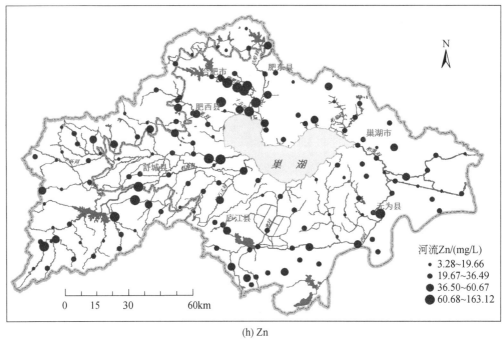

(h) Zn

图 2-25　巢湖流域河流重金属分布特征

　　从图 2-25 和表 2-6 中可知，镉浓度范围为 0.01~0.53mg/L，浓度较高的点位主要分布在派河流域和杭埠河流域，铬浓度范围为 0.11~3.30mg/L，浓度较高的点位主要分布在南淝河、白石天河及兆河水系流域，镍在南淝河流域的浓度显著高于其他流域，砷的浓度范围为 0.10~9.59mg/L，南淝河及派河流域砷的浓度要明显高于其他，这与南淝河的严重污染具有较大的相关性（Yin et al.，2011；Yin et al.，2014）。

表 2-6　巢湖流域河流重金属浓度变化范围

项目	铬	镍	铜	锌	砷	镉	汞	铅
最小值/(mg/L)	0.11	0.08	0.25	3.28	0.10	0.02	0.02	0.01
最大值/(mg/L)	3.30	15.26	16.16	163.12	9.59	0.53	1.45	3.01
平均值/(mg/L)	0.49	1.68	2.09	30.50	2.03	0.03	0.12	0.43
变异系数	0.92	1.28	0.92	0.80	0.89	1.77	1.99	1.09

图 2-26 给出了巢湖各子流域河流水体中重金属浓度的波动范围。从图 2-29 中可知，各种重金属在不同的小流域中表现出了不同的波动特征，说明这些重金属的污染特征具有复合性和复杂性。其中，南淝河、派河及十五里河水体中重金属的平均值要显著高于其他河流水体中的重金属，这与合肥市等城市污染的输入密切相关（Yin et al.，2014）。

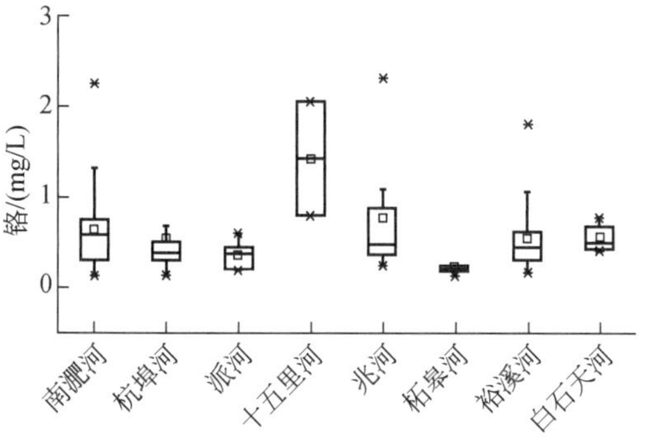

(a) 铬 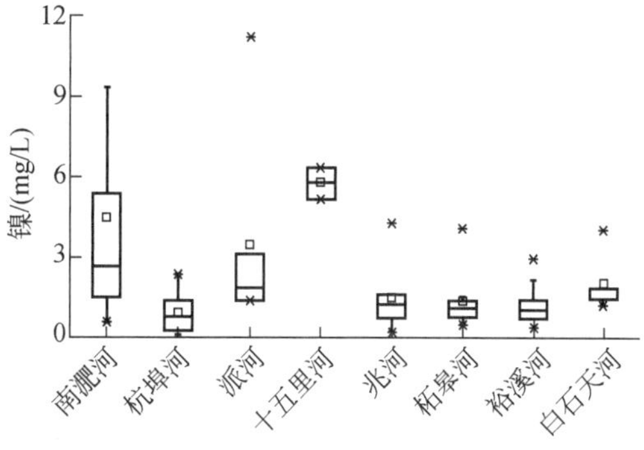　　　　　　　　　　(b) 镍

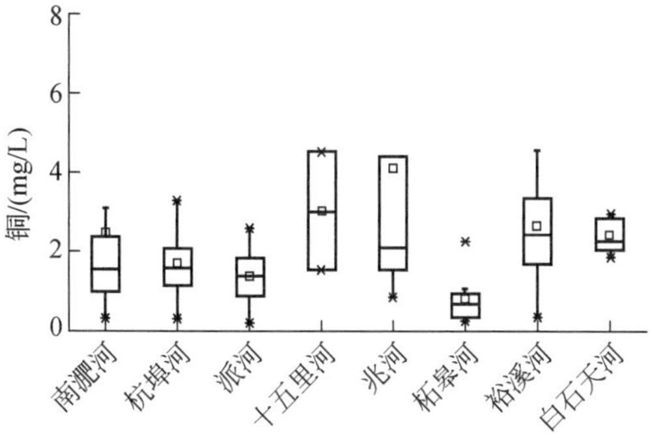

(c) 铜 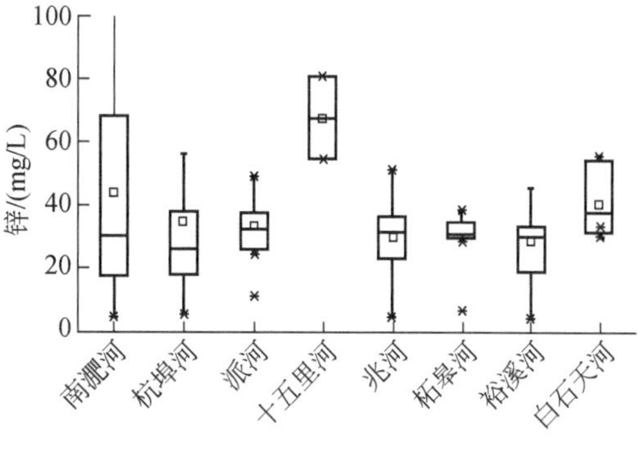　　　　　　　　　　(d) 锌

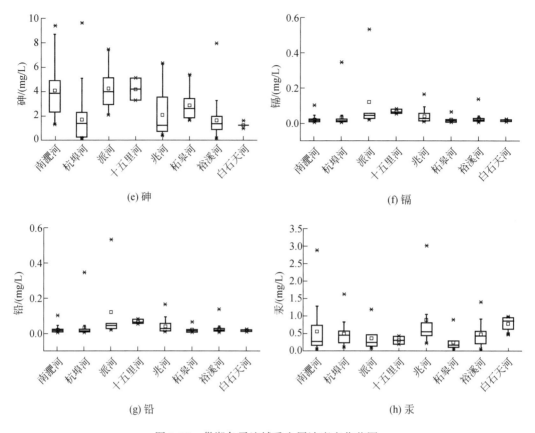

图 2-26　巢湖各子流域重金属浓度变化范围

2.5.2　湖库重金属及其分布特征

湖库重金属空间分布如图 2-27 所示，巢湖水体中铜、锌、镍和砷浓度的分布趋势比较相似，其中西巢湖的含量高于东巢湖，最高值都出现在南测河口处，且由南淝河河口向西巢湖湖心和东巢湖方向递减，在兆河河口处含量较低。元素镉和铬在巢湖南淝河、裕溪河，以及巢湖周边湖库的含量明显高于其他区域水体。巢湖大部分湖区水体中铅的含量偏低，南淝河和裕溪河湖口处浓度相对较高。水体中汞浓度的高低一方面与生活污水、工业废水等的排放，酸性沉积物，河口水体富营养化作用有关，另一方面大气中汞的沉降都可以导致水体中汞的富集，从汞浓度的分布来看，汞在巢湖流域水体中的污染程度较轻（Yin et al.，2014）。

表 2-7 列出了巢湖湖库水体中重金属浓度的波动范围。从表 2-7 中可知，巢湖湖库中汞、镉和铅的波动范围要明显大于其他重金属。其中，铅、镍、砷和锌在西巢湖水体中的浓度要高于东巢湖，这种污染分布特征与入湖河流，如南淝河、十五里河与派河密切相关。汞、镉和铬在巢湖水体中的浓度极值并未出现在西巢湖的几条重污染河道河口，而是出现在了湖心或者其他入湖河口。这种污染的分布特征可能由巢湖渔业捕捞或者与渔民聚

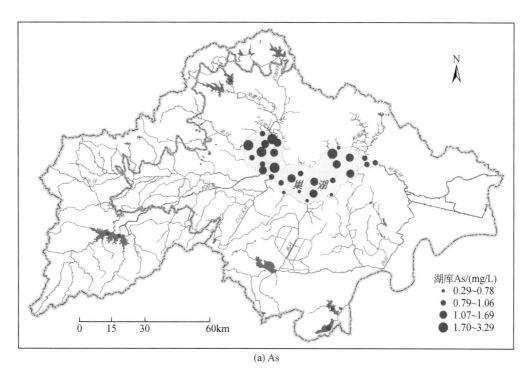

(a) As

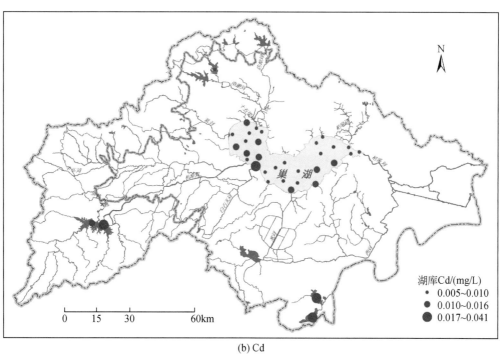

(b) Cd

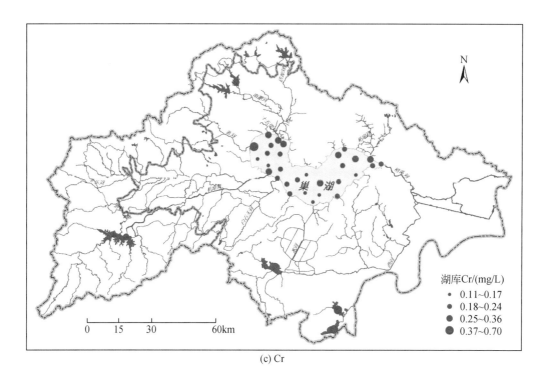

(c) Cr

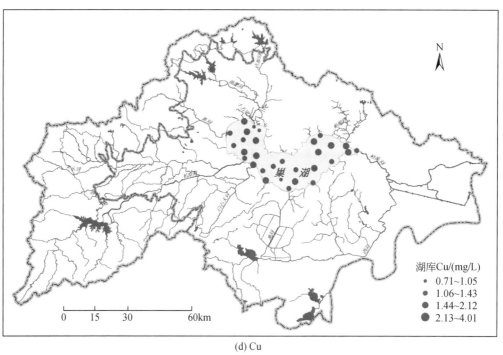

(d) Cu

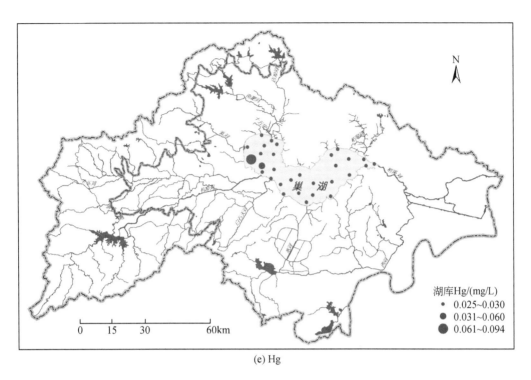

(e) Hg

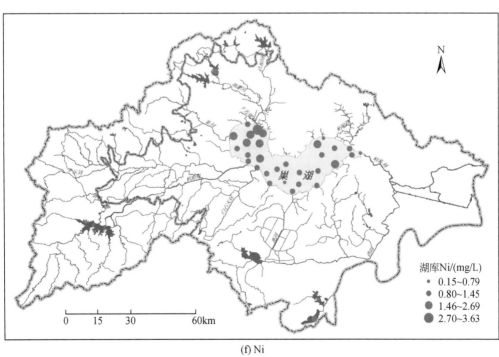

(f) Ni

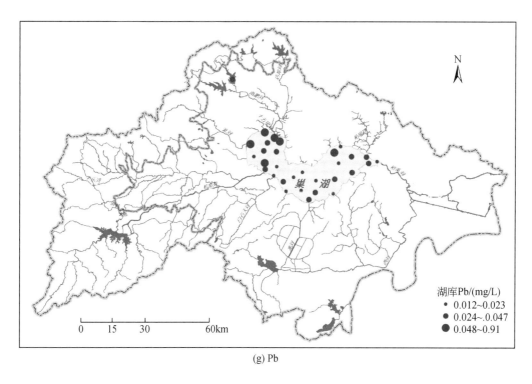

(g) Pb

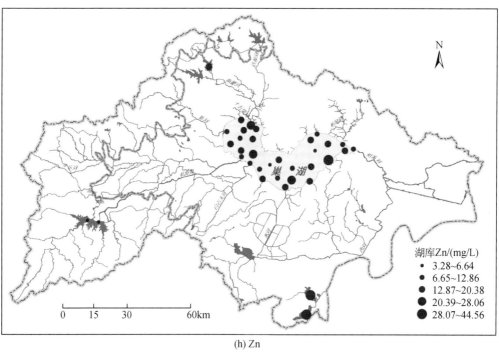

(h) Zn

图 2-27　巢湖流域湖库重金属分布特征

居点有关的人为污染所致。表 2-7 表明，锌仍然是巢湖湖体中浓度最高的重金属，而镉是浓度最低的重金属。

表 2-7 巢湖流域湖库重金属变化范围

项目	铬	镍	铜	锌	砷	镉	汞	铅
最小值/（mg/L）	0.110	0.150	0.715	3.28	0.289	0.005	0.025	0.012
最大值/（mg/L）	0.70	3.63	4.01	44.56	3.29	0.04	0.09	0.91
平均值/（mg/L）	0.25	1.27	1.49	16.91	1.20	0.01	0.05	0.09
变异系数	0.42	0.53	0.357	0.487	0.525	0.85	0.58	1.73

2.6 水环境质量评价

2.6.1 水质综合评价

参照已建立的水质等级和水质标准，虽然可以粗略地掌握水质现状，但要确切地对区域性的水环境进行总体评价和管理，需要借助于综合的水质评价方法。灰色聚类法是目前比较普遍采用的水质评价方法，该方法根据灰色关联矩阵或灰色白化权函数，将监测指标或监测对象划分成可定义类别。具体步骤如下：①建立聚类的白化数矩阵；②无量纲化处理；③确定白化函数；④求聚类权矩阵；⑤求聚类系数矩阵；⑥聚类评价（在聚类系数矩阵 A 的行向量中，聚类系数最大者所对应的灰类，即是该评价对象所属的类别，将各个对象同属的灰类进行归类，即是灰色聚类的结果（江敏，2012）。采用聚类分析可以将大尺度空间上的点位根据污染物性质之间的亲疏程度及受污染程度进行聚类，以便了解其具体的污染状况和种类（江敏，2012；Zhang et al.，2012）。

参照表 2-8 中的《地表水环境质量标准》（GB 3838—2002），采取溶解氧、透明度、总氮、总磷、氨氮、高锰酸盐指数、叶绿素 a、铜、铬和砷等指标，并基于灰色聚类分析法对巢湖流域河流和湖库共 191 个点的水质进行评价。

表 2-8 地表水环境质量标准 GB 3838—2002

项目	I 类	II 类	III 类	IV 类	V 类
总氮 ≤	0.2	0.5	1.0	1.5	2.0
总磷 ≤	0.02（湖库 0.01）	0.1（湖库 0.025）	0.2（湖库 0.05）	0.3（湖库 0.1）	0.4（湖库 0.2）
氨氮 ≤	0.15	0.5	1.0	1.5	2.0
溶解氧 ≥	7.5	6	5	3	2
高锰酸盐指数 ≤	2	4	6	10	15
pH	6 ~ 9				

河流水质评价结果显示（图 2-28），春季巢湖流域河流点位中 I 类、II 类、III 类、IV

类及 V 类类别的点位数分别为 41 个、5 个、4 个、99 个和 8 个，湖库水体相应的水质等级点位数分别为 16 个、0 个、0 个、18 个和 0 个；夏季结果显示，河流点位中 I 类、II 类、III 类、IV 类及 V 类类别的点位数分别为 54 个、7 个、12 个、70 个和 14 个。湖库水体相应

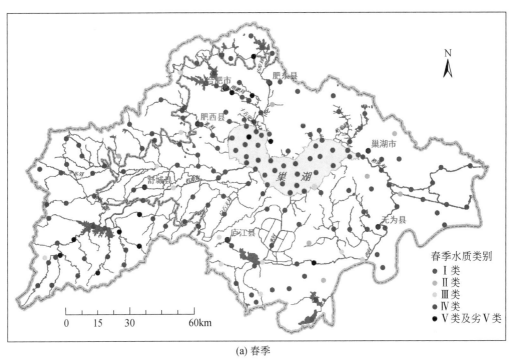

(a) 春季

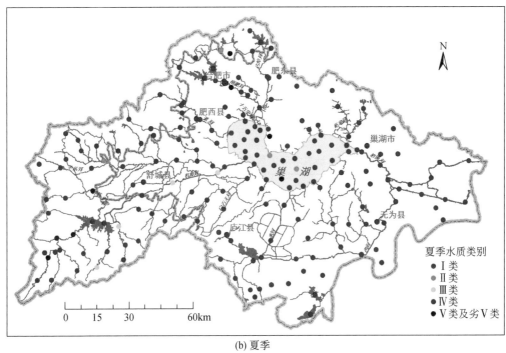

(b) 夏季

图 2-28　巢湖流域河流水质综合评价结果

的水质等级点位数分别为 7 个、0 个、0 个、27 个和 0 个。整个流域各水质类别等级所占比例如图 2-29 所示。春季Ⅰ类、Ⅱ类、Ⅲ类、Ⅳ类及Ⅴ类分别占 29.84%、2.62%、2.09%、61.26% 和 4.19%，夏季相应的水质等级所占比例分别为 32.28%、3.70%、6.35%、51.32% 和 6.35%。

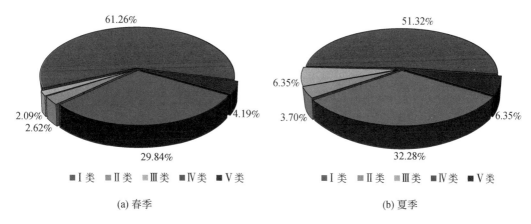

图 2-29　巢湖流域水质等级百分比

　　从时间上来看，春季水质较夏季水质差，表明季节变化对水质有较大影响，这可能与巢湖流域水位、水体流动、底泥污染物释放，以及入湖河流污染物排放量的变化有关（孔明等，2014）。从流域来看，南淝河流域水质最差；其次是流域西南部杭埠河流域；流域北部和西南部主要河道水质较好。巢湖流域南淝河水质较差的原因一方面可能是由于该地区多为城镇地区，工农业较为发达，污染物排放严重。东部沿岸区水质相对较好，另一方面是由于该区域大部分河道为出湖河道，外源污染来源相对较少。

2.6.2　水质指标多元统计分析

2.6.2.1　相关性分析

　　水体中各污染指标的相关性分析是判断各种污染源来源的手段之一，其判定的方法是基于水体中各指标相关系数的大小，以及显著性 P 值检验。这种方法已经广泛应用于各类水体污染物来源的分析中。

　　巢湖流域水质指标间的相关性见表 2-9。溶解氧（DO）与高锰酸盐指数（COD_{Mn}）呈显著负相关（$P<0.05$），COD_{Mn} 反映水体中有机污染物质和还原性物质的污染程度。总磷（TP）与总氮（TN）呈极显著相关（$P<0.01$），总氮与氨氮（$NH_3\text{-}N$）、COD_{Mn}、叶绿素 a（Chla）、铜（Cu）、铬（Cr）和砷（As）均呈极显著相关（$P<0.01$），这可能是由工业、农业外源径流引起河流氮磷及重金属污染。Chla 与 TP、TN、$NH_3\text{-}N$ 均呈极显著相关（$P<0.01$），这表明湖泊富营养化很大程度上受制于营养盐的累积程度，氮磷营养盐浓度高，导致藻类大量繁殖，引起湖泊富营养化，溶解氧含量下降（孔明等，2014）。

表 2-9　巢湖流域水质指标相关性分析

项目	DO	SD	TN	TP	NH_3-N	COD_{Mn}	Chla	Cu	Cr	As
DO	1.00	0.24	−0.04	−0.08	−0.11	−0.14*	0.01	−0.12	−0.15	−0.14
SD		1.00	−0.08	−0.10	−0.08	−0.01	−0.10	0.10	0.03	−0.11
TN			1.00	0.81**	0.90**	0.50**	0.60**	0.17**	0.26**	0.39**
TP				1.00	0.92**	0.60**	0.54**	0.03	0.20**	0.42**
NH_3-N					1.00	0.48**	0.52**	0.10	0.23**	0.45**
COD_{Mn}						1.00	0.69**	0.02	0.12	0.42**
Chla							1.00	−0.02	0.10	0.41**
Cu								1.00	0.31**	−0.01
Cd									1.00	0.10
As										1.00

* 表示 $p<0.05$，** 表示 $p<0.01$。

2.6.2.2　主成分分析

主成分分析（principal component analysis，PCA）是将多个变量通过线性变换，以选出少数重要变量的一种多元统计分析方法，又称主分量分析。主成分分析通过将水体众多水质指标进行归一化处理，变成几个简单因子的主成分。通过对各个主成分内各个参数的相关性进行分析，可以初步判断污染物的来源与属性（Hu et al.，2013）。将巢湖流域春季及夏季两次水质调查的平均结果作主成分分析。表 2-10 和图 2-30 相互验证了总磷、磷酸根、氨氮和高锰酸盐指数是巢湖流域主要的超标项目，且污染物质之间密切相关，表明了污染的同源性。

表 2-10　水质参数旋转因子负荷

水质参数	成分		
	1	2	3
DO	−0.137	−0.588	0.528
SD	−0.105	0.538	−0.540
TN	0.893	0.027	0.174
TP	0.904	−0.051	0.042
NH_3-N	0.906	0.019	0.103
COD_{Mn}	0.740	−0.068	−0.284
Chla	0.750	−0.217	−0.144
Cu	0.120	0.660	0.435
Cr	0.291	0.583	0.411
As	0.599	−0.092	−0.209

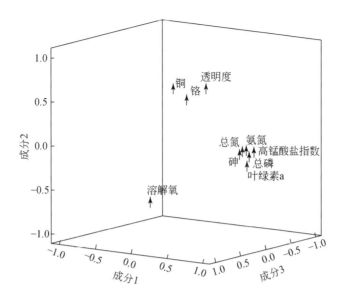

图 2-30　巢湖流域水质指标的三维因子载荷图

影响巢湖流域水质的主成分有 3 个，共计可以解释 66.25% 的方差变异性。第一个主成分的贡献率为 40.35%，在这个主成分中，几种主要的污染物质，如总磷、总氮、氨氮、磷酸根磷、高锰酸盐指数、叶绿素 a 等均有较大的因子载荷，说明这些因子共同影响巢湖流域的水质情况，是巢湖流域的主要污染物质，因此需要采取行之有效的措施加以控制。从表 2-9 可知，总氮与总磷、氨氮、高锰酸盐指数以及叶绿素 a 的相关性均达到极显著水平。这说明污染物质可能来自同一个污染源，工业生活污水及农业面源污染是造成这一现象的主要原因。第二主成分的贡献率为 14.74%，铜和铬有较大的因子载荷，体现了水质受重金属污染的程度。第三主成分中溶解氧具有较大的贡献，而溶解氧并非是影响巢湖流域水质的主要因子，该因子主要受制于其他因子，如光照、温度及微生物的影响。

2.7　入湖污染物状况

巢湖入湖的大小河流有 30 余条，南淝河、十五里河、派河、杭埠河、兆河、白石天河和柘皋河是 6 条主要入湖河流，其特征及水质参数年均值见表 2-11。不同入湖河流因入湖水量及所处地理位置的差异，其对巢湖湖体污染物的贡献率存在很大差异。

表 2-11　巢湖环湖河流特征及水质参数年均值

河流名称	L/km	A/km²	Q/(m³/s)	TN/(mg/L)	TP/(mg/L)	NH₃-N/(mg/L)	CODMn/(mg/L)
南淝河	70	1446	14.27	7.65	0.77	5.10	6.39
十五里河	27	112	3.49	21.50	3.38	18.04	6.52
派河	60	584	12.7	4.27	0.35	3.10	6.62

续表

河流名称	L/km	A/km²	Q/(m³/s)	TN/(mg/L)	TP/(mg/L)	NH₃-N/(mg/L)	COD_Mn/(mg/L)
杭埠河	146	4150	47.6	1.42	0.13	0.45	4.23
白石天河	36	619	8.9	1.56	0.06	0.60	5.77
兆河	34	1138	14.0	2.44	0.20	1.44	4.53
柘皋河	24	507	11.2	1.96	0.14	0.70	6.25
裕溪河	118	2080	6.3	1.53	0.09	0.51	5.11

河道污染贡献率由下式计算：

$$K_{ij} = M_{ij}/M_i \tag{2-1}$$

$$M_{ij}(t) = C_{ij} \cdot Q_j$$

$$M_i = C_{ij} \cdot \sum_{j=1}^{n} Q$$

$$\sum_{j=1}^{n} Q = Q_1 + Q_2 + \cdots + Q_n$$

式中，K_{ij} 为第 i 种污染物、第 j 条河道污染物贡献率；M_{ij} 为污染物入湖负荷总量；M_i 为第 i 种污染物入湖负荷；C_{ij} 为第 j 条河、第 i 种污染物入湖口污染物浓度值（mg/L）；Q_j 为第 j 条入湖河道径流量（表2-11）；n 为河流总数。

2013年，春季和夏季6条主要水系入湖污染物总氮、总磷、氨氮和 COD_Mn 的贡献率如图2-31所示，入湖总氮贡献率较高的河流是南淝河、十五里河、杭埠河和派河，分别占28.31%、19.46%、17.53%和14.06%；入湖氨氮贡献率较高的河流为南淝河、十五里河和派河，分别占31.22%、27.01%和16.89%；入湖总磷贡献率较高的河流为十五里河、南淝河、杭埠河和派河，分别占30.34%、28.26%、15.91%和11.43%；入湖 COD_Mn 贡献率较高的河流是杭埠河、南淝河、派河、柘皋河，分别占32.67%、14.79%、13.64%和11.36%；

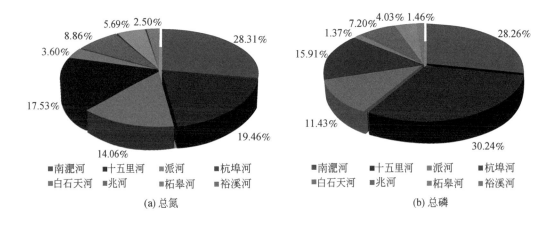

(a) 总氮　　　　　　　　　　(b) 总磷

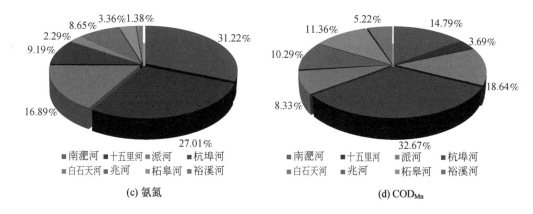

图 2-31 巢湖主要入湖河流总氮、总磷、铵态氮和 COD_{Mn} 贡献率

参 考 文 献

龚春生，范成新. 2010. 不同溶解氧水平下湖泊底泥-水界面磷交换影响因素分析. 湖泊科学，22（3）：430-436.

江敏. 2012. 灰色聚类法综合评价滴水湖水系环境质量. 生态环境学报，21（2）：346-352.

金相灿，屠清瑛. 1990. 湖泊富营养化调查规范. 北京：中国环境科学出版社.

孔明，张路，尹洪斌，等. 2014. 蓝藻暴发对巢湖表层沉积物氮磷及形态分布的影响. 中国环境科学，34（5）：285-1292.

李素菊，吴倩，王学军，等. 2002. 巢湖浮游植物叶绿素含量与反射光谱特征的关系. 湖泊科学，14（3）：228-234.

刘成，邵世光，范成新，等. 2014. 巢湖重污染汇流湾区沉积物营养盐分布与释放风险. 环境科学研究，27（11）：1258-1264.

秦伯强. 2002. 长江中下游浅水湖泊富营养化发生机制与控制途径初探. 湖泊科学，14（3）：193-202.

汪家权，孙亚敏，钱家忠，等. 2002. 巢湖底泥磷的释放模拟实验研究. 环境科学学报，22（6）：738-742.

王艳平，关庆伟，李超，等. 2015. 巢湖沉积物有效态磷与硫的 DGT 原位同步分析研究. 环境科学学报，35（8）：2512-2518.

魏复盛，毕彤，齐文启. 2002. 水和废水监测分析方法（第四版）. 北京：中国环境科学出版社.

吴剑，孔倩，杨柳燕，等. 2009. 铜绿微囊藻生长对培养液 pH 值和氮转化的影响. 湖泊科学，21（1）：123-127.

谢森，何连生，田学达，等. 2010. 巢湖水质时空分布模式研究. 环境工程学报，4（3）：531-539.

袁和忠，沈吉，刘恩峰，等. 2009. 模拟水体 pH 控制条件下太湖梅梁湾沉积物中磷的释放特征. 湖泊科学，21（5）：663-668.

Gao Y, Gao J, Yin H, et al. 2015. Remote sensing estimation of the total phosphorus concentration in a large lake using band combinations and regional multivariate statistical modeling techniques. Journal of Environmental Management, 151：33-43.

Hu Y, Liu X, Bai J, et al. 2013. Assessing heavy metal pollution in the surface soils of a region that had undergone three decades of intense industrialization and urbanization. Environmental Science and Pollution

Research，20（9）：6150-6159.

Liu C，Shao S，Shen Q，et al. 2015. Use of multi-objective dredging for remediation of contaminated sediments：a case study of a typical heavily polluted confluence area in China. Environmental Science and Pollution Research，22：17839-17849.

Yin H，Cai Y，Duan H，et al. 2014. Use of DGT and conventional methods to predict sediment metal bioavailability to a field inhabitant freshwater snail（*Bellamya aeruginosa*）from Chinese eutrophic lakes. Journal of Hazardous Materials，264：184-194.

Yin H，Deng J，Shao S，et al. 2011. Distribution characteristics and toxicity assessment of heavy metals in the sediments of Lake Chaohu，China. Environmental Monitoring and Assessment，179（1-4）：431-442.

Zhang B，Song X，Zhang Y，et al. 2012. Hydrochemical characteristics and water quality assessment of surface water and groundwater in Songnen plain，Northeast China. Water Research，46（8）：2737-2748.

第3章　沉积物特征[①]

巢湖是我国五大淡水湖之一，也是巢湖流域和合肥市重要的工农业及生活水源之一。环巢湖周边入湖河流较多，水体污染严重、污染来源复杂、污染物成分多样，氮、磷和重金属已成为巢湖水质恶化的重要污染物（高俊峰和蒋志刚，2012）。2013 年 4 月采集巢湖流域主要河流、湖库表层沉积物 166 个样品，其中河流沉积物样品有 133 个，湖泊沉积物样品 33 个。利用化学分析方法及测试方法，对沉积物中的营养盐和重金属元素含量进行了测定，并结合环境科学、环境化学、环境毒理学等理论和评价方法，分析沉积物中营养盐和重金属的空间分布特征、沉积物中重金属的污染现状及其生态风险。

通过研究可以发现：①巢湖流域河流和湖库沉积物中的有机质、总氮、总磷含量较高，空间分布表现为巢湖的西半湖高于东半湖，含量较高值主要分布在肥东县的巢湖湾区，以及东半湖东北湖区；流域东部平原区的河流要略高于西部丘陵区河流，兆河流域要高于其他子流域。②沉积物中重金属元素含量基本上都超过了安徽省土壤环境背景值，其中 Cd、Hg 是巢湖流域水体沉积物中最主要的污染物。③南淝河流域、裕溪河流域，以及派河流域潜在生态风险高于其他子流域，巢湖西半湖高于东半湖。

3.1　样点设置与样品采集

巢湖流域沉积物样点布设与水质样点一致，具体的采样位置根据调查河段和湖库的环境特征确定。对于河流表层沉积物的采样布点，主要考虑河流沉积环境相对稳定的区域（如调查河段的缓流区），同时考虑沿河污染源分布特点布设采样点。对于湖库表层沉积物的采样布点，主要按照研究区域进行网格状布点，遵循代表性、全面性、均匀性的原则，同时对重点区域适当加密取样。采集流域内河流和湖库表层 0 ~ 5cm 的沉积物样品时，对于可以直接涉水的区域，直接用彼得森采泥器采集；对于无法直接获得的沉积物样品，租用船只或在桥上用彼得森采泥器采取（中国科学院南京地理与湖泊研究所，2015）。将采集的泥样混匀后装入清洁的聚乙烯自封袋中，冷冻保存送回实验室进行预处理及分析，同时记录下水体名称、位置、采样站点编号、采样时间及采样点周边环境等信息。由于部分溪流河段无沉积物样品，实际共采集到表层沉积物样品 166 个，其中河流沉积物样品有 133 个，湖泊沉积物样品有 33 个（图 3-1）。

---

① 本章由蔡永久和蒋豫（中国科学院南京地理与湖泊研究所）撰写，高俊峰统稿、定稿。

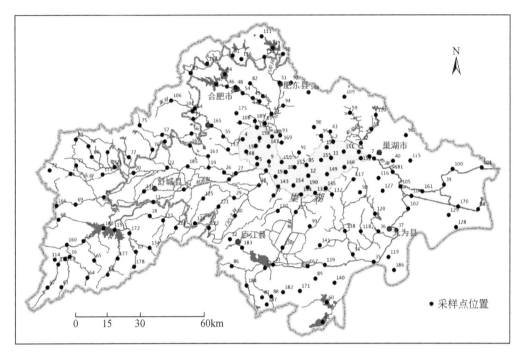

图 3-1　巢湖流域沉积物采样点分布图

3.2　沉积物样品分析

将沉积物样品在实验室内用冷冻干燥机干燥，并剔除动植物残体及石块，经玛瑙研钵研磨处理后，过 100 目尼龙筛后置于干燥器中待用。

沉积物样品的分析主要参照《湖泊富营养化调查规范》（金相灿和屠清瑛，1990；中国科学院南京地理与湖泊研究所，2015）及《水和废水监测分析方法》进行（魏复盛等，2002）。主要分析指标及方法见表 3-1，有机质以烧失量（LOI）计，用马弗炉 550℃ 高温焙烧 4.5h，再用重量法测定，总氮（TN）、总磷（TP）含量以过硫酸钾联合消解法测定，重金属 Cu、Zn、Pb、Cr、Cd、As 和 Ni 的含量使用安捷伦 7700X 型电感耦合等离子体质谱仪（ICP-MS）测定，Hg 的含量使用 Hydra-c 型全自动测汞仪测定。

表 3-1　沉积物分析项目及方法

分析指标及参数	分析方法	备注
有机质	灼烧法	马弗炉 550℃，4.5h
总氮、总磷	过硫酸钾联合消解法	紫外-可见分光光度计
重金属	ICP-MS、全自动测汞仪	安捷伦 7700X 型电感耦合等离子体质谱仪 Hydra-c 型全自动测汞仪

3.3 营养物质

氮、磷等是水生生物生长的必需营养元素。污水排放、地表径流注入，以及湖泊内水生生物死亡的残骸，往往会致使湖泊沉积物中营养盐逐步积累起来，形成湖泊营养盐内负荷（Prastka et al.，1998；Solmp et al.，2002）。营养物质一部分被水生生物吸收利用，另一部分以各种形式存在于水体中，大部分营养物质通过物理、化学、生物的作用逐渐沉降到水体底部，形成"淤泥"（彭近新和陈慧君，1988；范成新等，2012）。因此，湖泊沉积物是湖泊营养盐的重要蓄积库。许多湖泊调查资料表明（靳晓莉等，2006；高永年等，2012；范成新等，2012；许妍等，2013），当入湖营养盐负荷量减少或完全被截污以后，湖泊沉积物中的营养盐会逐步释放出来补充到湖水中，湖泊仍然可能发生富营养化。因此，研究河流、湖库沉积物中氮、磷、有机质的含量及其分布特征对控制水体富营养化和生态系统状况有着重要的指导意义。

本节对巢湖流域内河流和湖泊沉积物中总氮、总磷、有机质的含量进行了检测，并从整体上对其污染特征进行了比较和分析，对认识巢湖流域内源污染治理有参考价值，可为制定水体水质和生态恢复、保护措施提供基础数据和科学依据。

3.3.1 河流营养物质分布特征

巢湖流域地形以丘陵、平原为主，大部分属沿江平原区，西南地势较高，属大别山区，西北部为江淮丘陵区，湖体东部及北部有零星山地。流域的地形地貌特点使巢湖流域河流水系形成了密度大、纵横交错的特点，河流呈放射状汇入巢湖，然后由裕溪河连接汇入长江（高俊峰和蒋志刚，2012）。流域内共有大小河流 33 条，分别属于杭埠河、派河、兆河、南淝河、拓皋河、白石天河、裕溪河 7 条水系。主要入湖河道杭埠河、派河、南淝河、白石天河 4 条河流占流域径流量的 90% 以上，其中杭埠河是注入巢湖水量最大的河流，其次为南淝河、白石天河，分别占总径流量的 65.1%、10.9% 和 9.4%（安徽省水利志编辑室，2010）。巢湖流域这种水系结构的特点影响了河流湖泊沉积物的空间分布。

3.3.1.1 东部平原区和西部丘陵区营养物质分布特征

通过对巢湖流域东部平原区和西部丘陵区河流表层沉积物（0~5cm）中的有机质、总氮、总磷含量进行统计分析可以看出，平原区河流表层沉积物中有机质、总氮、总磷的含量都要略高于丘陵区。

平原区和丘陵区有机质含量分布较为集中，平均含量均在 7.5% 左右；平原区有机质含量出现极端异常值，为 32.8%，该采样点位于臭水沟附近，混杂了各种生活污水和工业废水，所以有机质含量偏高（图 3-2）。

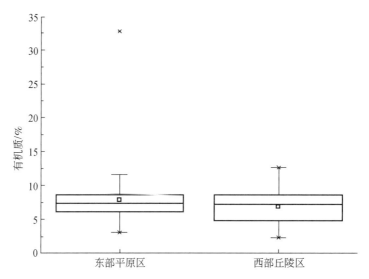

图 3-2　巢湖流域河流表层沉积物有机质含量分布

平原区和丘陵区总氮含量分布也较为集中, 平均含量在2000mg/kg 左右, 两个区域总氮含量都出现了极端异常值。平原区的异常值位于龙泉镇采样点, 为 11 148mg/kg, 在臭水沟附近; 丘陵区的异常值位于舒城县舒茶镇采样点, 为 4486mg/kg, 舒茶镇山区以茶叶种植为主, 由于农业面源污染, 该点总氮含量偏高 (图 3-3)。

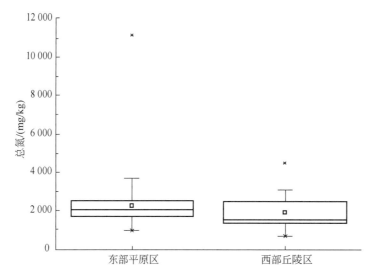

图 3-3　巢湖流域河流表层沉积物总氮含量分布

平原区和丘陵区的总磷含量分布同总氮一样也较为集中, 平均含量分别在 1000mg/kg 和600mg/kg 左右, 两个区域都出现了极端异常值。平原区的异常值位于庐江县高建村, 为 4903mg/kg, 该点总磷含量偏高与高建村生态农业工程建设有关; 丘陵区的异常值为于舒城县舒茶镇采样点, 为 2004mg/kg, 以茶叶种植为主的农业面源污染导致该点总磷含量偏高 (图 3-4)。

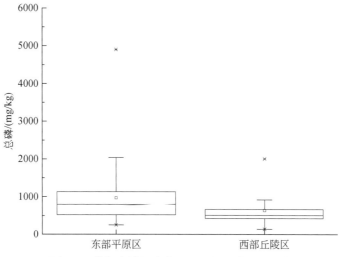

图 3-4 巢湖流域河流表层沉积物总磷含量分布

3.3.1.2 主要河流营养物质分布特征

通过对巢湖流域主要河流表层沉积物（0～5cm）中有机质、总氮、总磷含量进行统计分析，可以看出，兆河表层沉积物中有机质、总氮、总磷的平均含量明显高于其它河流，为（10.15±7.78）%、（3635±2809）mg/kg、（1514±1361）mg/kg；派河表层沉积物中有机质、总氮、总磷的平均含量较低，为（5.00±1.59）%、（1775±561）mg/kg、（558±266）mg/kg。河流沉积物中有机质含量排序为：兆河>裕溪河>十五里河>白石天河>南淝河>杭埠河>柘皋河>派河；总氮含量排序为：兆河>十五里河>白石天河>裕溪河>杭埠河>南淝河>派河>柘皋河；总磷含量排序为：兆河>十五里河>南淝河>裕溪河>杭埠河>白石天河>柘皋河>派河。由此可以看出，兆河、十五里河对巢湖有机质、总氮的贡献量比较大，兆河、十五里河、南淝河对巢湖总磷的贡献率比较大（图 3-5、图 3-6、图 3-7）。

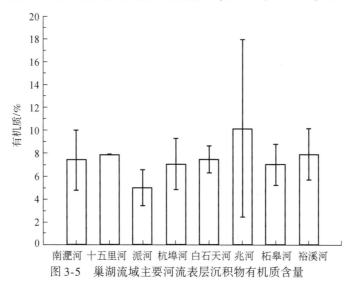

图 3-5 巢湖流域主要河流表层沉积物有机质含量

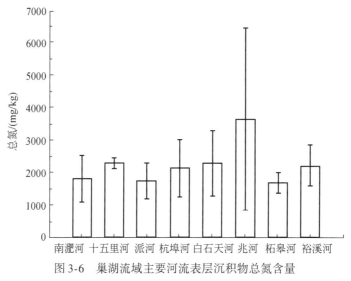

图 3-6 巢湖流域主要河流表层沉积物总氮含量

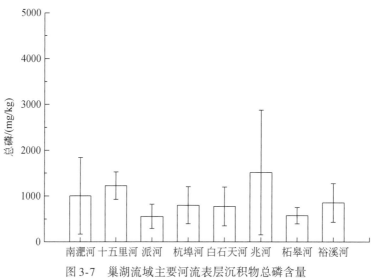

图 3-7 巢湖流域主要河流表层沉积物总磷含量

3.3.1.3 营养物质的空间分布

本研究对巢湖流域表层沉积物（0~5cm）中有机质、总氮、总磷含量进行了统计分析，具体见表 3-2。

表 3-2 巢湖流域表层沉积物中总氮、总磷、有机质的含量分布

项目	有机质/%	TN/（mg/kg）	TP/（mg/kg）
最大值	32.8	11148	4903
最小值	2.27	650	142
平均值	7.63	2223	891
标准偏差	3.35	1221	667
变异系数（%）	43.9	55.0	74.9

（1）有机质含量及分布特征

巢湖流域表层沉积物中有机质含量的范围为 2.27%～32.8%，平均值为 7.63，变异系数为 43.9%（表 3-2）。有机质在巢湖流域的空间分布如图 3-8 所示，有机质较高值（含量超过 7.63%）主要分布在兆河流域、裕溪河流域和十五里河流域，其中含量最高值位于兆河流域的龙泉镇采样点，最低值位于南淝河流域的众兴水库采样点。

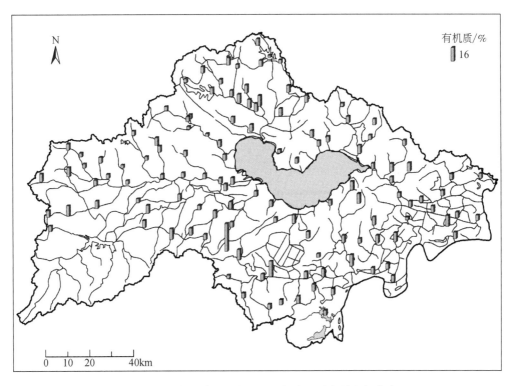

图 3-8　巢湖流域河流表层沉积物有机质含量空间分布

（2）总氮含量及分布特征

巢湖流域表层沉积物中总氮的含量范围为 650～11 148mg/kg，平均值为 2223mg/kg，变异系数为 55.0%（表 3-2）。巢湖流域表层沉积物中总氮的空间分布如图 3-9 所示。总氮较高值（含量超过 2223mg/kg）主要分布在兆河流域、十五里河流域和白石天河流域，其中含量最大值位于兆河流域的龙泉镇采样点，最小值位于杭埠河流域的毛坦厂镇采样点，最大值是最小值的 17 倍之多。

（3）总磷含量及分布特征

巢湖流域表层沉积物中总磷含量的最小值为 142mg/kg，最大值为 4903mg/kg，均值为 891mg/kg，变异系数为 74.9%（表 3-2）。总磷在巢湖流域的空间分布见图 3-10。总磷的高含量点位（含量超过 891mg/kg）主要分布在兆河流域和南淝河流域，其中含量最大值位于兆河流域的庐江县高建村采样点，最小值位于南淝河流域的众兴水库采样点。

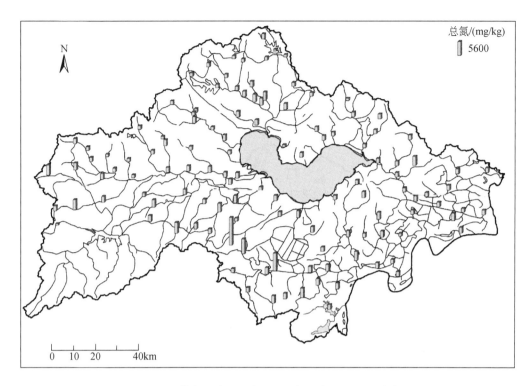

图 3-9　巢湖流域河流表层沉积物总氮含量空间分布

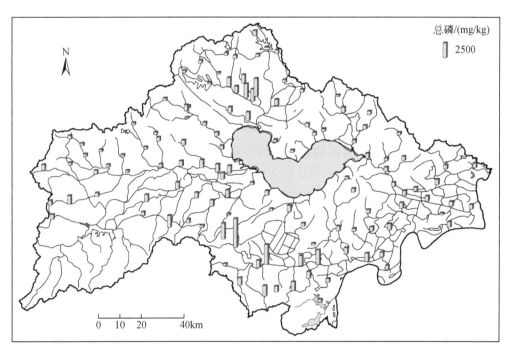

图 3-10　巢湖流域河流表层沉积物总磷含量空间分布

3.3.2　湖泊营养物质分布特征

本书对巢湖表层沉积物（0~5cm）中有机质（以烧失量计）、总氮、总磷含量进行了分析，具体见表 3-3。

表 3-3　巢湖表层沉积物中有机质、总氮、总磷的含量分布

项目	有机质/%	总氮/（mg/kg）	总磷/（mg/kg）
最大值	10.38	3005	2122
最小值	1.79	64	333
平均值	5.86	1737	691
标准偏差	2.36	703	319
变异系数/%	40.2	40.5	46.1

3.3.2.1　有机质含量及分布特征

巢湖表层沉积物中有机质（以烧失量计）的含量范围为 1.79%~10.38%，平均值为 5.86%，变异系数为 40.2%（表 3-3），这与徐康等（2011）报道的巢湖秋季沉积物中有机质平均值含量为 5.16%±1.02% 较一致。有机质在巢湖的空间分布如图 3-11 所示。有机质较高值（含量超过 6%）主要分布在西半湖，以及东半湖的东部，其中含量最高值位于

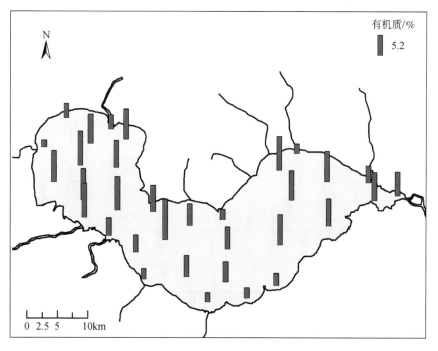

图 3-11　巢湖表层沉积物有机质含量空间分布

东半湖西边湖心处，最低值位于派河入湖口处。

由于沉积物中有机质来源分为内源输入和外源输入，内源输入有机质是指水体生产力本身产生动植物残体、浮游生物及微生物沉积，外源输入有机质主要是指通过外界水源补给过程中挟带进来的颗粒态和溶解态有机质（James，2001）。东半湖西边湖心处有机质偏高，这可能是由于湖心处水较深，水体氧化还原电位较低，水动力作用使得巢湖自身藻类、浮游生物等在湖心处沉积，且未发生矿化或腐殖；西半湖有机质含量的较高值主要分布在杭埠河湖区。另外，肥东县的巢湖湾区（离南淝河河口较近）有机质含量也偏高，这两处都是农业集约化生产区（孙庆业等，2010），受城市污水的影响，农村的生活污水未经处理直接排入附近的河流，土壤有机质通过地表径流最终进入巢湖，导致沉积物中有机质含量的增加。

3.3.2.2 总氮含量及分布特征

1990 年以来，随着巢湖周边工业化和城镇化的发展，大量的氮、磷通过入湖河流进入巢湖（王永华等，2003；王书航等，2010；昝逢宇等，2010），Xu 等（2005）报道，每年由于城市污水排进入湖河流而进入巢湖的总氮量达到 18 360t。过量外源性氮的输入使其在巢湖沉积物中富集，在适宜的条件向上覆水体释放，使得水体富营养化严重，导致生态系统结构和功能严重退化。

巢湖表层沉积物中总氮含量的范围为 64～3005mg/kg，平均值为 1737mg/kg，变异系数为 40.5%（表3-3）。巢湖表层沉积物中总氮的空间分布如图 3-12 所示。西半湖的总氮含量明显高于东半湖，其中含量最大值位于派河入湖口处，最小值位于兆河入湖口处，最

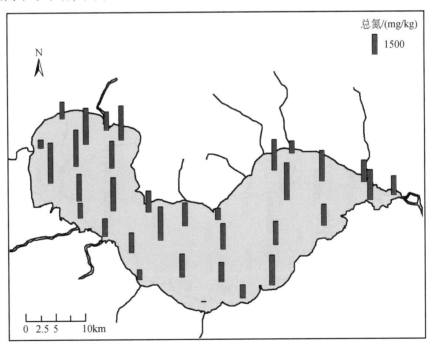

图 3-12　巢湖表层沉积物总氮含量空间分布

大值是最小值的46倍之多。总氮较高值（含量超过2000mg/kg），主要分布在西半湖肥东县的巢湖湾区（靠近南淝河入湖口），以及东半湖的东北面靠湖岸区。靠近合肥市的湖区总氮含量明显偏高，这主要与南淝河及十五里河常年排放劣Ⅴ类污水有关。

3.3.2.3 总磷含量及分布特征

氮磷是藻类生长的主要营养元素，巢湖中微囊藻是污水性的浮游蓝藻类，适宜生长在营养水平较高的水体中。由于长期接纳周边城市生活污水、工业污水，以及农业面源性废水，使得磷在巢湖沉积物中大量富集。目前，西半湖水体一直处于中度富营养化水平，东半湖处于轻度富营养化水平，每年都有蓝藻暴发。

巢湖表层沉积物中TP含量的最小值为333mg/kg，最大值为2122mg/kg，均值为691mg/kg，变异系数为46.1%（表3-3）。TP的含量范围及均值与其他研究者报道的较吻合（王永华等，2003；徐康等，2011；昝逢宇，2010）。TP在巢湖的空间分布见图3-13。西半湖的总磷含量明显高于东半湖，其中含量最大值位于南淝河入湖口处，最小值位于巢湖东半湖北面靠近湖岸区。TP的高含量点位（含量超过700mg/kg）主要分布在西半湖肥东县的巢湖湾区（靠近南淝河入湖口）、杭埠河河口处以及东半湖北面湖区。西半湖TP含量较高一方面与接纳合肥市及周边城镇的工业废水、生活污水有关；另一方面与杭埠河、丰乐河、南淝河等入湖河流带来的大量非点源污染有关（周慧平等，2008；王洪道，1995；阎伍玖，1998）。东半湖TP含量较高可能有两个原因，一方面巢湖北部震旦系与寒武纪砂页岩中含有磷矿床，不断地被各种形式开采（屠清瑛等，1990；范成新等，2012），导致这一湖区沉积物中磷含量较高；另一方面，巢湖东半湖靠近巢湖市，人口的递增和城市的发展导致污染加重，排放大量的污染磷（高俊峰和蒋志刚，2012）。

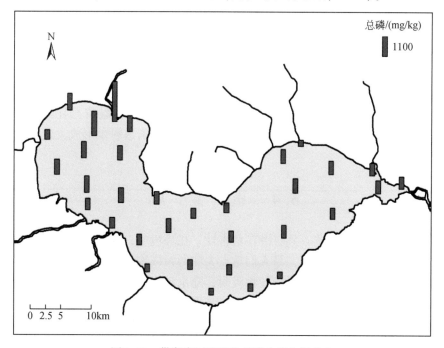

图3-13 巢湖表层沉积物总磷含量空间分布

3.3.3 营养物质产生的原因分析

巢湖流域是我国较早的农业开发区之一，区内人口密集，土地利用集约度高。随着巢湖流域人口和工农业生产的快速增长，需水量和污水排放量增大，相应地增加了入湖污染量。农业活动、土地利用等造成巢湖水体氮、磷等营养负荷加重，湖泊生态恶化（高俊峰和蒋志刚，2012）。

农业生产中物质的不当输入与输出。沿湖区域以小麦-水稻或油菜-水稻轮种模式为主，农业经济水平较高，但缺乏合理的施肥指导和田间管理措施，表现为化肥施用量人、施肥结构和方法不合理，农药使用量大、施用技术落后，农作物秸秆利用率低、焚烧堆弃，农膜使用量大，在土壤中残留累积，破坏了土壤结构，灌溉方式不合理导致土壤退化等（刘洁等，2008）。农业物质的不当输入不仅造成了资源的浪费，还对区域环境质量构成了严重威胁。

养殖业污染物大量排放，污染水体。目前，巢湖流域畜禽养殖业产生的各类污染物数量巨大。据调查，巢湖流域每年因畜禽养殖产生粪便达 1200 多万 t，其中生化需氧量（BOD）为 102.46 万 t、化学需氧量（COD）为 85.64 万 t，产生的氨氮达 11.70 万 t（彭军和司友斌，2010）。随意堆放畜禽粪便，其经日晒雨淋后随地表径流进入水体。绝大部分禽畜养殖场缺乏管理，没有建立粪尿污水的治理配套设施，大量禽畜养殖场粪尿及其冲淋水随意排放和流失，对生态环境造成严重影响，成为河道污染的主要污染源。

生活垃圾及污水排放。随着城镇化的发展，人们日常生活垃圾的数量越来越多。农村及城市生活垃圾中，一次性垃圾袋、泡沫、塑料瓶等不易分解的成分占较大比例。垃圾堆放不仅占用土地，还成为蚊虫病菌滋生的场所。在降水作用下，垃圾渗漏，污染土壤及地表水体。另外，农村环保设施建设严重滞后，流域内大部分农村生活污水任意排放，垃圾未经集中处理直接露天堆放（范成新等，2012）。

城市矿区、居民区、商业区等污染物排放。巢湖周边合肥市与巢湖市拥有众多工矿企业，省会合肥市纺织、食品、化学、冶矿工业集中，巢湖市主要有食品、建材工业。一方面，城镇地表聚集了一系列降水径流污染物，如油类、盐分、氮磷、有毒物质及城市垃圾；另一方面，商业区、住宅区交通流量大，车辆尾气、街道粉尘形成大气沉降物（高俊峰和蒋志刚，2012）。

3.4 重 金 属

重金属是一类保守性物质，具有潜在危害性，在环境中，特别是在生物体和人体中往往易于富集甚至有毒性放大作用，是人们重点关注的污染物种类之一。重金属通过各种途径进入河湖水体，并大部分被悬浮颗粒物吸附，随水动力作用被搬运并逐步沉积。沉积物中的重金属是影响湖泊环境质量的重要因子，其形态和分布往往能够反映自然和人类活动对湖泊的影响。湖泊中的重金属可与悬浮物和沉积物以附着、包裹甚至晶格原子形式结合，悬浮质粒的稳定沉降使得重金属在湖泊沉积物中具有累积性特征。重金属入湖挟带源的位置和强度，又往往使得其在不同区域和沉积物层次中的赋存含量表现出差异，造成空间分布的不均匀性。重金属在沉积物中的蓄积量或赋存含量不仅大致反映了水体重金属污染现状与历史，而且可反映沉积物对上覆水体影响的持久能力，因此，了解沉积物中的重金属含量及分布，对掌握水环境中重金属的潜在危害性具有重要的现实意义。本节对巢湖流域内河流和湖泊沉积物中的 Cu、Zn、Pb、Cr、Cd、As、Hg、Ni 8 种主要重金属含量进行了检测，并从整体上对重金属污染特征进行了比较和分析，同时评价了沉积物中重金属的污染现状和潜在风险程度。

3.4.1　河流重金属污染特征

3.4.1.1　东部平原区和西部丘陵区重金属污染特征

巢湖流域东部平原区河流表层沉积物中 8 种重金属的含量统计见表 3-4，Cu、Zn、Cd、Hg 的变异系数超过了 150%，说明这些元素在平原区某些点位的含量明显偏高；同时其他重金属元素的变异系数也在 30% ~60%，反映了空间分布上的差异性。这 8 种重金属元素在平原区河流表层沉积物中的平均含量顺序为 Zn（181mg/kg）>Cu（77.6mg/kg）>Cr（67.9mg/kg）> Pb（35.9mg/kg）> Ni（30.2mg/kg）> As（11.6mg/kg）> Cd（1.79mg/kg）>Hg（0.146mg/kg），都超出了安徽省土壤环境背景值（中国环境监测总站，1990），其中 Cu 超出背景值 3.80 倍，Zn 超出背景值 2.92 倍，Pb 超出背景值 1.35倍，Cr 超出背景值 1.02 倍，Cd 超出背景值 18.45 倍，As 超出背景值 1.29 倍，Hg 超出背景值 4.42 倍，Ni 超出背景值 1.01 倍。

表 3-4　东部平原区河流表层沉积物中主要重金属含量

项目	Cu	Zn	Pb	Cr	Cd	As	Hg	Ni
最大值/（mg/kg）	1114.0	1562	138.5	199.3	103.72	52.6	2.707	50.8
最小值/（mg/kg）	12.6	41	18.3	20.2	0.07	3.7	0.021	13.6
平均值/（mg/kg）	77.6	181	35.9	67.9	1.79	11.6	0.146	30.2
标准偏差/（mg/kg）	160.6	282	20.0	23.5	10.52	6.5	0.341	9.1
变异系数/%	206.9	155.3	55.6	34.6	586.8	55.9	233.5	30.0
背景值/（mg/kg）	20.4	62.0	26.6	66.5	0.097	9.0	0.033	29.8

通过与加拿大淡水沉积物重金属质量基准（Smith，1996）（表 3-5）相比较发现，在平原区所有采样点中，元素 Cu、Zn、Pb、Cd 和 Hg 含量低于临界效应浓度（threshold effects level，TEL）的百分比分别是 61.62%、71.72%、67.68%、72.73%、87.88%，负面生物效应几乎不会发生；元素 Cr、As、Ni 含量值在 TEL 与可能效应浓度（probable effects level，PEL）之间的百分比分别是 83.84%、78.79%、62.63%，负面生物效应偶尔发生。

表 3-5　加拿大淡水沉积物重金属质量基准值　　　　　单位：mg/kg

质量基准	Cu	Zn	Pb	Cr	Cd	As	Hg	Ni
TEL	36	123	35	37	0.6	5.9	0.17	18
PEL	197	315	91	90	3.5	17	0.49	36

资料来源：Smith，1996。

巢湖流域西部丘陵区河流表层沉积物中 8 种重金属的含量统计见表 3-6，这 8 种重金属的变异系数在 25%～60%，反映了空间分布上的差异性。丘陵区河流表层沉积物中 8 种重金属元素平均含量的顺序为 Zn（69mg/kg）>Cr（53.7mg/kg）>Pb（28.4mg/kg）>Ni（23.7mg/kg）>Cu（20.6mg/kg）>As（10.4mg/kg）>Cd（0.21mg/kg）>Hg（0.041mg/kg），除 Cr、Ni 外，其他重金属均超出安徽省土壤环境背景值（中国环境监测总站，1990），其中 Cu、Zn、Pb、Cd、As、Hg 分别超出背景值 1.01 倍、1.11 倍、1.07 倍、2.14 倍、1.16 倍、1.24 倍。

表 3-6　西部丘陵区河流表层沉积物中主要重金属含量

重金属元素	Cu	Zn	Pb	Cr	Cd	As	Hg	Ni
最大值/（mg/kg）	33.3	131	72.2	91.6	0.58	22.7	0.133	39.7
最小值/（mg/kg）	6.4	34	10.6	19.8	0.06	2.2	0.015	7.4
平均值/（mg/kg）	20.6	69	28.4	53.7	0.21	10.4	0.041	23.7
标准偏差/（mg/kg）	6.1	24	12.3	15.3	0.11	4.5	0.023	7.8
变异系数/%	29.8	34.3	43.3	28.5	53.2	43.5	56.2	32.9
背景值/（mg/kg）	20.4	62.0	26.6	66.5	0.097	9.0	0.033	29.8

与加拿大淡水沉积物重金属质量基准（Smith，1996）（表 3-6）相比较发现，在丘陵区所有采样点中，元素 Cu、Zn、Pb、Cd 和 Hg 含量低于临界效应浓度 TEL 的百分比分别是 100%、96.88%、84.38%、100%、100%，负面生物效应几乎不会发生；元素 Cr、As、Ni 含量值在 TEL 与 PEL 之间的百分比分别是 87.50%、81.25%、71.88%，负面生物效应偶尔发生。

综合东部平原区和西部丘陵区的结果来看，平原区河流表层沉积物中重金属的含量明显高出丘陵区，而且都超出了安徽省土壤环境背景值。有个别点位的重金属含量明显偏高，这与当地的污染密切相关。与加拿大淡水沉积物重金属质量基准相比，平原区重金属发生负面生物效应的可能性要远大于丘陵区。

3.4.1.2　主要河流重金属污染特征

巢湖流域主要河流表层沉积物中重金属含量见表 3-7。南淝河占据 Zn、Pb、As 和 Hg 这 4 个含量的最大值，分别为 374mg/kg、46.3mg/kg、12.9mg/kg、0.341mg/kg，超出安徽省土壤环境背景值 6.03 倍、1.74 倍、1.43 倍、10.33 倍；兆河 Cu 含量值最大，为 232.2mg/kg，超出安徽省土壤环境背景值 11.38 倍；Cr 含量最大值出现在十五里河，为 92.5mg/kg，超出安徽省土壤环境背景值 1.39 倍；Cd 含量最大值出现在派河，为

19.87mg/kg，超出安徽省土壤环境背景值 204.85 倍；Ni 含量最大值出现在裕溪河，为 36.3mg/kg，超出安徽省土壤环境背景值 1.22 倍。Pb、Cr、Ni 含量最小值出现在派河，分别为 24.2mg/kg、47.5mg/kg、21.0mg/kg；杭埠河占据 Cd、Hg 两个含量的最小值，分别为 0.22mg/kg、0.044mg/kg，但仍超出了安徽省土壤环境背景值 2.27 倍、1.33 倍；As 含量最小值出现在十五里河，为 5.9mg/kg；Zn 含量最小值出现在柘皋河，为 67mg/kg，是安徽省土壤环境背景值的 1.08 倍。

综上结果可以发现，南淝河 Zn、Pb、As、Hg 污染比较严重，兆河 Cu 污染比较严重，十五里河 Cr 污染比较严重，派河 Cd 污染比较严重，裕溪河 Ni 污染比较严重。

表 3-7　巢湖流域主要河流表层沉积物重金属含量平均值　　　单位：mg/kg

主要河流	Cu	Zn	Pb	Cr	Cd	As	Hg	Ni
南淝河	45.9±34.0	374±499	46.3±33.3	74.1±34.2	0.55±0.63	12.9±9.9	0.341±0.626	29.2±8.6
十五里河	66.5±21.8	200±9	30.7±0.6	92.5±25.5	0.35±0.00	5.9±1.7	0.171±0.044	29.4±3.6
派河	20.8±7.2	83±35	24.2±8.8	47.5±16.5	19.87±41.49	8.8±4.8	0.059±0.046	21.0±8.7
杭埠河	20.9±5.7	77±24	29.2±11.4	55.1±13.7	0.22±0.10	10.3±4.48	0.044±0.0021	24.0±6.8
白石天河	19.3±2.9	78±29	28.3±3.8	51.2±6.7	0.24±0.13	8.3±2.2	0.044±0.015	26.5±7.6
兆河	232.2±346.8	134±71	40.2±14.6	52.2±17.9	0.52±0.43	12.0±4.2	0.084±0.058	24.0±7.6
柘皋河	23.4±9.5	67±16	25.5±4.7	60.3±9.7	0.23±0.13	10.0±5.2	0.059±0.041	27.1±5.3
裕溪河	73.3±120.7	114±59	32.0±9.2	77.0±15.0	0.89±2.02	12.3±4.9	0.077±0.025	36.3±8.6

3.4.1.3　重金属污染的空间分布

通过对巢湖流域表层沉积物中 Cu、Zn、Pb、Cr、Cd、As、Hg、Ni 8 种重金属元素含量进行统计分析可以看出，巢湖流域表层沉积物中 Cu、Zn、Cd、Hg 含量的变异系数（C_V）较大，超过了 150%，其他重金属元素也在 30% ~60% 变动，反映了重金属在空间分布上呈现不同程度的差异性（表 3-8）。

表 3-8　巢湖流域表层沉积物中主要重金属元素含量

项目	Cu	Zn	Pb	Cr	Cd	As	Hg	Ni
最大值/（mg/kg）	1114.0	1562	138.5	199.3	103.72	52.6	2.707	50.8
最小值/（mg/kg）	6.4	34	10.6	19.8	0.06	2.2	0.015	7.4
平均值/（mg/kg）	63.7	154	34.1	64.4	1.41	11.3	0.120	28.6
标准偏差/（mg/kg）	141.6	249	18.6	22.6	9.16	6.1	0.299	9.2
变异系数/%	222.4	162.2	54.7	35.0	651.6	53.7	249.2	32.1
背景值/（mg/kg）	20.4	62.0	26.6	66.5	0.097	9.0	0.033	29.8

（1）Cu 含量及分布特征

巢湖流域表层沉积物中 Cu 含量的范围为 6.4 ~1114.0mg/kg，平均值为 63.7mg/kg，变异系数为 222.4%。Cu 在巢湖流域的空间分布如图 3-14 所示。Cu 含量较高值（含量超过 63.7mg/kg）主要分布在兆河流域、裕溪河流域和十五里河流域，其中含量最高值位于兆河流域的龙桥镇采样点，最低值位于杭埠河流域的张店镇采样点。

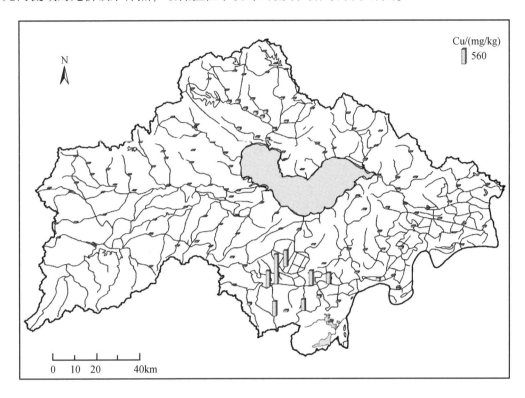

图 3-14　巢湖流域表层沉积物 Cu 含量空间分布

（2）Zn 含量及分布特征

巢湖流域表层沉积物中 Zn 含量的范围为 34～1562mg/kg，平均值为 154mg/kg，变异系数为 162.2%。巢湖流域表层沉积物中 Zn 的空间分布如图 3-15 所示。Zn 含量较高值（含量超过 154mg/kg）主要分布在十五里河流域和南淝河流域，其中含量最大值位于南淝河流域的撮镇采样点，最小值位于南淝河流域的众兴水库采样点，最大值是最小值的 45 倍之多。

（3）Pb 含量及分布特征

巢湖流域表层沉积物中 Pb 含量的最小值为 10.6mg/kg，最大值为 138.5mg/kg，平均值为 34.1mg/kg，变异系数为 54.7%。Pb 在巢湖流域的空间分布如图 3-16 所示。Zn 的高含量点位（含量超过 34.1mg/kg）主要分布在南淝河流域和兆河流域，其中含量最大值位于南淝河流域的慈云村采样点，最小值位于杭埠河流域的张店镇采样点。

（4）Cr 含量及分布特征

巢湖流域表层沉积物中 Cr 含量的范围为 19.8～199.3mg/kg，平均值为 64.4mg/kg，变异系数为 35.0%。Cr 在巢湖流域的空间分布如图 3-17 所示。Cr 含量较高值（含量超过 64.4mg/kg）主要分布在十五里河流域、裕溪河流域和南淝河流域，其中含量最高值位于南淝河流域的大兴镇采样点，最低值位于杭埠河流域的张店镇采样点。

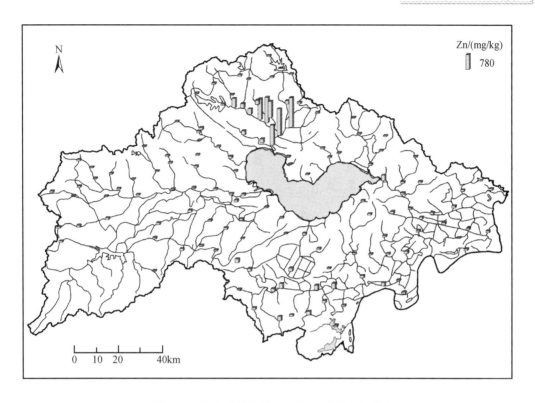

图 3-15 巢湖流域表层沉积物 Zn 含量空间分布

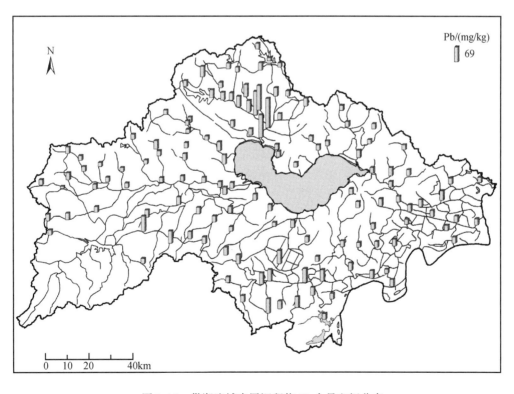

图 3-16 巢湖流域表层沉积物 Pb 含量空间分布

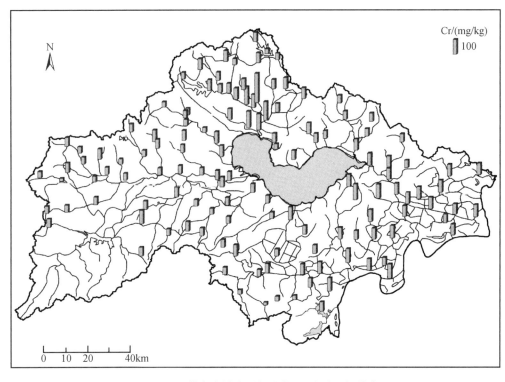

图 3-17　巢湖流域表层沉积物 Cr 含量空间分布

（5）Cd 含量及分布特征

巢湖流域表层沉积物中 Cd 含量的范围为 0.06～103.72mg/kg，平均值为 1.41mg/kg，变异系数为 651.6%。巢湖流域表层沉积物中 Cd 的空间分布如图 3-18 所示。Cd 含量较高值（含量超过 1.41mg/kg）主要分布在派河流域，其中含量最大值位于派河流域的王小庄采样点，最小值位于杭埠河流域的万寿桥村采样点，最大值是最小值的 1728 倍之多。

（6）As 含量及分布特征

巢湖流域表层沉积物中 As 含量的最小值为 2.2mg/kg，最大值为 52.6mg/kg，平均值为 11.3mg/kg，变异系数为 53.7%。As 在巢湖流域的空间分布如图 3-19 所示。As 的高含量点位（含量超过 11.3mg/kg）主要分布在南淝河流域、裕溪河流域和兆河流域，其中含量最大值位于南淝河流域的东林村采样点，最小值位于杭埠河流域的张店镇采样点。

（7）Hg 含量及分布特征

巢湖流域表层沉积物中 Hg 含量的范围为 0.015～2.707mg/kg，平均值为 0.120mg/kg，变异系数为 249.2%。Hg 在巢湖流域的空间分布如图 3-20 所示。Hg 含量较高值（含量超过 0.120mg/kg）主要分布在南淝河流域和十五里河流域，其中含量最高值位于南淝河流域的孙兴庄采样点，最低值位于杭埠河流域的张店镇采样点。

（8）Ni 含量及分布特征

巢湖流域表层沉积物中 Ni 含量的最小值为 7.4mg/kg，最大值为 50.8mg/kg，平均值为 28.6mg/kg，变异系数为 32.1%。Ni 在巢湖流域的空间分布如图 3-21 所示。Ni 的高含量点位（含量超过 28.6mg/kg）主要分布在裕溪河流域、十五里河流域和南淝河流域，其中含量最大值位于裕溪河流域的谷家村采样点，最小值位于杭埠河流域的张店镇采样点。

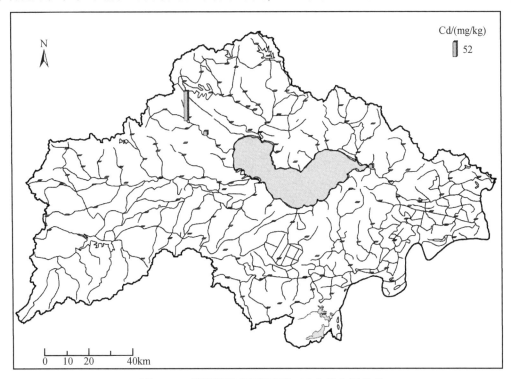

图 3-18　巢湖流域表层沉积物 Cd 含量空间分布

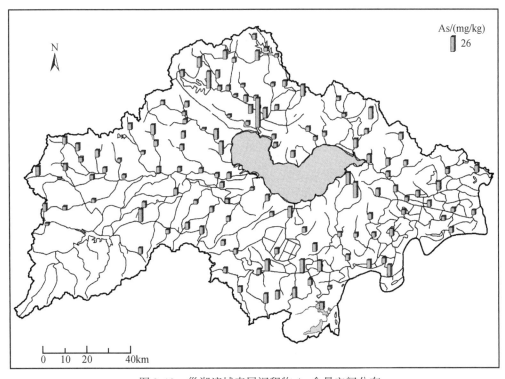

图 3-19　巢湖流域表层沉积物 As 含量空间分布

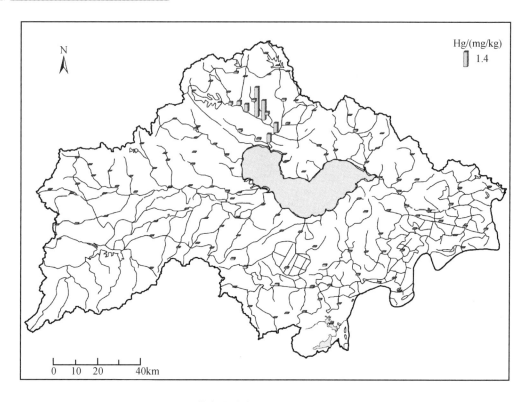

图 3-20　巢湖流域表层沉积物 Hg 含量空间分布

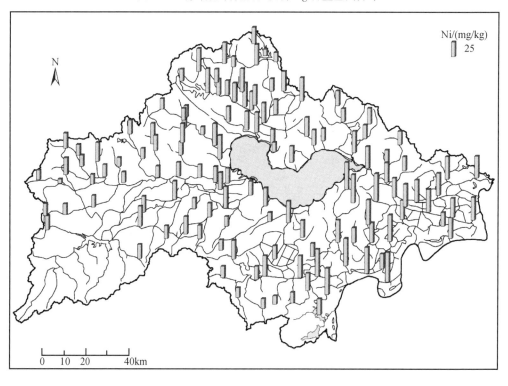

图 3-21　巢湖流域表层沉积物 Ni 含量空间分布

3.4.2 湖泊重金属污染特征

巢湖表层沉积物中 8 种重金属元素的含量统计结果见表 3-9。综合湖区的结果来看，重金属元素在沉积物中的平均含量的顺序为 Zn（116mg/kg）> Cr（62.9mg/kg）> Pb（35.2mg/kg）> Ni（28.4mg/kg）> Cu（24.5mg/kg）> As（13.9mg/kg）> Cd（0.43mg/kg）> Hg（0.092mg/kg），除 Cr、Ni 外，其他重金属均超出安徽省土壤环境背景值（中国环境监测总站，1990），其中 Cu 高出背景值 1.20 倍，Zn 高出 1.87 倍，Pb 高出 1.32 倍，Cd 高出 4.43 倍，As 高出 1.54 倍，Hg 高出 2.79 倍。

表 3-9 巢湖表层沉积物中主要重金属含量分布

项目	Cu	Zn	Pb	Cr	Cd	As	Hg	Ni
最大值/（mg/kg）	37.3	296	68.6	84.2	1.69	27.2	0.259	43.1
最小值/（mg/kg）	11.6	39	14.7	24.2	0.14	5.2	0.025	8.8
平均值/（mg/kg）	24.5	116	35.2	62.9	0.43	13.9	0.092	28.4
标准偏差/（mg/kg）	8.2	61	12.7	15.7	0.29	5.1	0.056	9.4
变异系数/%	33.4	52.4	35.9	25.0	67.1	36.9	61.0	33.0
背景值/（mg/kg）	20.4	62.0	26.6	66.5	0.097	9.0	0.033	29.8

与加拿大淡水沉积物重金属质量基准（Smith，1996）相比较发现，湖区所有采样点中，元素 Cu、Zn、Pb、Cd 和 Hg 含量低于临界效应浓度 TEL 的百分比分别是 90.91%、66.67%、54.55%、84.85%、90.91%，负面生物效应几乎不会发生；元素 Cr、As、Ni 含量值在 TEL 与 PEL 之间的百分比分别是 96.97%、78.79%、51.52%，负面生物效应偶尔发生。

由表 3-9 可见，巢湖表层沉积物中主要重金属含量的变异系数均比较大，都在 20% ~ 70%，反映了重金属在空间分布上呈现不同程度的差异性。

（1）Cu

巢湖沉积物中 Cu 含量在 11.6 ~ 37.3mg/kg 变动，平均值为 24.5mg/kg，变异系数为 33.4%。整个湖区大部分点位 Cu 含量都在平均值以上，大于 25mg/kg 的高含量点位主要分布西半湖肥东县的巢湖湾区（靠近南淝河入湖口）、杭埠河河口区，以及东半湖的东部湖区，最高值靠近南淝河入湖口处，最低值出现在鸡爪河入湖口处（图 3-22）。沉积物中 Cu 污染主要来源于铜矿的开采和冶炼，以及电镀工业。

（2）Zn

Zn 在巢湖沉积物中的最高值为 296mg/kg，最低值为 39mg/kg，平均值为 116mg/kg，变异系数为 52.4%，其最高值与最低值的极差比较大。西半湖沉积物中 Zn 的含量明显高于东半湖，大于 140mg/kg 的高含量区主要分布在西半湖肥东县的巢湖湾区和杭埠河河口区，最高值靠近南淝河入湖口处，最低值出现在派河入湖口处（图 3-23）。

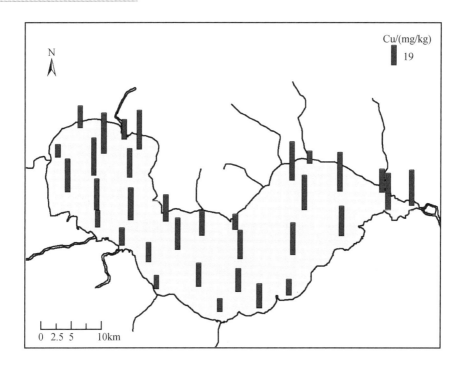

图 3-22　巢湖表层沉积物 Cu 含量空间分布

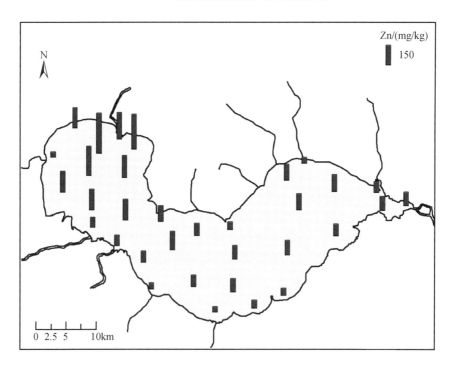

图 3-23　巢湖表层沉积物 Zn 含量空间分布

（3） Pb

虽然西半湖肥东县巢湖湾区也有 Pb 含量较高的点位，但相比于其他重金属，Pb 在巢湖沉积物中的分布相对比较均匀。其最高值为 68.6mg/kg，最低值为 14.7mg/kg，平均值为 35.2mg/kg，变异系数为 35.9%。最高值靠近南淝河入湖口处，最低值出现在派河入湖口处（图 3-24）。沉积物中 Pb 污染主要来源于铅矿的开采和冶炼、化石燃料燃烧，以及硅酸盐水泥工业。

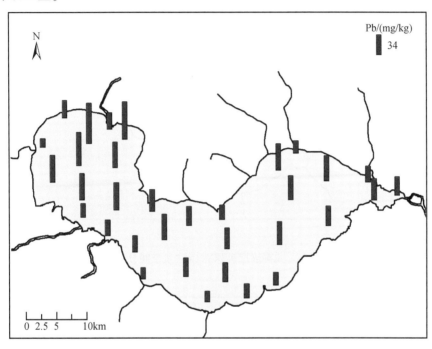

图 3-24　巢湖表层沉积物 Pb 含量空间分布

（4） Cr

Cr 在巢湖沉积物中的分布比较均匀，大部分点位的 Cr 含量低于安徽省土壤环境背景值（中国环境监测总站，1990），其含量在 24.2 ~ 84.2mg/kg，平均值为 62.9mg/kg，变异系数为 25.0%。大于 70mg/kg 的高含量区主要分布在西半湖肥东县的巢湖湾区、杭埠河河口区，以及东半湖的东北面、东南面，最高值靠近南淝河入湖口处，最低值出现在派河入湖口处（图 3-25）。Proctor 和 Baker（1994）报道，沉积物中 Cr 主要来自于岩石风化，另外人为来源主要是工业含 Cr 废气和废水的排放。

（5） Cd

巢湖沉积物中 Cd 的含量分布比较均匀，除湖心处的一个采样点外，其余各点位 Cd 含量都低于 1mg/kg，但都明显高出了安徽省土壤环境背景值 0.097mg/kg。相比其他重金属元素，Cd 在巢湖沉积物中的绝对含量虽不高，但由于其相对毒性大，所以在巢湖所有重金属中形成了较高的污染背景。其含量为 0.14 ~ 1.69mg/kg，平均值为 0.43mg/kg，变异系数为 67.1%，最高值出现在东半湖西边湖心处，明显高于其他点位，最低值出现在派河入湖口处（图 3-26）。沉积物中 Cd 污染主要来自工业废水和地表径流。

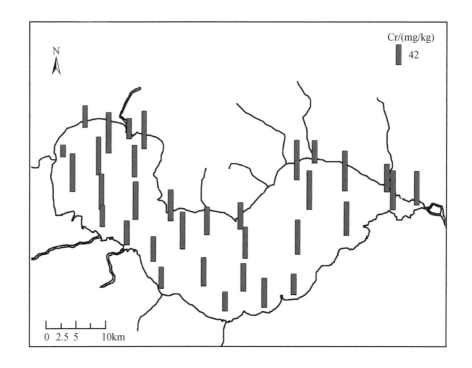

图 3-25　巢湖表层沉积物 Cr 含量空间分布

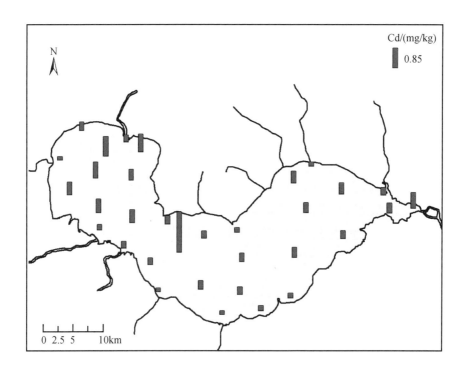

图 3-26　巢湖表层沉积物 Cd 含量空间分布

（6）As

As 在巢湖沉积物中含量为 5.2 ~ 27.2mg/kg，平均值为 13.9mg/kg，变异系数为 36.9%。大于 15mg/kg 的高含量区主要分布在东半湖，最大值出现在东半湖东部湖心处，最低值出现在派河入湖口处（图 3-27）。沉积物中 As 污染主要来源于工业生产和含 As 农药的使用、煤的燃烧。

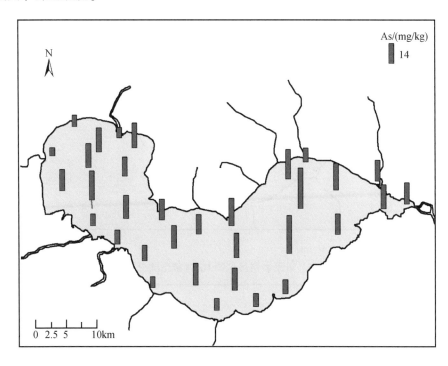

图 3-27　巢湖表层沉积物 As 含量空间分布

（7）Hg

巢湖沉积物中 Hg 含量为 0.025 ~ 0.259mg/kg，平均值为 0.092mg/kg，变异系数为 61.0%。与 Cd 相似，Hg 的相对毒性在所有重金属中也被视为较高的，随其价态不同，毒性差异很大。Hg 含量的高值区主要分布西半湖肥东县的巢湖湾区，而且西半湖 Hg 含量明显高于东半湖。最高值靠近南淝河入湖口处，最低值出现在派河入湖口处（图 3-28）。除河口的点源及地表径流的面源污染外，大量的文献报道 Hg 还可以通过大气沉降进入水体（Edgerton et al.，2006；Lynam and Keeler，2006；Manolopoulos et al.，2007）。

（8）Ni

巢湖沉积物中 Ni 含量的最高值为 43.1mg/kg，最低值为 8.8mg/kg，平均值为 28.4mg/kg，变异系数为 33.0%。Ni 在巢湖沉积物中的含量普遍偏高，其高含量点位分布在西半湖肥东县巢湖湾区、杭埠河河口区，以及东半湖，最高值出现在东半湖东北湖区，最低值出现在派河入湖口处（图 3-29）。

综合整个巢湖湖区点位来看，西半湖肥东县的巢湖湾区、杭埠河河口区和裕溪河河口区的重金属含量相对较高，说明巢湖沉积物中较高的重金属含量主要与沿湖经济的迅速发

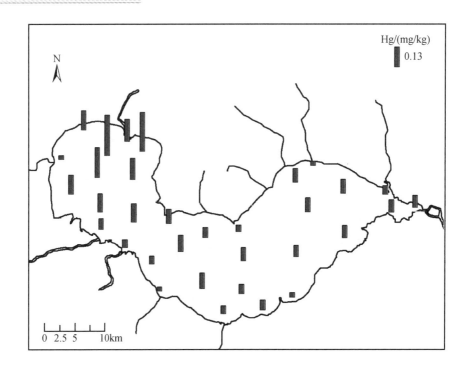

图 3-28　巢湖表层沉积物 Hg 含量空间分布

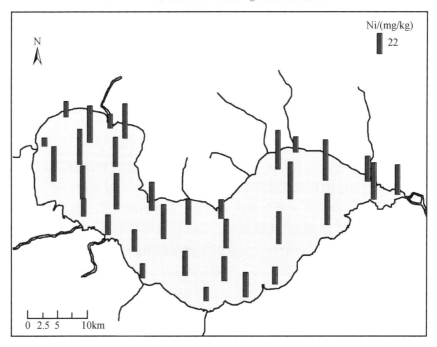

图 3-29　巢湖表层沉积物 Ni 含量空间分布

展及人类活动排入湖泊的污染物含量增加等原因有关，这一现象与王永华等（2004）对巢湖底泥污染物的研究结果一致。特别是南淝河，接纳了周边大部分的生活及工业污水，其重金属污染应引起足够的重视。派河位于巢湖最上游，湖水自西向东流动，入湖口处 8 种重金属的含量几乎都是最低值，这可能与重金属的迁移转化有关。

3.4.3　重金属空间差异原因分析

随着经济的快速发展，巢湖流域人口和工农业生产的快速增长，需水量和废污水排放量增大，相应增加了入湖污染量。其中，巢湖流域污染源主要污染的城市为合肥市和巢湖市。

流域内合肥市拥有机械、电子、化工、轻纺、冶金、食品、建材、医药等 34 个工业行业，形成了汽车装备制造业、家用电器、化工及橡胶轮胎、新材料、电子信息及软件、生物技术及新医药、食品及农副产品加工业等重点产业。巢湖市是中国最大的绿色食品生产基地、长江中下游最大的蔬菜生产基地、安徽省最大的特种水产品养殖基地，已形成了水稻、油菜、棉花、水禽、水产、蔬菜六大优势产业（高俊峰和蒋志刚，2012）。巢湖流域内河流与湖泊重金属的污染与这些工矿企业的污水排放密切相关，工业废水不仅量大、污染物含量高，而且污染物种类非常复杂。韩小勇（1998）报道，巢湖流域 70% 的工业废水来自合肥市，这可能与分布在巢湖周边水泥厂、电厂、冶炼、生物质燃烧排放大量烟尘或土壤扬尘的大气沉降有关。大量文献报道，化石燃料煤和石油产品的燃烧，使汞释放进入大气，然后沉降下来造成表层土壤和湖泊水体污染（Gaffney and Marley，2009）。巢湖流域主要以农业生产为主，生物质的燃烧也会使得大量有害物质进入空气后通过干湿沉降进入湖泊。另外，合肥市大建设使得空气中颗粒物含量较高，而悬浮颗粒物中的金属元素也会随着降水进入水体（Dauvalter，2004）。Ni、As、Zn 主要来源于城市生活垃圾及城市污水的排放，Cu、Pb、Cd 主要来自农业生产废水及化肥农药过量使用。

3.5　沉积物质量评价

重金属元素具有难降解、易积累、毒性大的特性，且有通过食物链危害人体健康的潜在危险。沉积物是重金属的主要储藏地。对多数重金属而言，其进入水体后，首先会被悬浮颗粒物所吸附，经过一段时间的絮凝沉淀，最后在受纳水体底部沉积物中累积。赋存于沉积物中的重金属，一方面通过沉积物–水界面，在适宜的环境条件下向上覆水体进行释放，造成水体二次污染；另一方面则在水体底部通过生物（如底栖动物、鱼类和着生植物等）的摄食或细胞组织转化而被富集于生物体，从而对水生生物等产生危害。

3.5.1　评价方法

关于沉积物重金属对环境的污染和生态危害程度，人们研究了许多评价方法，其中常用的主要有 Muller（1969）提出的地积累指数法（I_{geo}），Chenoff（1973）提出的脸谱图法，Håkanson（1980）提出的潜在生态风险指数法（RI），Hilton 等（1985）提出的回归过量分析法（ERA）和 Angulo（1996）提出的污染负荷指数法（pollution load index，PLI）等方法。其中，地积累指数法与潜在生态风险指数法因简单易行被广泛用于沉积物中重金属的污染评价，它们在研究沉积物生态效应中具有较明显的优势（王胜强等，2005）。

（1）沉积物污染等级评价——地积累指数法

地积累指数法考虑了人为污染因素、环境地球化学背景值，还特别考虑了由于自然成岩作用可能会引起背景值变动的因素，给出了很直观的重金属污染级别，是一种研究水体沉积物中重金属污染的定量指标，其广泛用于研究现代沉积物中重金属污染的评价。

地积累指数法计算方法如下：

$$I_{geo} = \log_2 \left(C_n / k B_n \right) \tag{3-1}$$

式中，I_{geo} 为重金属 n 的地积累指数；C_n 为重金属 n 在沉积物中的含量；B_n 为沉积岩中所测该重金属的地球化学背景值，采用安徽省土壤重金属环境背景值；k 为考虑到成岩作用可能会引起背景值变动而设定的常数，一般 $k = 1.5$。

根据 I_{geo} 数值的大小，将沉积物中重金属的污染程度分为 7 个等级，即 0～6 级，见表 3-10。

表 3-10　重金属污染程度与 I_{geo} 的关系

I_{geo}	≤0	0～1	1～2	2～3	3～4	4～5	>5
级数	0	1	2	3	4	5	6
污染程度	清洁	轻度	偏中度	中度	偏重度	重度	严重

（2）沉积物生态风险评价——潜在生态风险指数法

潜在生态风险指数法综合考虑了重金属的毒性、在沉积物中普遍的迁移转化规律和评价区域对重金属污染的敏感性，以及重金属区域背景值的差异，可以综合反映沉积物中重金属的潜在生态影响（冯慕华等，2003）。其计算公式如下：

1）单项重金属污染指数：

$$C_f = C_n / B_n \tag{3-2}$$

式中，C_f 为重金属 n 的污染指数；C_n 为重金属 n 的实测浓度；B_n 为重金属 n 的评价参比值。

2）单项重金属 i 的潜在生态风险指数：

$$E_r = T_r \cdot C_f \tag{3-3}$$

式中，E_r 为单项重金属 i 的潜在生态风险指数；T_r 为重金属毒性响应系数，反映重金属的毒性水平及生物对重金属污染的敏感程度。重金属毒性响应系数（T_r）分别为 Hg = 40，Cd = 30，As = 10，Cu = Pb = Ni = 5，Cr = 2，Zn = 1（徐争启等，2008）。

3）多项重金属的综合潜在生态风险指数（RI）为单项重金属潜在生态风险指数之和：

$$RI = \sum E_r \tag{3-4}$$

重金属单项潜在生态风险指数 E_r、综合潜在生态风险指数 RI 和潜在生态风险等级（黄向青等，2006），见表 3-11。

表 3-11 单项及综合潜在生态风险评价指数与分级标准

E_r	单项污染物生态风险等级	RI	综合潜在生态风险等级
$E_r<40$	低	RI<150	低
$40 \leqslant E_r<80$	中等	$150 \leqslant RI<300$	中等
$80 \leqslant E_r<160$	较重	$300 \leqslant RI<600$	重
$160 \leqslant E_r<320$	重	$RI \geqslant 600$	严重
$E_r \leqslant 320$	严重		

3.5.2 巢湖流域沉积物污染等级评价

(1) Cu 污染等级评价

巢湖流域沉积物中 Cu 的等级分布如图 3-30 所示。地积累指数 I_{geo} 为 $-2.26 \sim 5.19$，巢湖流域表层沉积物的 164 个点位中，64.0% 处于清洁状态，23.2% 处于轻度污染状态，8.6% 处于偏中度污染状态，1.2% 处于偏重度污染状态，2.4% 处于重度污染状态，0.6% 处于严重污染状态。总体上，巢湖流域南部及南淝河流域要重于湖区和其他子流域，污染等级较高的区域主要分布在兆河流域。

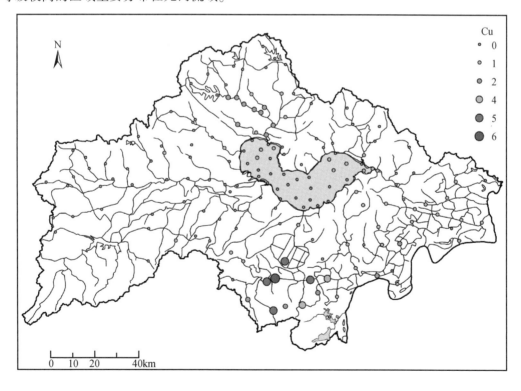

图 3-30 巢湖流域沉积物中 Cu 的污染等级

（2）Zn 污染等级评价

巢湖流域沉积物中 Zn 的等级分布如图 3-31 所示。地积累指数 I_{geo} 为 $-1.46 \sim 4.07$，巢湖流域表层沉积物的 164 个点位中，54.9% 处于清洁状态，31.1% 处于轻度污染状态，9.8% 处于偏中度污染状态，0.6% 处于中度污染状态，3.0% 处于偏重度污染状态，0.6% 处于重度污染状态。总体上，南淝河流域要高于湖区和其他子流域，巢湖西半湖要高于东半湖，污染等级较高的区域主要分布在南淝河流域。

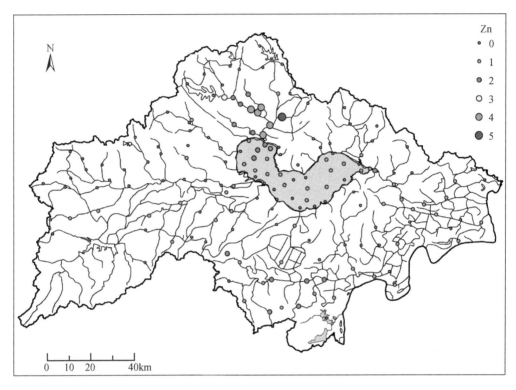

图 3-31　巢湖流域沉积物中 Zn 的污染等级

（3）Pb 污染等级评价

巢湖流域沉积物中 Pb 的等级分布如图 3-32 所示。地积累指数 I_{geo} 为 $-1.92 \sim 1.80$，巢湖流域表层沉积物的 164 个点位中，79.3% 处于清洁状态，18.3% 处于轻度污染状态，2.4% 处于偏中度污染状态。总体上，南淝河流域要重于湖区和其他子流域，巢湖西半湖要高于东半湖，污染等级较高的区域主要分布在南淝河流域。

（4）Cr 污染等级评价

巢湖流域沉积物中 Cr 的等级分布如图 3-33 所示。地积累指数 I_{geo} 为 $-2.33 \sim 1.00$，巢湖流域表层沉积物的 164 个点位中，97.0% 处于清洁状态，3.0% 处于轻度污染状态。总体上，南淝河流域要重于湖区和其他子流域。

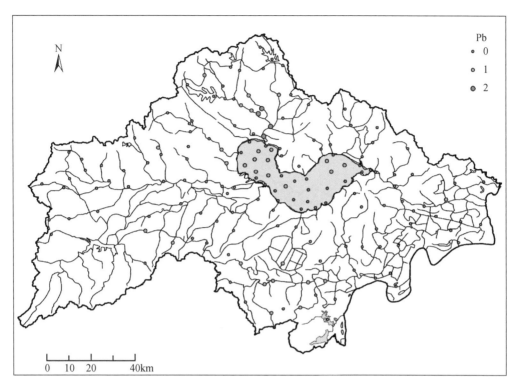

图 3-32　巢湖流域沉积物中 Pb 的污染等级

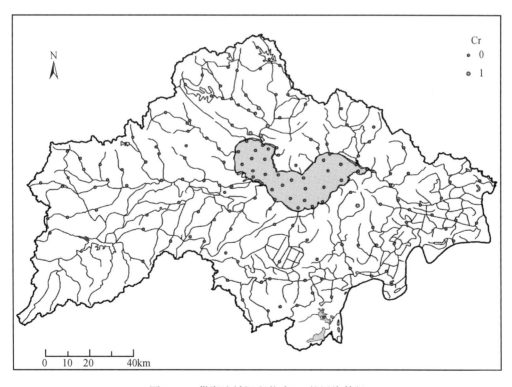

图 3-33　巢湖流域沉积物中 Cr 的污染等级

（5）Cd污染等级评价

巢湖流域沉积物中Cd的等级分布如图3-34所示。地积累指数I_{geo}为-1.21~9.48，巢湖流域表层沉积物的164个点位中，15.2%处于清洁状态，30.5%处于轻度污染状态，34.2%处于偏中度污染状态，13.4%处于中度污染状态，4.3%处于偏重度污染状态，0.6%处于重度污染状态，1.8%处于严重污染状态。总体上，巢湖整体上处于偏中度污染状态，污染等级较高的区域主要分布在派河流域、南淝河流域，以及裕溪河流域。

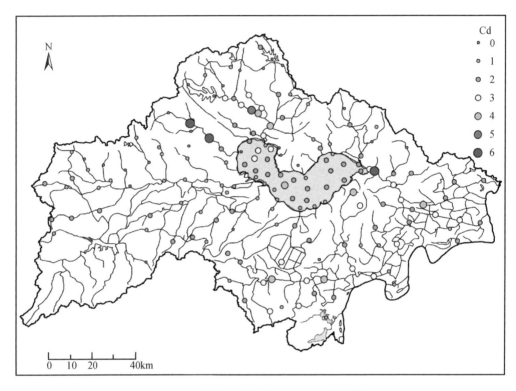

图3-34　巢湖流域沉积物中Cd的污染等级

（6）As污染等级评价

巢湖流域沉积物中As的等级分布如图3-35所示。地积累指数I_{geo}为-2.62~1.96，巢湖流域表层沉积物的164个点位中，70.1%处于清洁状态，27.5%处于轻度污染状态，2.4%处于偏中度污染状态。总体上，整个流域基本处于清洁–轻度污染状态，巢湖处于轻度污染状态。

（7）Hg污染等级评价

巢湖流域沉积物中Hg的等级分布如图3-36所示。地积累指数I_{geo}为-1.68~5.77，巢湖流域表层沉积物的164个点位中，36.6%处于清洁状态，39.6%处于轻度污染状态，16.5%处于偏中度污染状态，4.3%处于中度污染状态，1.2%处于偏重度污染状态，0.6%处于重度污染状态，1.2%处于严重污染状态。总体上，南淝河流域要高于湖区和其他子流域，巢湖西半湖要高于东半湖，污染等级较高的区域主要分布在南淝河流域。

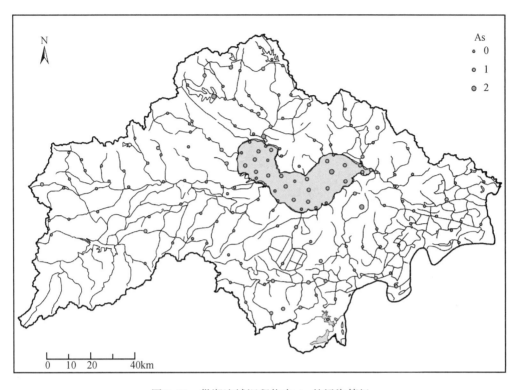

图 3-35 巢湖流域沉积物中 As 的污染等级

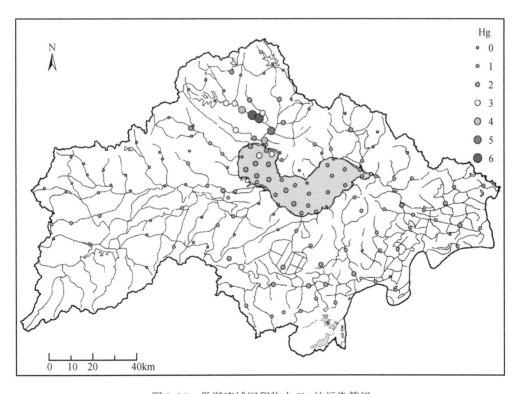

图 3-36 巢湖流域沉积物中 Hg 的污染等级

（8）Ni 污染等级评价

巢湖流域沉积物中 Ni 的等级分布如图 3-37 所示。地积累指数 I_{geo} 为 $-2.60 \sim 0.18$，巢湖流域表层沉积物的 164 个点位中，94.5% 处于清洁状态，5.5% 处于轻度污染状态，整个巢湖流域基本上都处于清洁状态。

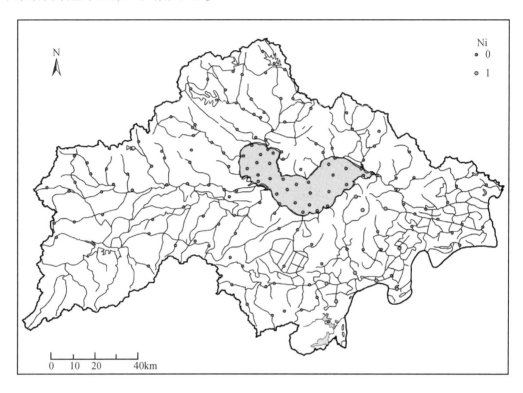

图 3-37　巢湖流域沉积物中 Ni 的污染等级

3.5.3　巢湖流域沉积物潜在生态风险评价

（1）Cu 污染潜在风险评价

巢湖流域沉积物中 Cu 的潜在生态风险评价结果如图 3-38 所示。单项潜在生态风险指数 E_r 为 $1.57 \sim 273.04$，巢湖流域表层沉积物的 164 个点位中，95.7% 处于低生态风险，3.7% 处于较重生态风险，0.6% 处于重生态风险。总体上，巢湖流域南部兆河流域及裕溪河流域要高于湖区和其他子流域，潜在生态风险较高的区域主要分布在兆河流域。

（2）Cd 污染潜在风险评价

巢湖流域沉积物中 Cd 的潜在生态风险评价结果如图 3-39 所示。单项潜在生态风险指数 E_r 为 $19.43 \sim 32\,077.76$，巢湖流域表层沉积物的 164 个点位中，9.8% 处于低生态风险，29.2% 处于中等生态风险，35.4% 处于较重生态风险，16.5% 处于重生态风险，9.1% 处于严重生态风险。总体上，南淝河流域、派河流域，以及裕溪河流域要高于湖区和其他子流域，巢湖西半湖要高于东半湖，潜在生态风险较高的区域主要分布在南淝河流域、派河流域和裕溪河流域。

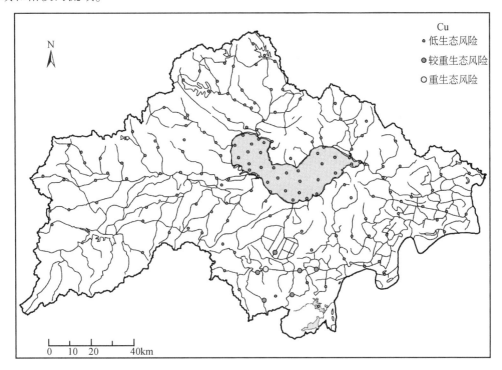

图 3-38　巢湖流域沉积物中 Cu 的潜在生态风险等级

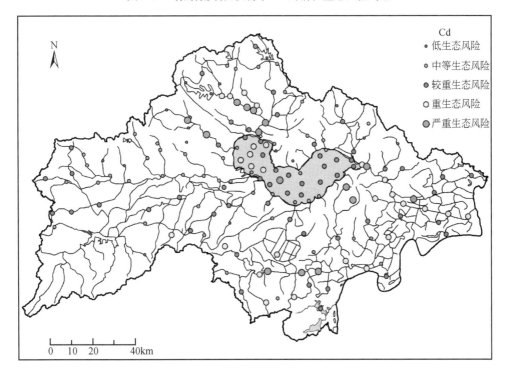

图 3-39　巢湖流域沉积物 Cd 的潜在生态风险等级

（3）As 污染潜在风险评价

巢湖流域沉积物中 As 的潜在生态风险评价结果如图 3-40 所示。单项潜在生态风险指数 E_r 为 2.43 ~ 58.44，巢湖流域表层沉积物的 164 个点位中，99.4% 处于低生态风险，0.6% 处于中等生态风险，整个巢湖流域基本上都处于低生态风险。

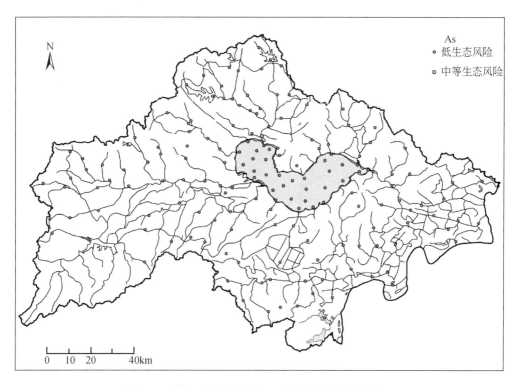

图 3-40　巢湖流域沉积物中 As 的潜在生态风险等级

（4）Hg 污染潜在风险评价

巢湖流域沉积物中 Hg 的潜在生态风险评价结果如图 3-41 所示。单项潜在生态风险指数 E_r 为 18.68 ~ 3281.37，巢湖流域表层沉积物的 164 个点位中，17.1% 处于低生态风险，40.8% 处于中等生态风险，27.4% 处于较重生态风险，11.0% 处于重生态风险，3.7% 处于严重生态风险。总体上，南淝河流域、裕溪河流域，以及湖区要高于其他子流域，巢湖西半湖要高于东半湖，潜在生态风险较高的区域主要分布在南淝河流域。

（5）Zn、Pb、Cr、Ni 污染潜在风险评价

巢湖流域沉积物中 Zn、Pb、Cr、Ni 的潜在生态风险评价结果如图 3-42 ~ 图 3-45 所示。Zn 的单项潜在生态风险指数 E_r 为 0.55 ~ 25.19，Pb 的单项潜在生态风险指数 E_r 为 1.99 ~ 26.03，Cr 的单项潜在生态风险指数 E_r 为 0.59 ~ 5.99，Ni 的单项潜在生态风险指数 E_r 为 1.24 ~ 8.52，整个巢湖流域 4 种重金属元素都处于低生态风险。

（6）沉积物重金属综合潜在生态风险评价（RI）

巢湖流域表层沉积物重金属综合潜在生态风险评价结果如图 3-46 所示。综合潜在生态风险指数 RI 为 57.00 ~ 32271.41。巢湖流域表层沉积物的 164 个点位中，28.0% 处于低生态风险，40.9%处于中等生态风险，22.0%处于重生态风险，9.1%处于严重生态风险。总体上，南淝河流域、裕溪河流域，以及派河流域要高于其他子流域，巢湖西半湖要高于东半湖，潜在生态风险较高的区域主要分布在南淝河流域及裕溪河流域。

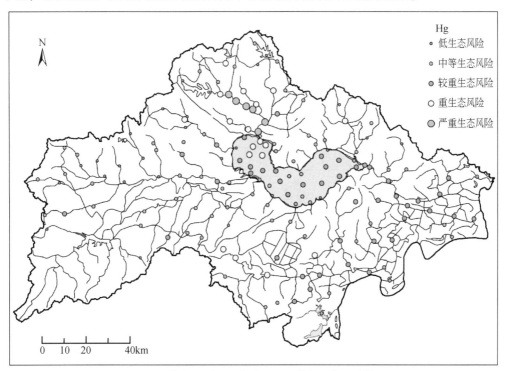

图 3-41　巢湖流域沉积物中 Hg 的潜在生态风险等级

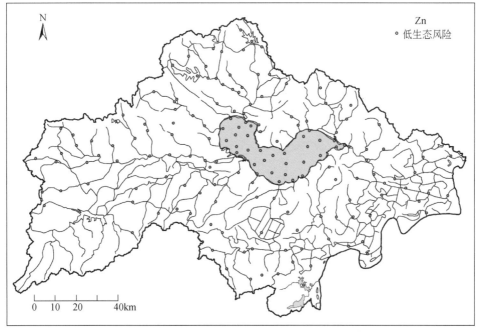

图 3-42　巢湖流域沉积物中 Zn 的潜在生态风险等级

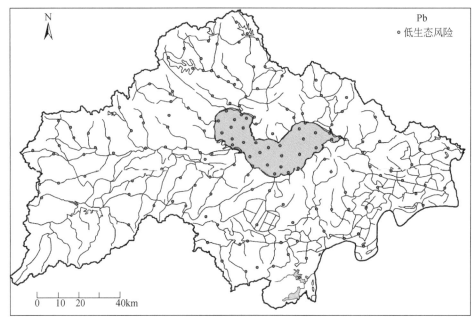

图 3-43　巢湖流域沉积物中 Pb 的潜在生态风险等级

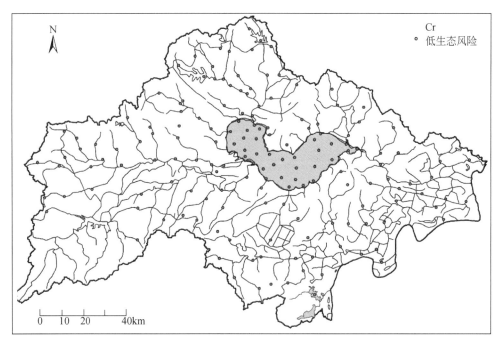

图 3-44　巢湖流域沉积物中 Cr 的潜在生态风险等级

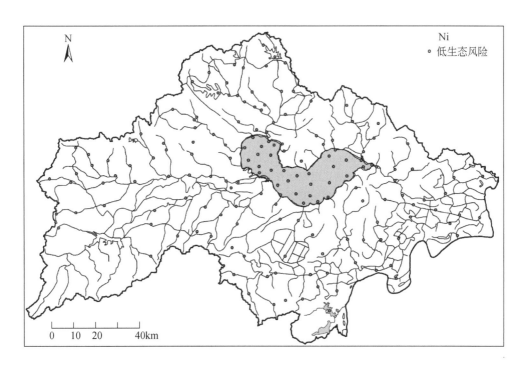

图 3-45 巢湖流域沉积物中 Ni 的潜在生态风险等级

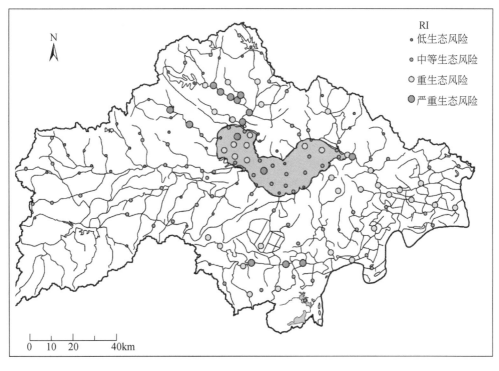

图 3-46 巢湖流域沉积物重金属综合潜在生态风险等级

参 考 文 献

安徽省水利志编辑室. 2010. 安徽河湖概览. 武汉：长江出版社.

范成新, 汪家权, 羊向东, 等. 2012. 巢湖磷本地影响及其控制. 北京：中国环境科学出版社.

冯慕华, 龙江平, 喻龙, 等. 2003. 辽东湾东部浅水区沉积物中重金属潜在生态评价. 海洋科学, 27 (3)：52-56.

高俊峰, 蒋志刚. 2012. 中国五大淡水湖保护与发展. 北京：科学出版社.

高永年, 高俊峰, 陈垌烽, 等. 2012. 太湖流域水生态功能三级分区. 地理研究, 31 (11)：1941-1951.

韩小勇. 1998. 巢湖水质调查与研究. 水资源保护, 1：24-28.

黄向青, 梁开, 刘雄. 2006. 珠江口表层沉积物有害重金属分布及评价. 海洋湖沼通报, (3)：27-36.

靳晓莉, 高俊峰, 赵广举. 2006. 太湖流域近20年社会经济发展对水环境影响及发展趋势. 长江流域资源与环境, 15 (3)：298-302.

金相灿, 屠清瑛. 1990. 湖泊富营养化调查规范. 北京：中国环境科学出版社.

刘洁, 马友华, 石润圭, 等. 2008. 巢湖流域农业面源污染现状分析及防治对策思考. 农业环境与发展, (6)：13-16.

彭近新, 陈慧君. 1988. 水质富营养化与防治. 北京：中国环境科学出版社.

彭军, 司友斌. 2010. 巢湖流域规模化畜禽养殖场污染现状与环境管理对策. 安徽农业科学, 38 (1)：314-316, 471.

孙庆业, 马秀玲, 阳贵德, 等. 2010. 巢湖周围池塘氮、磷和有机质研究. 环境科学, 31 (7)：1511-1515.

屠清瑛, 顾丁锡, 尹澄清, 等. 1990. 巢湖富营养化研究. 合肥：中国科学技术大学出版社.

王洪道. 1995. 中国的湖泊. 北京：商务印书馆.

王胜强, 孙津生, 丁辉. 2005. 海河沉积物重金属污染及潜在生态风险评价. 环境工程, 23 (2)：62-65.

王书航, 姜霞, 金相灿. 2011. 巢湖水环境因子的时空变化及对水华发生的影响. 湖泊科学, 23 (6)：873-880.

王永华, 刘振宇, 刘伟, 等. 2003. 巢湖合肥区底泥污染物分布评价与相关特征研究. 北京大学学报 (自然科学版), 39 (4)：501-506.

王永华, 钱少猛, 徐南妮, 等. 2004. 巢湖东区底泥污染物分布特征及评价. 环境科学研究, 17 (6)：22-26.

魏复盛, 陈静生, 吴燕玉, 等. 1991. 中国土壤环境背景值研究. 环境科学, 12 (4)：12-19.

魏复盛, 毕彤, 齐文启. 2002. 水和废水监测分析方法 (第四版). 北京：中国环境科学出版社.

徐康, 刘付程, 刘宗胜, 等. 2011. 巢湖表层沉积物中磷赋存形态的时空变化. 环境科学, 32 (11)：3255-3263.

徐争启, 倪师军, 庹先国, 等. 2008. 潜在生态危害指数法评价中重金属毒性系数计算. 环境科学与技术, 31 (2)：112-115.

许妍, 高俊峰, 郭建科. 2013. 太湖流域生态风险评价. 生态学报, 33 (9)：2896-2906.

阎伍玖. 1998. 巢湖流域不同土地利用类型地表径流污染特征研究. 长江流域资源与环境, 7 (3)：274-277.

昝逢宇, 霍守亮, 席北斗, 等. 2010. 巢湖近代沉积物及其间隙水中营养物的分布特征. 环境科学学报, 30 (10)：2088-2096.

中国环境监测总站. 1990. 中国元素土壤背景值. 北京：中国环境科学出版社.

中国科学院南京地理与湖泊研究所. 2015. 湖泊调查技术规程. 北京：科学出版社.

周慧平, 高超. 2008. 巢湖流域非点源磷流失关键源区识别. 环境科学, 29（10）：2696-2702.

Angulo E. 1996. The Tomlinson pollution load index applied to heavy metal "mussel-watch" data: a useful index to assess coastal pollution. Science of the Total Environmental, 187（1）：19-56.

Chenoff H. 1973. The use of face to represent points in K dimensional space graphically. Journal of the American Statistical Association, 68：361-368.

Dauvalter V A. 2004. Effect of atmospheric emissions of the Vorkuta industrial region on thechemical composition of lake sediments. Water Resource, 31（6）：668-672.

Edgerton E S, Hartsell B E, Jansen J J. 2006. Mercury speciation in coal-fired power plantplumesobserved at three surface sites in the Southeastern U. S. Environmental Science and Technology, 40（15）：4563-4570.

Gaffney J S, Marley N A. 2009. The impacts of combustion emissions on air quality and climatefrom coal to biofuels and beyond. Atmospheric Environment, 43（1）：23-36.

Håkanson L. 1980. An ecological risk index for aquatic pollution control: a sedimentological approach. Water Research, 14（8）：975-1001.

Hilton J, Davison W, Chsenbein U O. 1985. A mathematical model for analysis of sediment core data: implications for enrichment factor calculation and trace-metal transport mechanisms. Chemical Geology, 48：281-291.

James L P. 2001. The role of nutrient loading eutrophication in estuarine ecology. Environmental Health Perspectives, 109：699-796.

Lynam M M, Keeler G J. 2006. Source-receptor relationships for atmospheric mercury in urban Detroit, Michigan. Atmospheric Environment, 40（17）：3144-3155.

Manolopoulos H, Snyder C, Schauer J J, et al. 2007. Sources of speciated atmospheric mercuryat a residential neighborhood impacted byindustrial sources. Environmental Science and Technology, 41（16）：5626-5633.

Muller G. 1969. Index of geoaccumulation in sediments of the Rhine River. J Geojournal, 2：108-118.

Prastka K, Sanders R, Jickells T. 1998. Has the role estuaries as sources or sinks of dissolved inorganic phosphorus changed over time? Marine Pollution Bulletin, 36（9）：718-728.

Proctor J, Baker A J M. 1994. The importance of nickel for plant growth in ultramafic（serpentine）soils//Ross S M. Toxic Metals in Soil-Plant System. New York：Wiley：417-432.

Smith S L. 1996. The development and implementation of Canadian sediment qualityguidelines//Munawar M, Dave G. Development and Progress in Sediment Quality Assessment：Rational, Challenge, Techniques&Strategies. Amsterdam：SPB Academic Publishing：233-249.

Solmp C P, Thomson J, De Lange G J. 2002. Enhanced regeneration of phosphorus during formation of the most recent eastern Mediterranean sapropel. Geochimicaet Cosmochimica Acta, 66（7）：1171-1184.

Xu M Q, Cao H, Xie P, et al. 2005. Use of PFU protozoan community structural and functionalcharacteristics in assessment of water quality in a large, highly polluted freshwater lake in China. Journal of Environmental Monitoring, 7：670-674.

第4章 浮游植物[①]

2013年4月和7月针对巢湖流域浮游植物开展两次调查，流域内浮游植物出现率高的物种和优势物种多为耐营养型物种。蓝藻门、绿藻门和硅藻门数量比例高，是巢湖流域水体的3个主要物种类群，流域不同水生态分区、不同子流域浮游植物种类、密度、生物量、生物多样性等群落结构特征存在时空差异性。

4.1 样点设置与样品采集

巢湖流域共布设样点191个，分别于2013年4月和7月进行两次样品采集工作，其中流域采样点有157个，巢湖湖体采样点有34个（图4-1）。

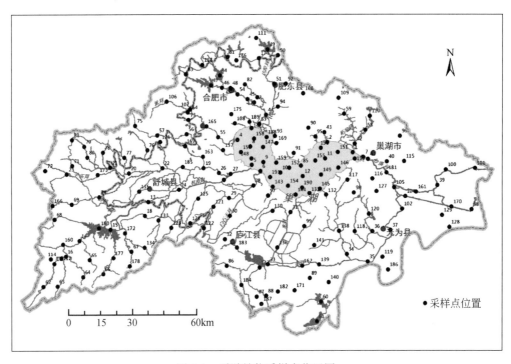

图4-1 浮游植物采样点位置图

浮游植物样品采集按照以下方法进行（中国科学院南京地理与湖泊研究所，2015）。

定量调查：在每个采样点水面下0.5m处取水样1L，立即加入15ml鲁哥氏液固定带

---

① 本章由南京工业大学夏霆、龙健和何涛撰写，由高俊峰统稿和定稿。

回实验室。实验室内将水样置于稳定的实验台上，静置沉淀 24～36h，用细小虹吸管（内径 3mm）吸去上层清液，最后定容到 30ml。

定性调查：采用 25#浮游生物网，采样时将网没入水面以下，以"8"字形的移动方式在水中缓缓捞取，3～5min 后，将网慢慢提起，待水滤出后，浮游藻类集聚于网头，此时打开网头的阀门，将网头中的水样注入 50ml 标本瓶中。定性样品为向 50ml 标本中加入 2ml 的甲醛溶液固定保存（图4-2）。

 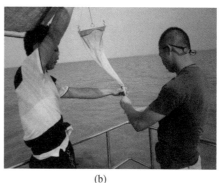
(a)   (b)

图4-2　浮游植物样品野外采集现场图片

4.2　鉴 定 方 法

在实验室内测定浮游植物样品。将定量样品摇匀后，用 0.1ml 的吸管迅速取样，在 0.1ml 的浮游生物计数框内用 10 倍×40 倍及 10 倍×100 倍显微镜计数，所用样品均重复鉴定至少 2 次，为有效统计数值，取平均数作为该样品的定量鉴定结果。镜检观察使用 OLYMPUS BX43 型显微镜进行，浮游藻类的鉴定主要依据文献（朱浩然，1991；齐雨藻，1995；施之新，1999，2004；齐雨藻和李家英，2004；胡鸿钧和魏印心，2005；朱浩然，2007；王全喜，2007；李家英和齐雨藻，2010；胡鸿钧，2011；刘国祥和胡征宇，2012）等。

4.3　种类组成及分布特征

4.3.1　流域区系构成的概述

巢湖流域 4 月调查样品共鉴定出浮游植物 6 门 43 科 126 属 240 种（含变种）。各门藻类种属数依次为蓝藻门 19 属 33 种、硅藻门 37 属 71 种、金藻门 8 属 13 种、隐藻门 2 属 4 种、裸藻门 7 属 28 种、绿藻门 53 属 91 种。按种类数统计绿藻门明显占优，其次为硅藻门和蓝藻门。按全流域统计，巢湖流域各采样点物种数差异较大，各样点平均物种数为 16 种，最大值为 34 种。巢湖流域各采样点浮游植物物种数分布如图4-3 所示。统计发现，全流域各样点出现率大于 10% 的物种共有 31 种（图4-4），其中梅尼小环藻

（*Cyclotella meneghiniana*）出现率最高，为 56.08%，小球藻（*Chlorella vulgaris*）、尖尾蓝隐藻（*Chroomonas acuta*），以及啮蚀隐藻（*Cryptomonas erosa*）的出现率均在 30% 以上。总体上，巢湖流域高出现率物种中，中等耐污物种的比例较高。

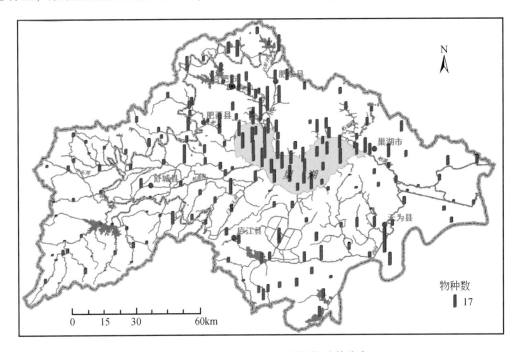

图 4-3　巢湖流域 4 月浮游植物物种数分布

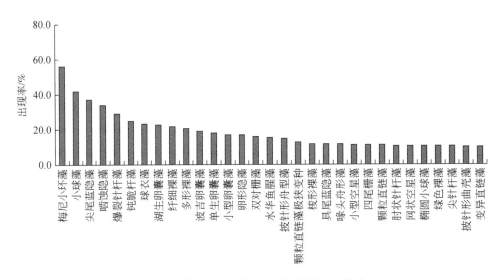

图 4-4　巢湖流域 4 月高出现率浮游植物物种

巢湖流域 7 月调查样品共鉴定出浮游植物 7 门 46 科 123 属 276 种（含变种）。各门藻类种属数依次为蓝藻门 18 属 38 种、硅藻门 32 属 80 种、甲藻门 3 属 3 种、金藻门 6 属 10 种、隐藻门 2 属 4 种、裸藻门 8 属 32 种、绿藻门 54 属 109 种。按种类数统计绿藻门明显占优，其次为硅藻门和蓝藻门。按全流域统计，巢湖流域各采样点物种数差异较大，各采样点平均物种数为 24 种，最大值为 57 种。巢湖流域各采样点浮游植物物种数分布如图 4-5 所示。统计发现，全流域各样点出现率大于 10% 的物种共有 35 种（图 4-6），其中梅尼小环藻出现率最高，为 71.73%，颗粒直链藻（*Melosira granulata*）、微小色球藻（*Chroococcus minutus*）、尖针杆藻（*Synedra acus*）、尖尾蓝隐藻、啮蚀隐藻和具尾蓝隐藻（*Chroomonas caudata*）的出现率也都在 30% 以上。总体上，巢湖流域高出现率物种中，耐污物种的比例较高。与 4 月比较，7 月巢湖流域内总物种数，以及各采样点平均物种数均有所增加。

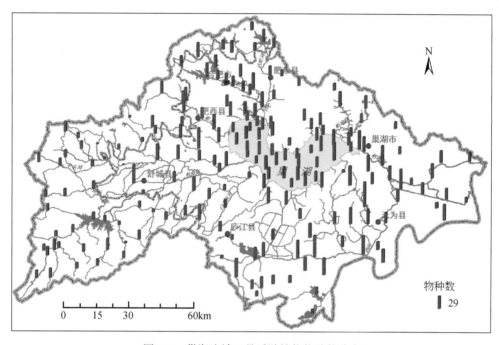

图 4-5　巢湖流域 7 月浮游植物物种数分布

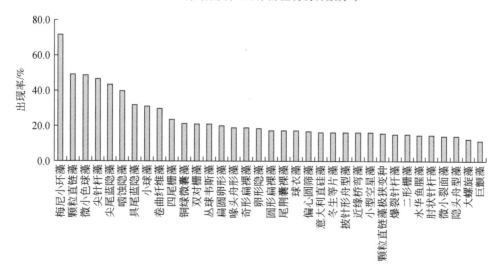

图 4-6　巢湖流域 7 月高出现率浮游植物物种

巢湖流域浮游植物优势种采用下式计算：

$$Y = n_i / N \times f_i \qquad (4\text{-}1)$$

式中，n_i 为某样点中第 i 种属藻类的细胞数；N 为某样点中所有藻类的总细胞数；f_i 为该种属在样点中出现的频率。

以 $Y \geqslant 0.01$ 计算确定 2 次调查的流域藻类优势种属，见表 4-1 和表 4-2。

表 4-1　巢湖流域 4 月浮游植物优势物种

优势种	西部丘陵区	东部平原区	巢湖	全流域
水华鱼腥藻 *Anabaena flos-aquae*		0.022	0.066	0.043
梅尼小环藻 *Cyclotella meneghiniana*	0.017	0.025		0.013
爆裂针杆藻 *Synedra rumpens*	0.021			
扁圆卵形藻 *Cocconeis placentula*	0.01			
尖尾蓝隐藻 *Chroomonas acuta*	0.015	0.054		0.025
啮蚀隐藻 *Cryptomonas erosa*	0.019	0.019		0.011
多形裸藻 *Euglena polymorpha*	0.010			
纤细裸藻 *Euglena gracilis*	0.012			
球衣藻 *Chlamydomonas globosa*		0.010		
小球藻 *Chlorella vulgaris*	0.011	0.012		0.01
湖生卵囊藻 *Oocystis lacustris*			0.02	0.011
波吉卵囊藻 *Oocystis borgei*			0.01	

表 4-2　巢湖流域 7 月浮游植物优势物种

优势种	西部丘陵区	东部平原区	巢湖	全流域
铜绿微囊藻 *Microcystis aeruginosa*		0.02	0.031	0.023
水华鱼腥藻 *Anabaena flos-aquae*		0.01	0.013	0.011
微小裂面藻 *Merismopedia tenuissima*	0.01			
微小色球藻 *Chroococcus minutus*	0.011	0.01		0.01
大螺旋藻 *Spirulina major*		0.01	0.01	
巨颤藻 *Oscillatoria princes*	0.011			
梅尼小环藻 *Cyclotella meneghiniana*	0.022	0.012		0.011
颗粒直链藻 *Melosira granulata*	0.018	0.028	0.011	0.02
尖针杆藻 *Synedra acus*	0.01			
尖尾蓝隐藻 *Chroomonas acuta*	0.01			
四尾栅藻 *Scenedesmus quadricauda*	0.01			
小球藻 *Chlorella vulgaris*	0.017	0.015	0.011	0.014
丛球韦斯藻 *Westella botryoides*	0.01			

4 月调查结果显示，巢湖全流域有优势物种 6 种，其中水华鱼腥藻（*Anabaena flos-aquae*）优势度最高，其次为尖尾蓝隐藻，优势物种主要为耐污性较强的物种。

7 月调查结果显示，巢湖全流域有优势物种 6 种，其中铜绿微囊藻（*Microcystis*

aeruginosa）优势度最高，其次为颗粒直链藻（*Melosira granulata*）。优势物种也主要为耐污性较强的物种。与 4 月调查结果比较，2 次调查共有的优势物种为 3 种，有 3 个优势物种不同，表明浮游植物种群结构具有季节变化。

4.3.2　不同水生态功能区物种组成

（1）一级水生态功能分区

4 月调查结果显示，巢湖流域西部丘陵区鉴定出浮游植物 6 门 109 种，东部平原区为 6 门 197 种，均包括蓝藻门、硅藻门、金藻门、隐藻门、裸藻门和绿藻门 6 门（表 4-3）。西部丘陵区以硅藻门物种数最多，为 41 种；其次为绿藻门 30 种。东部平原区以硅藻门和绿藻门物种数最多，两个类别均为 66 种。在 2 个分区中蓝藻门和裸藻门物种数也较多。2 个分区内各采样点物种数特征差异较大（表 4-4，图 4-7），西部丘陵区平均值为 10 种，单一采样点所见最大物种数为 22 种；东部平原区平均值为 16 种，单一采样点所见最大物种数为 34 种。2 个分区物种组成存在差异，东部平原区物种丰富度优于西部丘陵区。

表 4-3　巢湖流域及一级水生态区浮游植物物种组成

门	西部丘陵区		东部平原区		全流域	
	4 月	7 月	4 月	7 月	4 月	7 月
蓝藻门	11	27	24	36	33	38
硅藻门	41	61	66	75	71	80
甲藻门	0	3	0	3	0	3
金藻门	6	7	12	8	13	10
隐藻门	4	4	4	4	4	4
裸藻门	17	30	25	32	28	32
绿藻门	30	76	66	105	91	109

表 4-4　巢湖流域及一级水生态区浮游植物物种分布特征

月份	项目	西部丘陵区	东部平原区	全流域
4 月	平均值	10	16	16
	最小值	1	1	1
	最大值	22	34	34
	中值	5	10	9
	标准差	5.23	6.57	6.98
7 月	平均值	18	27	24
	最小值	3	2	2
	最大值	44	57	57
	中值	17	27	23
	标准差	7.75	9.69	9.53

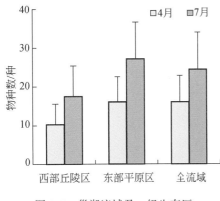

图 4-7 巢湖流域及一级生态区
浮游植物物种数

7 月调查结果显示，巢湖流域西部丘陵区鉴定出浮游植物 7 门 208 种，东部平原区为 7 门 263 种，均包括蓝藻门、硅藻门、甲藻门、金藻门、隐藻门、裸藻门和绿藻门 7 门（表 4-3）。西部丘陵区以绿藻门物种数最多，为 76 种；其次为硅藻门 61 种。东部平原区也以绿藻门物种数最多，为 105 种，其次为硅藻门 75 种。在 2 个分区中蓝藻门和裸藻门物种数也较多，并且 2 个分区中蓝藻门物种数均有明显增大。2 个分区内各采样点物种数特征也有明显差异（图 4-7），西部丘陵区平均值为 18 种，单一采样点所见最大物种数为 44 种；东部平原区平均值为 27 种，单一采样点所见最大物种数为 57 种。可见，东部平原区物种丰富度总体优于西部丘陵区。

（2）二级水生态功能分区

4 月调查结果显示，巢湖流域 I-1 区、I-2 区、II-1 区、II-2 区、II-3 区、II-4 区和III-1 区 7 个分区中，定量鉴定出浮游植物物种数分别为 54 种、93 种、117 种、69 种、58 种、135 种和 113 种，分别属于蓝藻门、硅藻门、金藻门、隐藻门、裸藻门和绿藻门 6 门（表 4-5）。7 个分区间浮游植物物种数存在较大差异，II-4 区物种数最大，I-1 区最小；I-1 区、I-2 区、II-3 区和II-4 区均以硅藻门物种数最大，其他 3 个分区均以绿藻门物种数最大。7 个分区内各调查点位物种数差异也较大（表 4-6，图 4-8），其中III-1 区内各采样点平均物种数最大，为 20 种，I-1 区最小，为 8 种。

表 4-5 巢湖流域 4 月二级水生态区浮游植物物种数

门	I-1 区	I-2 区	II-1 区	II-2 区	II-3 区	II-4 区	III-1 区
蓝藻门	2	9	11	5	4	11	16
硅藻门	33	30	34	19	26	56	16
金藻门	0	6	6	6	1	7	0
隐藻门	3	3	4	4	4	4	3
裸藻门	5	17	18	10	7	17	6
绿藻门	11	28	44	25	16	40	72

表 4-6 巢湖流域及二级水生态区浮游植物物种分布特征

月份	项目	I-1 区	I-2 区	II-1 区	II-2 区	II-3 区	II-4 区	III-1 区
	平均值	8	12	16	13	9	14	20
	最小值	1	1	5	5	1	2	7
4 月	最大值	17	22	33	17	15	34	26
	中值	4	7	12	10	6	9.5	19
	标准差	3.40	6.30	7.46	4.03	4.05	6.60	4.80

续表

月份	项目	Ⅰ-1 区	Ⅰ-2 区	Ⅱ-1 区	Ⅱ-2 区	Ⅱ-3 区	Ⅱ-4 区	Ⅲ-1 区
7 月	平均值	17	19	28	22	27	28	27
	最小值	4	3	14	16	6	2	17
	最大值	44	33	44	33	46	57	43
	中值	16	19	28	20.5	27	28	26
	标准差	7.25	8.45	6.85	5.64	11.30	10.88	6.04

7 月调查结果显示，巢湖流域 Ⅰ-1 区、Ⅰ-2 区、Ⅱ-1 区、Ⅱ-2 区、Ⅱ-3 区、Ⅱ-4 区和 Ⅲ-1 区 7 个分区中，定量鉴定出浮游植物物种数分别为 165 种、160 种、185 种、127 种、175 种、248 种和 203 种，分属于蓝藻门、硅藻门、甲藻门、金藻门、隐藻门、裸藻门和绿藻门 7 门（表 4-7）。7 个分区间浮游植物物种数量存在较大差异，Ⅱ-4 区物种数最大，Ⅱ-2 区最小；7 个分区中，仅 Ⅱ-2 区硅藻门物种数略高，其余 6 个分区均以绿藻门物种数最大。7 个分区内各调查点位物种数也存在较明显的差异（表 4-6，图 4-8），其中 Ⅱ-4 区内各采样点平均物种数最大，为 28 种，并且 Ⅱ-1 区、Ⅱ-3 区和 Ⅲ-1 区也均在 26 种以上，Ⅰ-1 区最小，为 17 种。对比 4 月和 7 月的浮游植物物种数，7 月各分区单一采样点物种平均数明显大于 4 月，表明总体上 7 月各分区物种多样性优于 4 月。

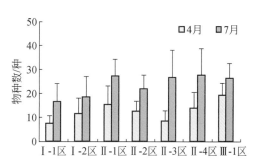

图 4-8　巢湖流域二级生态区浮游植物物种数

表 4-7　巢湖流域 7 月二级水生态区浮游植物物种数

门	Ⅰ-1 区	Ⅰ-2 区	Ⅱ-1 区	Ⅱ-2 区	Ⅱ-3 区	Ⅱ-4 区	Ⅲ-1 区
蓝藻门	16	26	28	16	24	32	32
硅藻门	51	47	58	43	54	73	60
甲藻门	3	2	2	2	3	2	3
金藻门	7	3	3	2	1	9	1
隐藻门	4	4	4	4	4	4	4
裸藻门	23	25	24	18	27	31	27
绿藻门	61	53	66	42	62	97	76

4.3.3　子流域物种组成

4 月调查结果显示，巢湖流域的白石天河流域（Ⅰ）、南淝河流域（Ⅱ）、杭埠河流域（Ⅲ）、派河流域（Ⅳ）、裕溪河流域（Ⅴ）、兆河流域（Ⅵ）和柘皋河流域（Ⅶ）以及巢湖湖体（Ⅷ）8 个主要水体中，定量镜检所得物种总数分别为 40 种、127 种、103 种、49

种、127 种、67 种、52 种和 113 种（表 4-8）。各子流域物种数差异较大，其中南淝河和裕溪河物种数最大，均为 127 种，白石天河最小；不同水体物种结构比较，其中巢湖以绿藻门物种数明显占优，南淝河、派河及柘皋河均以绿藻门和硅藻门占优，绿藻门种数略多，其余 4 个主要水体均以硅藻门物种数明显占优。按照子流域内各样点平均统计，8 个主要水体平均物种数分别为 13 种、14 种、8 种、14 种、12 种、12 种、12 种和 20 种，以巢湖湖体平均物种数最大，杭埠河最小。各子流域物种数分布特征差异性较大（表 4-9，图 4-9）。

表 4-8 巢湖流域 4 月主要子流域浮游植物物种组成特征

门	I	II	III	IV	V	VI	VII	VIII
蓝藻门	0	10	10	4	10	3	4	16
硅藻门	21	41	43	16	52	32	12	16
金藻门	0	7	8	2	6	2	5	0
隐藻门	3	4	3	4	4	4	4	3
裸藻门	4	20	12	5	14	9	8	6
绿藻门	12	45	27	18	41	17	19	72

表 4-9 巢湖主要子流域浮游植物物种分布特征

月份	项目	I	II	III	IV	V	VI	VII	VIII
4 月	平均值	13	14	8	14	12	12	12	20
	最小值	1	6	1	5	3	5	7	7
	最大值	21	33	25	27	34	21	17	26
	中值	10	12.5	5	9	8.5	9	9	19
	标准差	7.07	7.52	4.55	7.87	6.20	4.52	4.05	4.80
7 月	平均值	20	25	19	32	29	25	24	27
	最小值	13	14	2	25	6	6	16	17
	最大值	32	38	48	44	57	43	33	43
	中值	20	23	17	31	28	23.5	24.5	26
	标准差	8.02	6.26	9.49	6.72	11.56	9.72	5.40	6.04

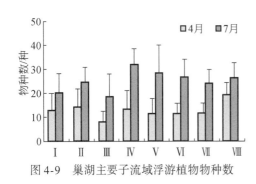

图 4-9 巢湖主要子流域浮游植物物种数

7 月调查结果显示，8 个主要水体中，定量镜检所得物种总数分别为 75 种、176 种、212 种、108 种、223 种、167 种、112 种和 203 种（表 4-10）。各子流域物种数差异较大，其中裕溪河物种数最大，白石天河最小。按照子流域内各样点平均统计，8 个主要水体平均物种数分别为 20 种、25 种、19 种、32 种、29 种、25 种、24 种和 27 种，以派河平均物种数最大，裕溪河次之，杭埠河最小；不同水体物种结构比较，其中派河和柘皋河夏阁河均以硅藻门物种数最大，绿藻门次之，其余6个主要水体均以绿藻门物种数明显占优。各子流域物种数分布特征差异性较大（表4-9，图4-9）。与4月调查相比较，7月调查的各主要水体物种总数与平均物种数均明显大于4月，绿藻门、硅藻门和蓝藻门3个物种数较多的门类物种数均有明显增长，在一定程度上也表明巢湖流域7月浮游植物物种多样性总体上优于4月，但不同子流域内因生境条件的不同也使得物种的分布存在较大差异性。

表4-10　巢湖流域7月子流域浮游植物物种数

门	I	II	III	IV	V	VI	VII	VIII
蓝藻门	6	22	29	20	28	21	14	32
硅藻门	22	56	64	38	70	48	40	60
甲藻门	1	2	3	0	3	1	2	3
金藻门	1	2	8	2	6	4	1	1
隐藻门	3	4	4	4	4	3	4	4
裸藻门	10	25	26	15	29	29	16	27
绿藻门	32	65	78	29	83	61	35	76

4.4　数　量　特　征

4.4.1　流域浮游植物的密度和生物量

（1）4月巢湖流域浮游植物密度和生物量

4月调查结果显示，巢湖流域浮游植物平均密度为269.73万个/L，最大值为2498.31万个/L（位于巢湖湖体），最小值为2.48万个/L（位于杭埠河流域）（图4-10）。流域浮游植物平均生物量为2.97mg/L，最大值为18.42mg/L（位于裕溪河流域），最小值为0.004mg/L（位于杭埠河流域）（图4-11）。流域内各采样点之间浮游植物密度与生物量分布存在较明显的空间差异。

4月调查显示，流域内蓝藻门、硅藻门、金藻门、隐藻门、裸藻门和绿藻门6类浮游植物平均密度分别为118.73万个/L、28.46万个/L、1.05万个/L、30.87万个/L、8.65万个/L和81.96万个/L，密度比分别为44.02%、10.55%、0.39%、11.45%、3.21%和30.39%。其中，蓝藻门和绿藻门密度占较明显优势，金藻门密度最小（图4-12）。流域内蓝藻门、硅藻门、金藻门、隐藻门、裸藻门和绿藻门6类浮游植物平均生物量分别为0.14mg/L、1.84mg/L、0.004mg/L、0.12mg/L、0.45mg/L和0.42mg/L，各类生物量比分别为4.85%、61.81%、0.13%、3.88%、15.08%和14.23%（图4-13）。其中，以硅藻门占明显优势，其次为裸藻门和绿藻门，金藻门生物量最小。

（2）7月巢湖流域浮游植物密度和生物量

7月调查结果显示，流域浮游植物平均密度为620.88万个/L，流域内各采样点密度最大值为3477.07万个/L（位于柘皋河流域），最小值为4.96万个/L（位于杭埠河流域）

（图4-14）。流域浮游植物平均生物量为10.15mg/L，最大值为54.85mg/L（位于巢湖湖体），最小值为0.002mg/L（位于杭埠河流域）（图4-15）。流域内各采样点之间浮游植物密度与生物量分布也存在较明显的空间差异。

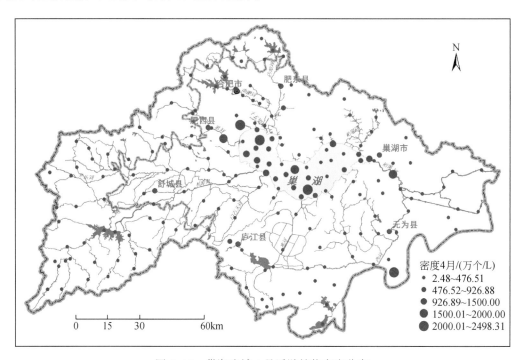

图4-10 巢湖流域4月浮游植物密度分布

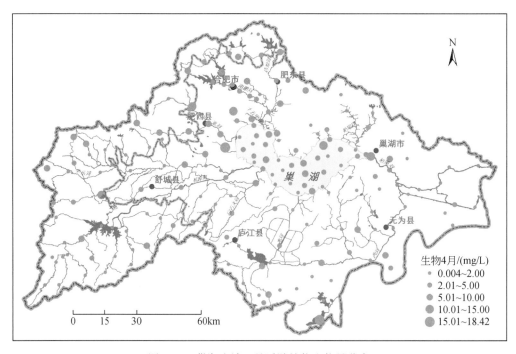

图4-11 巢湖流域4月浮游植物生物量分布

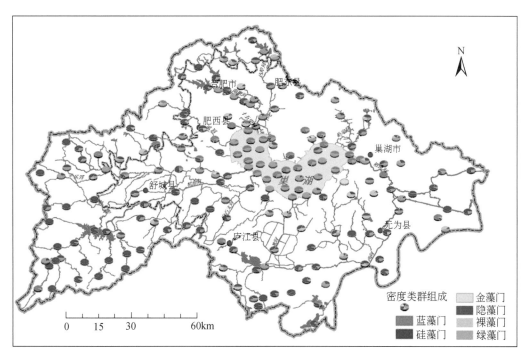

图4-12　巢湖流域4月浮游植物密度类群组成

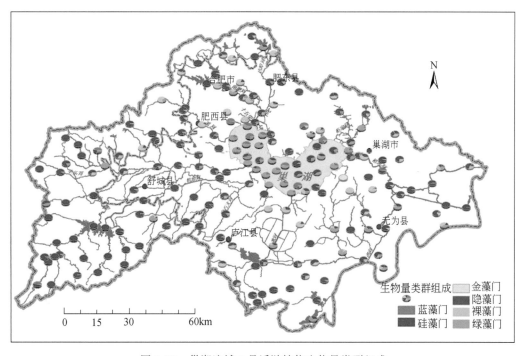

图4-13　巢湖流域4月浮游植物生物量类群组成

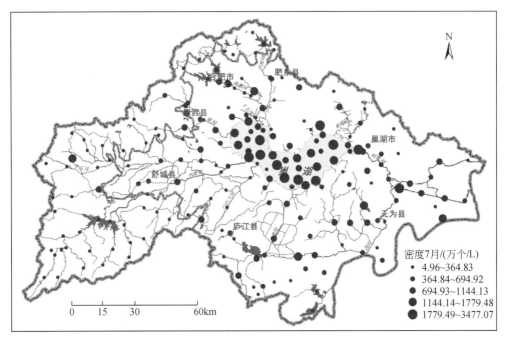

图 4-14   巢湖流域 7 月浮游植物密度分布

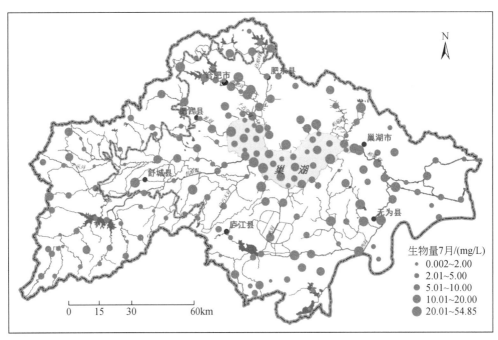

图 4-15   巢湖流域 7 月浮游植物生物量分布

　　流域内蓝藻门、硅藻门、甲藻门、金藻门、隐藻门、裸藻门和绿藻门 7 类浮游植物平均密度分别为 370.3 万个/L、96.99 万个/L、1.63 万个/L、1.18 万个/L、11.04 万个/L、17.85 万个/L 和 121.89 万个/L，密度比分别为 59.64%、15.62%、0.26%、0.19%、1.78%、2.88% 和 19.63%。其中，蓝藻门密度占较明显优势，其次为绿藻门，金藻门密度最小（图 4-16）。流域内蓝藻门、硅藻门、甲藻门、金藻门、隐藻门、裸藻门和绿藻门 7 类浮游植物平均生物量分别为 0.69mg/L、4.00mg/L、0.74mg/L、0.005mg/L、0.05mg/L、1.87mg/L 和 2.79mg/L，各类生物量比分别为 6.8%、39.39%、7.3%、0.05%、0.51%、18.46% 和 27.49%（图 4-17）。其中，以硅藻门占较大优势，其次为绿藻门和裸藻门，金藻门生物量最小。

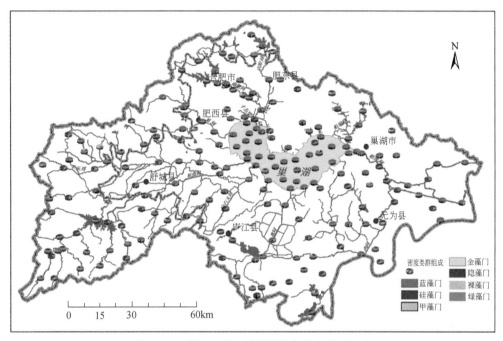

图 4-16　巢湖流域 7 月浮游植物密度类群组成

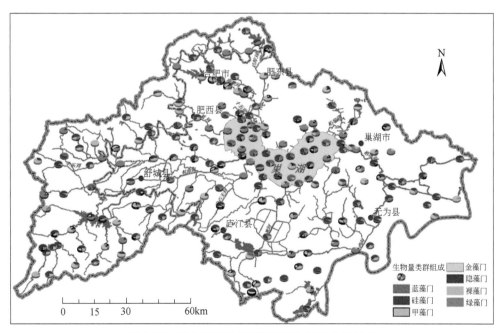

图 4-17　巢湖流域 7 月浮游植物生物量类群组成

4.4.2 不同水生态功能区浮游植物的密度和生物量

（1）一级水生态功能分区

4月调查结果显示，巢湖流域西部丘陵区和东部平原区各采样点浮游植物平均密度分别为72.41万个/L和206.33万个/L（表4-11）。其中，西部丘陵区的采样点中密度最大值为407.02万个/L，最小值为2.48万个/L；东部平原区的采样点中密度最大值为2498.31万个/L，最小值为4.96万个/L。

表4-11 巢湖流域及一级水生态区浮游植物密度与生物量

月份	项目	密度/(万个/L)			生物量/(mg/L)		
		西部丘陵区	东部平原区	全流域	西部丘陵区	东部平原区	全流域
4月	平均值	72.41	206.33	269.73	2.57	3.08	2.97
	最小值	2.48	4.96	2.48	0.004	0.030	0.004
	最大值	407.02	2498.31	2498.31	10.62	18.42	18.42
	中值	28.73	86.86	85.62	0.76	1.62	1.79
	标准差	105.75	376.44	431.51	3.10	3.55	3.23
7月	平均值	232.85	569.61	620.88	5.77	11.60	10.15
	最小值	9.93	4.96	4.96	0.446	0.002	0.002
	最大值	1255.81	3477.07	3477.07	16.00	40.64	46.05
	中值	158.84	455.42	423.15	5.58	8.81	7.27
	标准差	236.03	459.69	600.08	4.33	9.34	9

流域两个一级水生态功能分区之间浮游植物密度与生物量分布差异均较为明显。西部丘陵区蓝藻门、硅藻门、金藻门、隐藻门、裸藻门和绿藻门6类浮游植物平均密度分别为15.68万个/L、20.43万个/L、0.71万个/L、9.49万个/L、8.34万个/L和17.77万个/L，密度比分别为21.65%、28.21%、0.98%、13.11%、11.51%和24.54%，其中硅藻门、绿藻门目和蓝藻门密度占较大优势，金藻门密度最小；分区内6类浮游植物平均生物量分别为0.009mg/L、2.14mg/L、0.002mg/L、0.06mg/L、0.28mg/L和0.07mg/L，生物量比分别为0.36%、83.46%、0.07%、2.41%、10.89%和2.81%，其中以硅藻门占明显优势，金藻门生物量最小。

东部平原区蓝藻门、硅藻门、金藻门、隐藻门、裸藻门和绿藻门6类浮游植物平均密度分别为65.44万个/L、36.33万个/L、1.53万个/L、49.24万个/L、11.14万个/L和42.35万个/L，密度比分别为31.72%、17.75%、0.74%、23.87%、5.4%和20.52%，其中蓝藻门密度占较明显优势，其次为隐藻门和绿藻门，金藻门密度最小；分区内6类浮游植物平均生物量分别为0.06mg/L、1.85mg/L、0.01mg/L、0.17mg/L、0.64mg/L和0.33mg/L，生物量比分别为2.11%、60.26%、0.19%、5.67%、20.93%和10.85%，其中以硅藻门生物量占明显优势，其次为裸藻门和绿藻门，金藻门生物量最小。

7月调查结果显示，巢湖流域西部丘陵区和东部平原区各采样点浮游植物平均密度分别为232.85万个/L和569.61万个/L（表4-11）。其中，西部丘陵区的采样点中密度最大值为1255.81万个/L，最小值为9.93万个/L；东部平原区的采样点中密度最大值为3477.07万个/L，最小值为4.96万个/L。

2个分区内采样点之间浮游植物密度与生物量分布差异也较为明显。西部丘陵区蓝藻门、硅藻门、甲藻门、金藻门、隐藻门、裸藻门和绿藻门7类浮游植物平均密度分别为96.1万个/L、53.11万个/L、0.99万个/L、1.54万个/L、6.95万个/L、8.93万个/L和65.22万个/L，密度比分别为59.64%、15.62%、0.26%、0.19%、1.78%、2.88%和19.63%，其中蓝藻门密度占较明显优势，金藻门密度最小；分区内7类浮游植物平均生物量分别为0.26mg/L、2.26mg/L、0.44mg/L、0.005mg/L、0.003mg/L、1.31mg/L和1.46mg/L，生物量比分别为6.8%、39.39%、7.3%、0.05%、0.51%、18.46%和27.49%，以硅藻门占较大优势，其次为绿藻门和裸藻门，金藻门生物量最小。东部平原区蓝藻门、硅藻门、甲藻门、金藻门、隐藻门、裸藻门和绿藻门7类浮游植物平均密度分别为279.74万个/L、115.77万个/L、1.91万个/L、1.24万个/L、11.77万个/L、22.52万个/L和136.66万个/L，密度比分别为49.11%、20.33%、0.33%、0.22%、2.07%、3.95%和23.99%，其中蓝藻门密度占较大优势，其次为绿藻门和硅藻门，金藻门和甲藻门密度较小；分区内7类浮游植物平均生物量分别为0.66mg/L、4.65mg/L、0.96mg/L、0.005mg/L、0.05mg/L、2.23mg/L和3.05mg/L，生物量比分别为5.717%、40.04%、8.29%、0.04%、0.43%、19.24%和26.26%，其中也以硅藻门占较大优势，其次为绿藻门和裸藻门，金藻门生物量最小。

（2）二级水生态功能分区

4月调查结果显示，巢湖流域Ⅰ-1区、Ⅰ-2区、Ⅱ-1区、Ⅱ-2区、Ⅱ-3区、Ⅱ-4区和Ⅲ-1区7个分区中，浮游植物平均密度分别为40.04万个/L、117.11万个/L、374.88万个/L、141.64万个/L、168.81万个/L、149.98万个/L和774.25万个/L（表4-12）。7个分区间浮游植物密度存在较大差异，Ⅲ-1区密度最大，其次为Ⅱ-1区，Ⅰ-1区密度最小；7个分区内各调查点位密度差异较大，Ⅱ-1区和Ⅱ-3区内各点位密度差异较大（表4-12，图4-18）。各分区密度组成也存在较大差别，其中Ⅰ-1区以硅藻门明显占优（表4-13），Ⅰ-2区和Ⅱ-2区均以绿藻门和蓝藻门占据较大优势，Ⅱ-1区、Ⅱ-3区和Ⅲ-1区均以蓝藻门明显占优，Ⅱ-4区以隐藻门和硅藻门密度最大。

表4-12 巢湖二级水生态区浮游植物密度特征　　　　　　　　单位：万个/L

月份	项目	Ⅰ-1区	Ⅰ-2区	Ⅱ-1区	Ⅱ-2区	Ⅱ-3区	Ⅱ-4区	Ⅲ-1区
4月	平均值	40.04	117.11	374.88	141.64	168.81	149.98	774.25
	最小值	2.48	5.03	22.65	17.86	4.96	4.96	35.23
	最大值	223.37	407.02	2498.31	338.59	1678.89	2035.11	2322.56
	中值	20.13	39.17	224.92	142.33	37.86	74.46	645.28
	标准差	55.24	139.68	531.59	101.86	421.80	287.16	525.78

续表

月份	项目	Ⅰ-1区	Ⅰ-2区	Ⅱ-1区	Ⅱ-2区	Ⅱ-3区	Ⅱ-4区	Ⅲ-1区
7月	平均值	198.21	280.69	559.75	672.79	712.76	509.01	1354.36
	最小值	34.75	9.93	191.10	161.32	312.71	4.96	270.52
	最大值	794.19	1255.81	1662.84	3477.07	2136.87	1588.38	3221.44
	中值	148.91	208.48	433.08	280.45	580.75	452.94	1212.38
	标准差	173.47	300.37	350.70	921.95	452.78	348.98	724.74

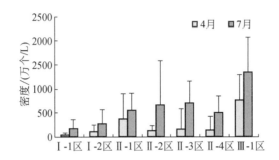

图 4-18　巢湖流域二级水生态区浮游植物密度

表 4-13　巢湖流域 4 月二级水生态区浮游植物密度　　　　单位：万个/L

门	Ⅰ-1区	Ⅰ-2区	Ⅱ-1区	Ⅱ-2区	Ⅱ-3区	Ⅱ-4区	Ⅲ-1区
蓝藻门	4.45	31.19	152.1	42.1	117.75	14.38	447.65
硅藻门	23.6	16.05	34.45	27.74	11.62	46.6	14.16
金藻门	0.09	1.56	1.44	6.01	0.33	0.92	0
隐藻门	7.53	12.21	72.70	16.62	18.88	53.63	3.70
裸藻门	1.28	18.07	29.32	5.59	5.47	5.19	1.05
绿藻门	3.10	38.03	84.87	43.58	14.75	29.27	307.69

　　生物量组成，7 个分区浮游植物平均生物量分别为 1.76mg/L、3.69mg/L、5.29mg/L、1.64mg/L、1.96mg/L、2.64mg/L 和 3.25mg/L（表 4-14）；Ⅱ-1 区生物量最大，Ⅱ-2 区相对最小；7 个分区内各调查点位间生物量差异较大，Ⅱ-1 区、Ⅱ-2 区、Ⅱ-3 区、Ⅱ-4 区和Ⅲ-1 区差异均较为明显（表 4-14，图 4-19）；各分区均以硅藻门生物量占明显优势，在Ⅱ-1 区和Ⅲ-1 区，裸藻门生物量比例也较大（表 4-15）。

表 4-14　巢湖二级水生态区浮游植物生物量特征　　　　单位：mg/L

月份	项目	Ⅰ-1区	Ⅰ-2区	Ⅱ-1区	Ⅱ-2区	Ⅱ-3区	Ⅱ-4区	Ⅲ-1区
4月	平均值	1.76	3.69	5.29	1.64	1.96	2.64	3.25
	最小值	0.005	0.004	0.573	0.213	0.034	0.030	0.310
	最大值	10.62	9.22	15.74	5.66	12.55	18.42	10.32
	中值	0.32	4.42	3.61	1.13	0.68	1.13	2.92
	标准差	2.94	3.03	3.95	1.60	3.31	3.33	2.18

续表

月份	项目	Ⅰ-1 区	Ⅰ-2 区	Ⅱ-1 区	Ⅱ-2 区	Ⅱ-3 区	Ⅱ-4 区	Ⅲ-1 区
7 月	平均值	5.63	5.97	11.51	14.65	11.13	11.11	11.97
	最小值	0.488	0.446	2.372	3.232	0.435	0.002	2.218
	最大值	15.92	16.00	36.96	29.51	37.35	40.64	46.05
	中值	6.22	3.73	9.83	14.82	9.02	7.65	7.75
	标准差	3.50	5.35	8.81	8.50	9.15	9.92	10.88

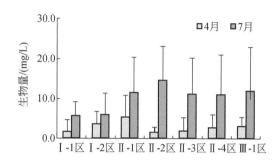

图 4-19 巢湖流域二级水生态区浮游植物生物量

表 4-15 巢湖流域 4 月二级水生态区浮游植物生物量组成　　　单位：mg/L

门	Ⅰ-1 区	Ⅰ-2 区	Ⅱ-1 区	Ⅱ-2 区	Ⅱ-3 区	Ⅱ-4 区	Ⅲ-1 区
蓝藻门	0.003	0.018	0.145	0.045	0.133	0.012	0.607
硅藻门	1.696	2.764	2.805	0.950	1.121	1.801	1.323
金藻门	0.0004	0.004	0.008	0.013	0.002	0.004	
隐藻门	0.033	0.102	0.441	0.067	0.056	0.103	0.005
裸藻门	0.016	0.645	1.666	0.267	0.608	0.246	0.07
绿藻门	0.009	0.159	0.222	0.297	0.041	0.477	1.247

　　7 月调查结果显示，流域Ⅰ-1 区、Ⅰ-2 区、Ⅱ-1 区、Ⅱ-2 区、Ⅱ-3 区、Ⅱ-4 区和Ⅲ-1 区 7 个分区中，浮游植物平均密度分别为 198.21 万个/L、280.69 万个/L、559.75 万个/L、672.79 万个/L、712.76 万个/L、509.01 万个/L 和 1354.36 万个/L（表 4-12）。7 个分区间浮游植物密度存在较大差异，Ⅲ-1 区密度最大，其次为Ⅱ-3 区，Ⅰ-1 区密度最小；7 个分区内各调查点位密度差异较大，Ⅱ-2 和Ⅲ-1 区内各点位密度差异较明显（表 4-12，图 4-18）。7 个分区均以蓝藻门密度最大，但各门密度组成也存在较大差别，其中Ⅰ-1 区硅藻门和绿藻门密度也较大，Ⅲ-1 区以蓝藻门密度占据明显优势（表 4-16）。

表 4-16 巢湖流域 7 月二级水生态区浮游植物密度　　　单位：万个/L

门	Ⅰ-1 区	Ⅰ-2 区	Ⅱ-1 区	Ⅱ-2 区	Ⅱ-3 区	Ⅱ-4 区	Ⅲ-1 区
蓝藻门	65.64	138.16	299.64	447.56	362.35	208.38	1061.21
硅藻门	55.03	50.46	112.83	74.25	167.06	111.22	101.83

门	Ⅰ-1区	Ⅰ-2区	Ⅱ-1区	Ⅱ-2区	Ⅱ-3区	Ⅱ-4区	Ⅲ-1区
甲藻门	1.37	0.47	1.81	1.86	1.4	2.11	1.68
金藻门	2.14	0.71	0.95	1.45	0.16	1.65	0.44
隐藻门	4.11	10.87	12.22	9.1	11.48	12.23	14.75
裸藻门	9.16	8.63	17.66	21.1	24.2	24.68	16.13
绿藻门	60.76	71.38	114.64	117.47	146.12	148.73	158.33

生物量组成，7个分区浮游植物平均生物量分别为5.63mg/L、5.97mg/L、11.51mg/L、14.65mg/L、11.13mg/L、11.11mg/L和11.97mg/L（表4-14）；Ⅱ-2区生物量最大，Ⅰ-1区相对最小，Ⅰ-2区也较小；7个分区内各调查点位间生物量差异较大，Ⅱ-1区、Ⅱ-2区、Ⅱ-3区、Ⅱ-4区和Ⅲ-1区差异均较为明显（表4-14，图4-19）；各分区7门生物量组成差异也较大，除Ⅱ-2区以绿藻门生物量占优外，其余6个分区均以硅藻门生物量最大，但在其他分区，绿藻门和裸藻门生物量也较大，且在Ⅱ-4区甲藻门生物量也较大，在Ⅲ-1区，蓝藻门生物量也较大（表4-17）。

表4-17 巢湖流域7月二级水生态区浮游植物生物量　　　　单位：mg/L

门	Ⅰ-1区	Ⅰ-2区	Ⅱ-1区	Ⅱ-2区	Ⅱ-3区	Ⅱ-4区	Ⅲ-1区
蓝藻门	0.219	0.323	0.902	0.627	0.581	0.578	1.408
硅藻门	2.178	2.374	3.9	3.070	4.958	5.261	4.497
甲藻门	0.602	0.225	0.886	0.831	0.642	1.121	0.479
金藻门	0.006	0.003	0.003	0.01	0.001	0.006	0.004
隐藻门	0.02	0.04	0.062	0.039	0.062	0.044	0.091
裸藻门	1.717	0.76	2.602	2.999	2.621	1.768	1.56
绿藻门	0.888	2.246	3.154	7.073	2.261	2.332	3.934

4.4.3　子流域浮游植物的密度和生物量

4月调查结果显示，巢湖流域白石天河流域（Ⅰ）、南淝河流域（Ⅱ）、杭埠河流域（Ⅲ）、派河流域（Ⅳ）、裕溪河流域（Ⅴ）、兆河流域（Ⅵ）、柘皋河流域（Ⅶ）和巢湖湖体（Ⅷ）8个主要水体中，浮游植物平均密度分别为130.61万个/L、242.56万个/L、56.51万个/L、349.52万个/L、177.48万个/L、119.59万个/L、124.17万个/L和774.25万个/L（表4-18）。8个主要水体浮游植物密度差异较为明显，巢湖湖体密度最大，其次为派河，杭埠河密度最小；并且7个流域内各调查点位密度差异较大，派河、裕溪河和巢湖湖体内各点位密度差异较大，其他水体差异相对较小（表4-18，图4-20）。各子流域藻类密度组成也存在较大差别，其中白石天河以绿藻门、硅藻门和隐藻门为主要密度优势类群，且3门密度差别不明显；南淝河和柘皋河均以绿藻门占据较大优势；杭埠河和兆河以硅藻门密度占优，在兆河蓝藻门密度也较大；派河和巢湖湖体以蓝藻门密度占优，巢湖湖体绿藻门密度也较大；裕溪河以隐藻门密度占优，蓝藻门密度也较大（表4-19）。

表 4-18 巢湖主要子流域浮游植物密度特征 单位：万个/L

月份	项目	I	II	III	IV	V	VI	VII	VIII
4月	平均值	130.61	242.56	56.51	349.52	177.48	119.59	124.17	774.25
	最小值	22.65	5.03	2.48	42.19	4.96	4.96	17.86	35.23
	最大值	287.89	645.28	392.97	1527.44	2035.11	555.93	285.05	2322.56
	中值	104.24	232.7	30.8	129.06	55.84	50.88	110.72	645.28
	标准差	110.9	181.25	75.21	583.06	412.76	142.38	99.23	525.78
7月	平均值	278.46	479.76	269.46	534.84	642.67	456.19	786.12	1354.36
	最小值	176.21	131.54	4.96	282.93	64.53	17.37	201.03	270.52
	最大值	451.7	1662.84	1255.81	816.53	2136.87	920.77	3477.07	3221.44
	中值	233.29	317.68	177.45	464.11	573.31	434.32	277.97	1212.38
	标准差	109.28	354.11	262.48	220.09	438.12	294.16	1116.22	724.74

图 4-20 巢湖主要子流域浮游植物密度

表 4-19 巢湖 4 月主要子流域浮游植物密度 单位：万个/L

门	I	II	III	IV	V	VI	VII	VIII
蓝藻门	0	21.97	12.70	174.76	49.69	32.57	34.65	447.65
硅藻门	42.75	31.01	26.58	50.20	28.98	37.23	14.47	14.16
金藻门	0	1.44	0.78	0.89	0.85	0.62	7.45	0
隐藻门	40.21	65.75	3.64	67.79	67.47	20.01	20.90	3.7
裸藻门	1.99	29.31	1.61	5.44	5.82	6.20	4.95	1.05
绿藻门	45.67	93.09	11.21	50.43	24.67	22.96	41.74	307.69

生物量组成，8 个主要水体浮游植物平均生物量分别为 2.29mg/L、3.99mg/L、2.53mg/L、5.49mg/L、2.54mg/L、2.14mg/L、1.13mg/L 和 3.25mg/L（表 4-20）。派河生物量最大，柘皋河生物量最小；8 个主要水体内各调查点位生物量也存在一定差异，派河、裕溪河和巢湖湖体内各点位生物量差异相对较大（表 4-20，图 4-21）。柘皋河以绿藻门生物量相对占优，其余水体均以硅藻门生物量占优，巢湖湖体内绿藻门生物量也较大

（表4-21）。

表4-20　巢湖主要子流域浮游植物生物量特征　　　　　　　　单位：mg/L

月份	项目	I	II	III	IV	V	VI	VII	VIII
4月	平均值	2.29	3.99	2.53	5.49	2.54	2.14	1.13	3.25
	最小值	0.361	0.307	0.004	1.292	0.03	0.106	0.213	0.31
	最大值	6.52	9.55	15.74	13.79	18.42	6.97	2.71	10.32
	中值	0.8	3.49	0.52	4.25	0.97	1.07	0.72	2.92
	标准差	2.58	2.41	3.49	4.77	3.89	2.2	1	2.18
7月	平均值	7.84	13.43	6.74	9.74	12.71	7.19	14.69	11.97
	最小值	0.359	1.495	0.002	2.661	0.435	0.255	4.026	2.218
	最大值	21.51	44.92	34.63	17.42	40.64	16.7	29.51	46.05
	中值	5.62	11.69	5.25	10.86	9.42	6.05	14.82	7.75
	标准差	8.02	11.4	6.82	5.34	10.51	4.74	8.12	10.88

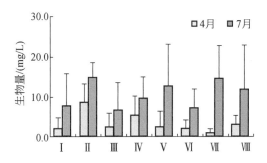

图4-21　巢湖主要子流域浮游植物生物量

表4-21　巢湖4月主要子流域浮游植物生物量　　　　　　　　单位：mg/L

门	I	II	III	IV	V	VI	VII	VIII
蓝藻门	0	0.021	0.008	0.088	0.056	0.021	0.037	0.607
硅藻门	1.717	1.992	2.413	3.691	1.455	1.543	0.259	1.323
金藻门	0	0.008	0.001	0.002	0.004	0.005	0.015	0
隐藻门	0.095	0.462	0.022	0.392	0.106	0.097	0.075	0.005
裸藻门	0.438	1.245	0.037	1.232	0.389	0.295	0.317	0.07
绿藻门	0.038	0.262	0.054	0.081	0.532	0.177	0.429	1.247

　　7月调查结果显示，巢湖流域8个主要水体中，浮游植物平均密度分别为278.46万个/L、479.76万个/L、269.46万个/L、534.84万个/L、642.67万个/L、456.19万个/L、786.12万个/L和1354.36万个/L（表4-18）。8个主要水体浮游植物密度差异较为明显，巢湖湖体密度最大，其次为柘皋河，杭埠河密度最小；而且7个流域内各调查点位密度差异较大，柘皋河和巢湖湖体内各点位密度差异较明显，白石天河差异相对最小（表4-18，

图 4-20）。各子流域藻类密度组成也存在较大差别，其中白石天河以绿藻门密度最大，其次为蓝藻门，其他 7 个水体均以蓝藻门密度最大，其次为绿藻门，在南淝河和裕溪河硅藻门也占较大比例（表 4-22）。

表 4-22　巢湖 7 月主要子流域浮游植物密度　　　　　　　单位：万个/L

门	I	II	III	IV	V	VI	VII	VIII
蓝藻门	80.91	237.4	116.19	326.78	281.79	209.25	517.78	1061.21
硅藻门	48.64	105.1	61.31	73.21	148.15	97.41	88.73	101.83
甲藻门	0.99	1.91	1.29	0	1.53	2.79	2.48	1.68
金藻门	0.99	0.67	1.65	1.24	1.08	1.71	2.17	0.44
隐藻门	14.39	11.45	6.43	25.23	10.18	13.18	12.41	14.75
裸藻门	8.93	16.80	9.65	16.55	30.93	20.94	19.85	16.13
绿藻门	123.6	106.43	72.94	91.83	169.02	110.91	142.71	158.33

生物量组成，8 个主要水体浮游植物平均生物量分别为 7.84mg/L、13.43mg/L、6.74mg/L、9.74mg/L、12.71mg/L、7.19mg/L、14.69mg/L 和 11.97mg/L（表 4-20）。柘皋河生物量最大，其次为南淝河，杭埠河生物量最小；8 个主要水体内各调查点位生物量均存在较大差异（表 4-20，图 4-21）。南淝河和柘皋河均以绿藻门生物量占优，硅藻门和裸藻门密度也较大，其余水体均以硅藻门生物量占优，绿藻门和裸藻门生物量比例也较大，巢湖湖体内蓝藻门生物量也占有较大比例。

表 4-23　巢湖 7 月主要子流域浮游植物生物量　　　　　　单位：mg/L

门	I	II	III	IV	V	VI	VII	VIII
蓝藻门	0.032	0.571	0.322	0.664	0.663	0.577	0.808	1.408
硅藻门	4.94	3.853	2.705	3.528	5.958	3.018	4.014	4.497
甲藻门	0.556	0.972	0.601	0	0.755	1.564	1.179	0.479
金藻门	0.001	0.001	0.004	0.004	0.006	0.004	0.015	0.004
隐藻门	0.019	0.046	0.032	0.12	0.043	0.047	0.057	0.091
裸藻门	0.959	2.157	1.405	2.987	2.412	1.376	3.076	1.56
绿藻门	1.333	5.828	1.673	2.434	2.874	0.610	5.540	3.934

4.5　物种多样性

4.5.1　流域浮游植物物种多样性

采用 Shannon-Wiener 多样性指数（H）、Margalef 丰富度指数（D）、Pielou 均匀度指数（J）和 Simpson 优势度指数（d）综合分析巢湖流域浮游植物群落结构特征。

4 月调查结果显示，全流域内各采样点 Shannon-Wiener 指数平均值为 1.73，最大值为 2.97；Margalef 指数平均值为 1.06，最大值为 2.15；Pielou 指数平均值为 0.78，最大值为

0.99；Simpson 指数平均值为 0.28，最大值为 0.96。流域内各采样点之间 4 个浮游植物生物指数分布存在较大的空间差异（图 4-22 ~ 图 4-25）。

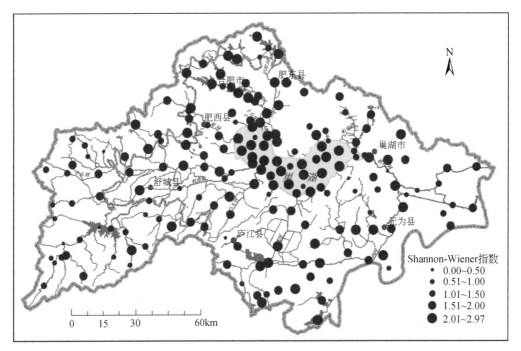

图 4-22　巢湖流域 4 月浮游植物 Shannon-Wiener 指数分布

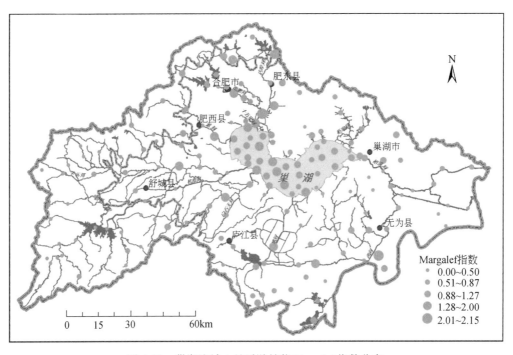

图 4-23　巢湖流域 4 月浮游植物 Margalef 指数分布

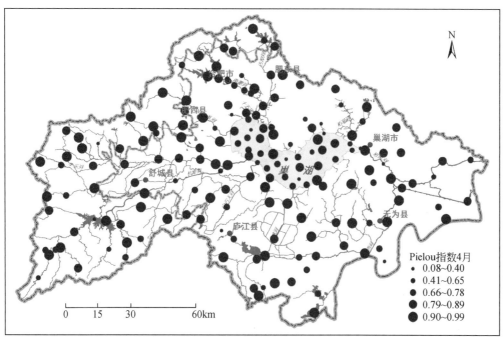

图 4-24 巢湖流域 4 月浮游植物 Pielou 指数分布

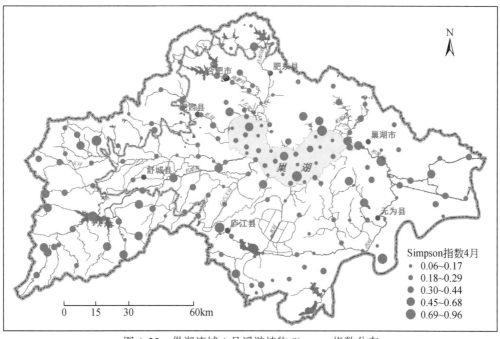

图 4-25 巢湖流域 4 月浮游植物 Simpson 指数分布

7 月调查结果显示，全流域内各采样点 Shannon-Wiener 指数平均值为 2.18，最大值为 3.38；Margalef 指数平均值为 1.52，最大值为 3.42；Pielou 指数平均值为 0.7，最大值为 0.97；Simpson 指数平均值为 0.22，最大值为 0.74。流域内各采样点之间 4 个浮游植物生

物指数分布也存在较大差异。与 4 月调查结果相比，7 月巢湖流域 Shannon-Wiener 指数和
Margalef 指数平均值均变大，Pielou 指数和 Simpson 指数均变小，表明 7 月流域浮游植物物
种多样性程度要优于 4 月，但物种均匀性程度略有降低（图 4-26～图 4-29）。

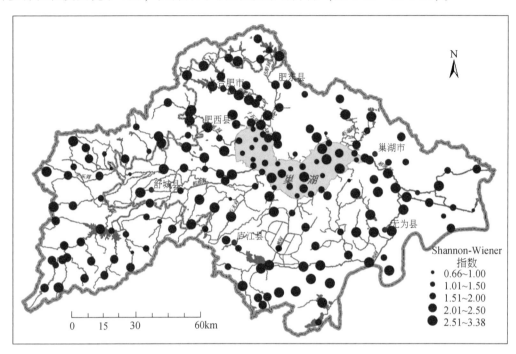

图 4-26 巢湖流域 7 月浮游植物 Shannon-Wiener 指数分布

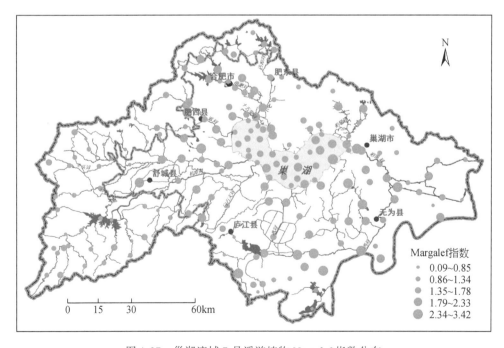

图 4-27 巢湖流域 7 月浮游植物 Margalef 指数分布

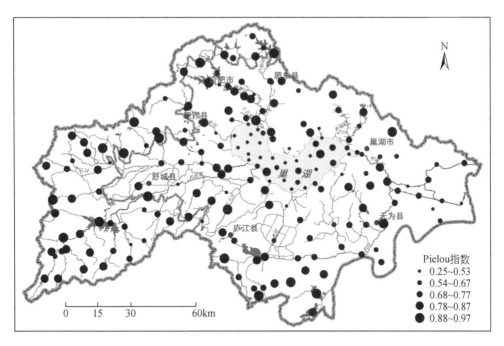

图 4-28　巢湖流域 7 月浮游植物 Pielou 指数分布

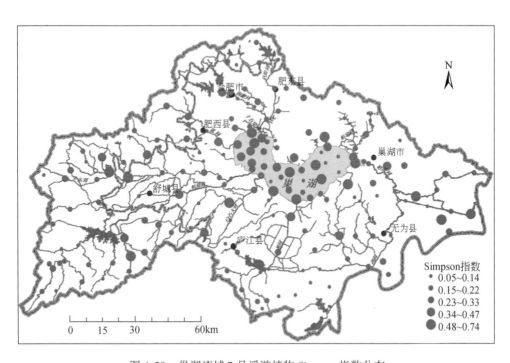

图 4-29　巢湖流域 7 月浮游植物 Simpson 指数分布

4.5.2 不同水生态功能区的物种多样性

（1）一级水生态功能分区

4 月调查结果显示，巢湖流域西部丘陵区和东部平原区浮游植物 4 个生物指数分布特征见表 4-24 ~ 表 4-27 和图 4-30。其中，西部丘陵区各采样点 Shannon-Wiener 指数平均值为 1.41，最大值为 2.7；Margalef 指数平均值为 0.99，最大值为 1.43；Pielou 指数平均值为 0.83，最大值为 0.98；Simpson 指数平均值为 0.35，最大值为 0.96。东部平原区各采样点 Shannon-Wiener 指数平均值为 1.79，最大值为 2.97；Margalef 指数平均值为 1.21，最大值为 2.15；Pielou 指数平均值为 0.8，最大值为 0.99；Simpson 指数平均值为 0.26，最大值为 0.87。2 个分区相比，东部平原区 Shannon-Wiener 指数和 Margalef 指数平均值大于西部丘陵区，但 Pielou 指数和 Simpson 指数略低，表明东部平原区浮游植物生物多样性与丰富度优于西部丘陵区，但物种均匀程度略低。

表 4-24　巢湖流域及一级水生态区浮游植物 Shannon-Wiener 指数

月份	项目	西部丘陵区	东部平原区	全流域
4 月	平均值	1.41	1.79	1.72
	最小值	0.12	0.29	0.12
	最大值	2.70	2.97	2.97
	中值	1.33	1.82	1.81
	标准差	0.66	0.57	0.62
7 月	平均值	2.15	2.32	2.18
	最小值	0.66	0.69	0.66
	最大值	3.20	3.38	3.38
	中值	2.21	2.44	2.29
	标准差	0.50	0.55	0.57

表 4-25　巢湖流域及一级水生态区浮游植物 Margalef 指数

月份	项目	西部丘陵区	东部平原区	全流域
4 月	平均值	0.99	1.21	1.06
	最小值	0.08	0.08	0.08
	最大值	1.43	2.15	2.15
	中值	0.74	1.12	1.02
	标准差	0.35	0.42	0.43
7 月	平均值	1.14	1.68	1.52
	最小值	0.17	0.09	0.09
	最大值	2.71	3.42	3.42
	中值	1.12	1.63	1.47
	标准差	0.49	0.59	0.57

表 4-26　巢湖流域及一级水生态区浮游植物 Pielou 指数

月份	项目	西部丘陵区	东部平原区	全流域
4 月	平均值	0.83	0.80	0.78
	最小值	0.08	0.15	0.08
	最大值	0.98	0.99	0.99
	中值	0.88	0.84	0.83
	标准差	0.17	0.17	0.18
7 月	平均值	0.78	0.72	0.70
	最小值	0.43	0.25	0.25
	最大值	0.97	0.95	0.97
	中值	0.81	0.75	0.74
	标准差	0.12	0.14	0.16

表 4-27　巢湖流域及一级水生态区浮游植物 Simpson 指数

月份	项目	西部丘陵区	东部平原区	全流域
4 月	平均值	0.35	0.26	0.28
	最小值	0.08	0.07	0.06
	最大值	0.96	0.87	0.96
	中值	0.31	0.21	0.22
	标准差	0.21	0.16	0.18
7 月	平均值	0.21	0.20	0.22
	最小值	0.05	0.05	0.05
	最大值	0.69	0.74	0.74
	中值	0.16	0.15	0.17
	标准差	0.13	0.14	0.15

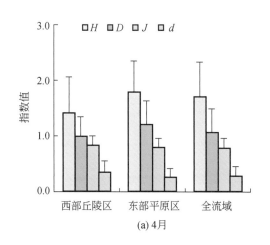
(a) 4 月

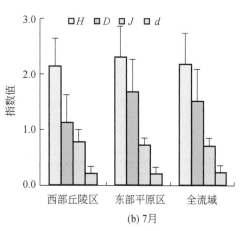
(b) 7 月

图 4-30　巢湖流域及一级水生态区浮游植物多样性指数

7月调查结果显示，西部丘陵区各采样点 Shannon-Wiener 指数平均值为 2.15，最大值为 3.20；Margalef 指数平均值为 1.14，最大值为 2.71；Pielou 指数平均值为 0.78，最大值为 0.97；Simpson 指数平均值为 0.21，最大值为 0.69。东部平原区各采样点 Shannon-Wiener 指数平均值为 1.32，最大值为 3.38；Margalef 指数平均值为 1.68，最大值为 3.42；Pielou 指数平均值为 0.72，最大值为 0.95；Simpson 指数平均值为 0.20，最大值为 0.74。2 个分区相比，西部丘陵区 Shannon-Wiener 指数和 Margalef 指数平均值均较东部平原区小，但 Simpson 指数和 Pielou 指数均值略大，也表明东部平原区浮游植物生物多样性与丰富度高于西部丘陵区，但物种均匀程度略低。与 4 月调查结果相比，7 月 2 个水生态一级区 Shannon-Wiener 指数和 Margalef 指数平均值均变大，但 Pielou 指数和 Simpson 指数平均值均变小，表明 7 月流域 2 个分区内浮游植物物种多样性程度要高于 4 月，但物种均匀性程度有所降低。

（2）二级水生态功能分区

4 月调查结果显示，巢湖流域Ⅰ-1 区、Ⅰ-2 区、Ⅱ-1 区、Ⅱ-2 区、Ⅱ-3 区、Ⅱ-4 区和Ⅲ-1 区 7 个二级水生态分区的浮游植物 4 个生物指数分布特征见表 4-28 ~ 表 4-31 和图 4-31。7 个分区 Shannon-Wiener 指数平均值范围为 1.19 ~ 1.98，指数值以Ⅱ-1 区最大，Ⅰ-1 区最小；Margalef 指数平均值范围为 0.91 ~ 1.36，指数值以Ⅲ-1 区最大，Ⅰ-1 区最小；Pielou 指数平均值范围为 0.68 ~ 0.83，指数值以Ⅰ-2 区最大，Ⅰ-1 区和Ⅱ-4 区与其接近，Ⅲ-1 区最小；Simpson 指数平均值范围为 0.21 ~ 0.4，指数值以Ⅰ-1 区最大，Ⅱ-1 区最小。总体上，7 个分区中，Ⅱ-1 区、Ⅱ-4 区和Ⅲ-1 区生物多样性程度相对较好，Ⅰ-1 区和Ⅱ-3 区相对较差，但Ⅰ-1 区和Ⅱ-3 区物种均匀性程度相对更高。

表 4-28　巢湖流域二级水生态区浮游植物 Shannon-Wiener 指数

月份	项目	Ⅰ-1 区	Ⅰ-2 区	Ⅱ-1 区	Ⅱ-2 区	Ⅱ-3 区	Ⅱ-4 区	Ⅲ-1 区
4 月	平均值	1.19	1.68	1.98	1.70	1.38	1.82	1.94
	最小值	0.43	0.12	0.78	1.02	0.29	0.44	0.57
	最大值	2.70	2.66	2.97	2.46	2.56	2.73	2.93
	中值	1.08	1.80	1.91	1.70	1.30	1.90	2.10
	标准差	0.57	0.69	0.50	0.48	0.61	0.56	0.59
7 月	平均值	2.14	2.16	2.37	2.08	2.10	2.42	1.78
	最小值	0.66	0.69	1.60	0.81	0.71	0.69	1.06
	最大值	2.69	3.20	3.30	2.87	3.00	3.38	2.99
	中值	2.22	2.21	2.46	2.23	2.30	2.51	1.59
	标准差	0.41	0.62	0.42	0.57	0.75	0.51	0.55

表 4-29　巢湖流域二级水生态区浮游植物 Margalef 指数

月份	项目	I-1 区	I-2 区	II-1 区	II-2 区	II-3 区	II-4 区	III-1 区
4 月	平均值	0.91	1.08	1.26	1.19	0.95	1.22	1.36
	最小值	0.08	0.09	0.31	0.30	0.09	0.08	0.44
	最大值	1.18	1.43	2.10	1.14	0.99	2.15	1.53
	中值	0.94	0.98	1.14	1.06	0.90	1.19	1.15
	标准差	0.25	0.40	0.47	0.26	0.27	0.43	0.30
7 月	平均值	1.10	1.20	1.72	1.37	1.64	1.74	1.57
	最小值	0.23	0.17	0.90	1.00	0.33	0.09	1.03
	最大值	2.71	2.20	2.71	2.00	2.78	3.42	2.46
	中值	1.08	1.24	1.80	1.28	1.65	1.69	1.52
	标准差	0.45	0.55	0.42	0.34	0.69	0.65	0.36

表 4-30　巢湖流域二级水生态区浮游植物 Pielou 指数

月份	项目	I-1 区	I-2 区	II-1 区	II-2 区	II-3 区	II-4 区	III-1 区
4 月	平均值	0.82	0.83	0.80	0.74	0.77	0.82	0.68
	最小值	0.39	0.08	0.37	0.40	0.15	0.19	0.22
	最大值	0.98	0.98	0.98	0.98	0.95	0.99	0.92
	中值	0.86	0.92	0.82	0.80	0.85	0.87	0.71
	标准差	0.15	0.20	0.14	0.17	0.22	0.16	0.19
7 月	平均值	0.78	0.78	0.72	0.68	0.64	0.75	0.54
	最小值	0.48	0.43	0.49	0.25	0.32	0.38	0.36
	最大值	0.96	0.97	0.94	0.88	0.86	0.95	0.87
	中值	0.80	0.82	0.74	0.72	0.68	0.76	0.50
	标准差	0.11	0.15	0.12	0.18	0.16	0.12	0.14

表 4-31　巢湖流域二级水生态区浮游植物 Simpson 指数

月份	项目	I-1 区	I-2 区	II-1 区	II-2 区	II-3 区	II-4 区	III-1 区
4 月	平均值	0.40	0.28	0.21	0.29	0.36	0.24	0.27
	最小值	0.08	0.08	0.07	0.11	0.09	0.09	0.06
	最大值	0.79	0.96	0.49	0.61	0.87	0.85	0.79
	中值	0.37	0.20	0.19	0.23	0.35	0.18	0.20
	标准差	0.19	0.21	0.10	0.16	0.20	0.16	0.20
7 月	平均值	0.20	0.21	0.18	0.25	0.26	0.18	0.34
	最小值	0.08	0.05	0.05	0.08	0.08	0.06	0.07
	最大值	0.69	0.69	0.39	0.74	0.72	0.63	0.63
	中值	0.17	0.14	0.15	0.21	0.17	0.14	0.32
	标准差	0.12	0.15	0.09	0.18	0.21	0.12	0.17

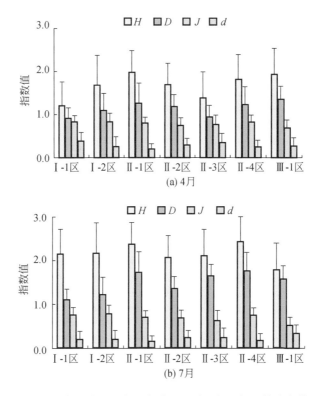

图 4-31　巢湖流域二级水生态分区浮游植物生物指数分布特征

7 月调查结果显示,巢湖流域 7 个分区 Shannon- Wiener 指数平均值范围为 1.78 ~ 2.42,指数值以 II-4 区最大,III-1 区最小;Margalef 指数平均值范围为 1.10 ~ 1.74,指数值以 II-4 区最大,I-1 区最小;Pielou 指数平均值范围为 0.54 ~ 0.78,指数值以 I-1 和 I-2 区最大,III-1 区最小;Simpson 指数平均值范围为 0.18 ~ 0.34,指数值相差不大,以 III-1 区最大,II-1 区和 II-4 区最小。总体上,7 个分区中,物种多样性以 II-4 区相对最好,I-1 和 I-2 区相对较差,但 I-1 和 I-2 区物种均匀程度相对更好。根据生物指数,7 个分区水污染程度总体处于轻–中度污染状态。与 4 月相比,巢湖流域各二级水生态分区 7 月浮游植物生物多样性状况提高,但物种均匀性程度总体相对较差。

4.5.3　子流域的物种多样性

4 月调查结果显示,巢湖流域白石天河流域(I)、南淝河流域(II)、杭埠河流域(III)、派河流域(IV)、裕溪河流域(V)、兆河流域(VI)、柘皋河流域(VII)和巢湖湖体(VIII)8 个主要水体的浮游植物的 4 个生物指数分布特征见表 4-32 ~ 表 4-35 和图 4-32。8 个主要水体中 Shannon- Wiener 指数平均值范围为 1.4 ~ 2.04,指数值以南淝河最大,杭埠河最小;Margalef 指数平均值范围为 0.92 ~ 1.36,指数值以巢湖湖体最大,杭埠河最小;Pielou 指数平均值范围为 0.68 ~ 0.86,指数值以白石天河最大,但巢湖湖体最小;Simpson 指数平均值范围为 0.2 ~ 0.35,指数值以杭埠河最大,南淝河最小。总体上,8 个主要水体中，以南淝河和巢湖湖体生物多样性程度相对较好，杭埠河相对较差，但杭埠河物种均匀性程度相对较高，不同子流域之间生物多样性及物种均匀性程度存在差异。根据生物指数分布，总体上巢湖流域 8 个主要水体处于轻–中度污染状态。

表 4-32　巢湖子流域浮游植物 Shannon-Wiener 指数

月份	项目	I	II	III	IV	V	VI	VII	VIII
4 月	平均值	1.80	2.04	1.40	1.77	1.70	1.77	1.61	1.94
	最小值	0.69	0.69	0.12	1.47	0.29	0.44	1.02	0.57
	最大值	2.54	2.97	2.73	2.32	2.71	2.67	2.46	2.93
	中值	1.89	2.05	1.33	1.74	1.78	1.78	1.68	2.10
	标准差	0.69	0.55	0.62	0.32	0.61	0.58	0.48	0.59
7 月	平均值	2.18	2.36	2.15	2.31	2.32	2.32	2.19	1.78
	最小值	0.98	1.42	0.66	1.74	0.71	1.62	0.81	1.06
	最大值	2.77	3.30	3.23	2.79	3.38	2.87	2.87	2.99
	中值	2.61	2.40	2.22	2.30	2.49	2.39	2.27	1.59
	标准差	0.76	0.47	0.56	0.42	0.60	0.41	0.63	0.55

表 4-33　巢湖子流域浮游植物 Margalef 指数

月份	项目	I	II	III	IV	V	VI	VII	VIII
4 月	平均值	1.10	1.22	0.92	1.11	1.04	1.02	1.04	1.36
	最小值	0.08	0.09	0.08	0.31	0.09	0.09	0.30	0.44
	最大值	1.34	2.10	1.66	1.57	2.15	1.36	1.10	1.53
	中值	1.05	1.12	0.88	1.08	1.06	1.00	0.99	1.15
	标准差	0.47	0.48	0.31	0.45	0.40	0.30	0.25	0.30
7 月	平均值	1.31	1.55	1.20	2.00	1.77	1.54	1.52	1.57
	最小值	0.80	0.90	0.09	1.62	0.33	0.41	1.03	1.03
	最大值	2.02	2.23	2.93	2.71	3.42	2.66	2.00	2.46
	中值	1.32	1.49	1.12	1.96	1.76	1.44	1.54	1.52
	标准差	0.52	0.40	0.59	0.39	0.69	0.58	0.32	0.36

表 4-34　巢湖子流域浮游植物 Pielou 指数

月份	项目	I	II	III	IV	V	VI	VII	VIII
4 月	平均值	0.86	0.81	0.82	0.80	0.80	0.82	0.73	0.68
	最小值	0.78	0.56	0.08	0.52	0.15	0.19	0.40	0.22
	最大值	0.99	0.98	0.98	0.97	0.97	0.98	0.98	0.92
	中值	0.83	0.82	0.88	0.88	0.85	0.88	0.77	0.71
	标准差	0.09	0.11	0.18	0.18	0.18	0.20	0.20	0.19

续表

月份	项目	I	II	III	IV	V	VI	VII	VIII
7 月	平均值	0.72	0.74	0.77	0.67	0.71	0.76	0.69	0.54
	最小值	0.38	0.50	0.43	0.49	0.32	0.48	0.25	0.36
	最大值	0.89	0.94	0.97	0.84	0.94	0.98	0.85	0.87
	中值	0.80	0.78	0.80	0.65	0.73	0.77	0.75	0.50
	标准差	0.20	0.13	0.12	0.13	0.14	0.14	0.19	0.14

表 4-35　巢湖子流域浮游植物 Simpson 指数

月份	项目	I	II	III	IV	V	VI	VII	VIII
4 月	平均值	0.24	0.20	0.35	0.24	0.28	0.25	0.32	0.27
	最小值	0.10	0.07	0.08	0.10	0.09	0.09	0.11	0.06
	最大值	0.51	0.50	0.96	0.39	0.87	0.85	0.61	0.79
	中值	0.18	0.17	0.31	0.23	0.21	0.20	0.28	0.20
	标准差	0.16	0.12	0.20	0.10	0.18	0.19	0.18	0.20
7 月	平均值	0.24	0.17	0.21	0.23	0.21	0.18	0.23	0.34
	最小值	0.09	0.05	0.06	0.10	0.06	0.08	0.08	0.07
	最大值	0.63	0.38	0.69	0.39	0.72	0.44	0.74	0.63
	中值	0.11	0.15	0.17	0.22	0.15	0.16	0.17	0.32
	标准差	0.23	0.09	0.13	0.12	0.15	0.11	0.21	0.17

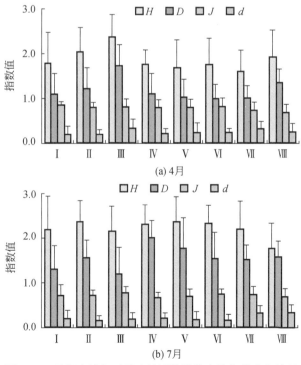

(a) 4月

(b) 7月

图 4-32　巢湖流域主要子流域浮游植物生物指数分布特征

7 月调查结果显示，8 个主要水体中 Shannon- Wiener 指数平均值范围为 1.78 ~ 2.36，指数值以南淝河最大，派河、裕溪河及兆河与其接近，巢湖湖体最小；Margalef 指数平均值范围为 1.20 ~ 2.00，指数值以派河最大，杭埠河最小，白石天河也相对较小；Pielou 指数平均值范围为 0.54 ~ 0.77，杭埠河最大，巢湖湖体最小；Simpson 指数平均值范围为 0.17 ~ 0.34，指数值以巢湖湖体最大，南淝河最小，兆河指数值也较小。总体上，8 个主要水体中，派河、南淝河生物多样性相对较好，杭埠河和巢湖湖体相对较差，但杭埠河种群均匀度较高。与 4 月相比，8 个主要水体 Shannon- Wiener 指数值除巢湖湖体略降低外，其余 7 个子流域指数值均变大；Margalef 指数值均变大；Pielou 指数均变小；Simpson 指数，除巢湖湖体增加和白石天河未变化外，其余 6 个子流域指数值均变小。由此表明，4 ~ 7 月，总体上巢湖流域浮游植物物种多样性增大，但物种均匀性程度相对降低。

4.6　与环境因子的关系

为分析巢湖流域环境因子对浮游植物种群结构的影响，采用 CANOCO4.5 软件，对流域浮游植物优势种群与 pH、DO、电导率（Cond）、TN、NH_3- N、NO_3^-- N、悬浮性固体（SS）、总溶解性固体（TDS）、浊度（Turb）、COD_{Mn}、TP、PO_4^{3-}- P 、Chla 共 13 项环境因子进行冗余分析（redundancy analysis，RDA）分析。

巢湖流域 4 月调查中，以浮游植物 12 个优势物种的密度作为响应变量，以巢湖流域各样点的理化指标作为解释变量，着重考察在巢湖流域 8 个主要水体，以及 7 个水生态二级区内，环境因子对浮游植物优势物种分布的解释作用（图 4-33、图 4-34）。

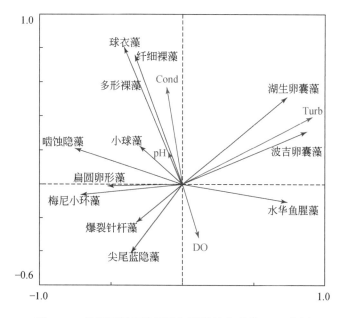

图 4-33　巢湖流域环境因子与浮游植物群落 RDA 分析

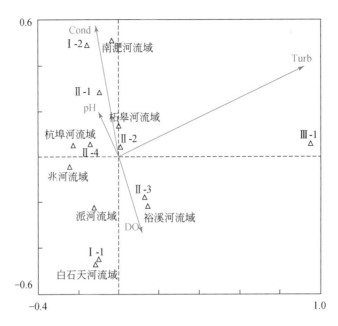

图 4-34　巢湖子流域及二级水生态区环境因子与浮游植物群落 RDA 分析

图 4-33 为巢湖流域内环境因子对浮游植物优势种群影响的 RDA 解释关系。RDA 分析中前两个排序轴，轴 1 和轴 2 对浮游植物功能类群的累积解释率为 40.1%，前 4 个轴解释率为 49.4%；轴 1 和轴 2 对环境因子和物种关系的累积解释率为 81.1%，前 4 个轴解释率为 100%。在 RDA 排序图中，第一轴以 Turb 为主，（与轴 1 的相关系数为 0.79）。第二轴以 Cond 为主（与轴 2 的相关系数是 0.46），所有排序的环境因子对物种的解释量在总解释量中的比例为 52.3%。由图 4-33 可知，巢湖流域不同种类浮游植物优势种中，受环境因子的影响关系不同，如湖生卵囊藻（*Oocystis lacustris*）、波吉卵囊藻（*Oocystis borgei*）和 Turb 有较强的正相关关系，而多形裸藻（*Euglena polymorpha*）、纤细裸藻（*Euglena gracilis*）、球衣藻（*Chlamydomonas globosa*）与 Cond 有很强的正相关关系，与 DO 则有较强的负相关关系。由图 4-34 可知，采样点数据在排序图上较为分散，表明巢湖各子流域与二级水生态分区的浮游植物特征差异性明显。其中，南淝河、柘皋河，以及Ⅰ-2、Ⅱ-1 区位与 Cond 轴方向附近，与 Cond 呈显著正相关，说明这几个区域相比其他环境因子，浮游植物受 Cond 的影响较大；裕溪河及Ⅱ-3 区位于排序图第四象限，与 DO 呈正相关，表明裕溪河及Ⅱ-3 区浮游植物分布受 DO 影响明显；湖生卵囊藻和波吉卵囊藻是巢湖湖体中的优势种，图 4-34 中Ⅲ-1 区也位于排序图第一象限，表明了巢湖湖体受 Turb 影响较大。

根据图 4-34 中样点在排序图上的分布关系也可在一定程度上解释不同区域浮游植物种群的相似关系，南淝河、柘皋河、Ⅰ-2 区、Ⅱ-1 区、Ⅱ-2 区，以及Ⅱ-4 区和杭埠河较为集中，说明左上方区域内浮游植物种群特征相似度较高；裕溪河则与Ⅱ-3 区具有更相似的浮游植物种群特征，而兆河、派河、白石天河，以及Ⅰ-1 区浮游植物种群相似度更高。

4.7　历　史　变　化

巢湖流域浮游植物大规模调查与研究的文献不多见。路娜等（2010）于 2009 年春季在巢湖流域的巢湖湖体，以及裕溪河、兆河、白石天河、杭埠河、丰乐河、派河、南淝河和柘皋河共设置 59 个采样点来开展浮游植物调查，鉴定出浮游植物硅藻门、绿藻门、蓝藻门、隐藻门、金藻门、甲藻门、裸藻门和黄藻门共 8 属 73 种，在巢湖和出入湖河流水体中，硅藻门、蓝藻门及绿藻门均因数量占大比例成为 3 个主要门类，除项圈藻（*Anabaena* sp.）是巢湖湖体的优势种外，小环藻（*Cyclotella* sp.）、直链藻（*Melosira* sp.）、针杆藻（*Synedra* sp.）、栅藻（*Scenedesmus* sp.）、蓝隐藻（*Chroomonas* sp.）和隐藻（*Cryptomonas* sp.）均为巢湖湖体出现率高的物种，出入湖河流浮游植物优势种群主要有席藻（*Phormid ium* sp.）、束丝藻（*Aphanizomenon* sp.）、小环藻和针杆藻（*Synedra* sp.）等，出入湖河流与巢湖湖体相比，水体中硅藻门数量所占比例增加，绿藻门数量所占比例下降。2013 年 4 月调查的巢湖湖体及出入湖河流浮游植物优势物种与文献（路娜等，2010）所记载的 2009 年春季调查结果存在部分不同，但巢湖湖体及出入湖河流的浮游植物群落结构相近。

对巢湖湖体浮游植物的调查与研究更多。刘贞秋和蒙仁宪（1988）于 1984 年在巢湖湖体设置 22 个采样点分 4 个季节开展了浮游植物调查，结果表明，巢湖发现浮游藻类 8 门 85 属 277 种（含变种），蓝藻门的鱼腥藻（*Anabaena* sp.）、束丝藻、隐球藻（*Aphanocapsa* sp.）、微囊藻（*Microcystis* sp.）、颤藻（*Oscillatoria* sp.）等，硅藻门的小环藻、桥弯藻（*Cymbella* sp.）、双菱藻（*Surirella* sp.）、直链藻、针杆藻等，绿藻门的纤维藻（*Annkistrodesmus* sp.）、衣藻（*Chlamydomonas* sp.）、十字藻（*Crucigenia* sp.）等，以及裸藻门的囊裸藻（*Trachelomonas* sp.）等均为巢湖常见物种。除冬季外，均以微囊藻和鱼腥藻属为主的蓝藻占优势，污染指示种分布较多，形成蓝藻水华的主要种类有铜绿微囊藻（*Microcystis aeruginosa*）和螺旋鱼腥藻（*Anabaena spiroides*）等，据此巢湖已属蓝藻型的富营养湖泊。

根据文献（蒙仁宪和刘贞秋，1988）总结，自 1963 年以来，巢湖以微囊藻为主的蓝藻优势群落结构未变，1963 年春夏季藻类种群数为 2.5 万个/L，1981 年上升为 16.4 万个/L，1984 年为 1469.2 万个/L，其中藻类总数量及蓝藻的数量均在急剧增长。对应月份比较，1963～1980 年总藻量增加 5.5 倍，1981～1984 年增加了 7.6 倍，藻类群落也发生了变化，1981 年为 6 门 56 属，1984 年为 8 门 85 属 277 种，其中绿藻、裸藻和隐藻等耐营养型种类的数量明显增大，基于浮游植物的动态，巢湖 20 世纪 80 年代以来污染已逐步加重，巢湖已受到中等程度的污染，富营养化进程正在加速。

徐蕾等（2014）依据沉积物硅藻种群的变化所反演巢湖湖体水环境的变化历史得出以下结论：巢湖湖体在 1827～2000 年主要以 *Aulacoseira granulata* 占优势，水体维持中营养状态，2000 年以来，主要以 *Aulacoseira granulata* 和耐营养属种（*Aulacoseira alpigena*、*Cyclostephanos dubius*）为优势组合，并且底栖类硅藻含量显著减少，表明生活污水的大量排放导致湖区急剧富营养化，2000 年后巢湖湖体水生态系统发生退化。

余涛（2010）于 2008 年按季度进行了 4 次浮游植物野外取样，调查期间共鉴定浮游植物 8 门 114 种，其中绿藻、蓝藻、硅藻是巢湖浮游植物群落的优势类群。Jiang 等（2014）于 2011 年 8 月~2012 年 6 月分 4 个季节对巢湖流域设置 10 个湖内采样点和 10 个出入湖河口采样点，共鉴定出 94 个浮游植物物种，蓝藻门和绿藻门是巢湖两个主要的藻类类别，铜绿微囊藻（*Microcystis aeruginosa*）、水华束丝藻（*Aphanizomenon flos-aquae*）和水华鱼腥藻（*Anabaena flos-aquae*）、梅尼小环藻（*Cyclotella meneghiniana*）、颗粒直链藻（*Melosira granulate*）等都是巢湖的优势种。

根据 2013 年 4 月和 7 月的调查结果，4 月和 7 月巢湖湖体浮游植物平均密度分别为 774.25 万个/L 和 1354.46 万个/L，蓝藻门密度分别为 447.65 万个/L 和 1061.21 万个/L，蓝藻门依然是巢湖春、夏季的主要密度优势类群；从流域的角度评估，水华鱼腥藻、铜绿微囊藻等是春、夏季的主要优势物种；总体上小环藻、小球藻、蓝隐藻、隐藻、直链藻、色球藻、尖针杆藻依然是出现率高的物种，耐污性物种分布较多。

对比以上文献资料可见，自 1980 年代以来，尽管对于具体物种的调查结果存在部分差异，但总体上巢湖湖体以微囊藻和鱼腥藻为主要水华物种的蓝藻型富营养湖泊浮游植物格局尚未改变。

参 考 文 献

胡鸿钧. 2011. 水华蓝藻生物学. 北京：科学出版社.

胡鸿钧, 魏印心. 2005. 中国淡水藻类——系统、分类及生态. 北京：科学出版社.

李家英, 齐雨藻. 2010. 中国淡水藻志（第十四卷·硅藻门 舟形藻科 1）. 北京：科学出版社.

刘国祥, 胡征宇. 2012. 中国淡水藻志（第十五卷·绿藻门 绿球藻目 下）. 北京：科学出版社.

刘贞秋, 蒙仁宪. 1988. 巢湖浮游藻类的初步研究. 安徽大学学报（自然科学版），(4)：62-70.

路娜, 尹洪斌, 邓建才, 等. 2010. 巢湖流域春季浮游植物群落结构特征及其与环境因子的关系. 湖泊科学，22 (6)：950-956.

蒙仁宪, 刘贞秋. 1988. 以浮游植物评价巢湖水质污染及富营养化. 水生生物学报，12 (1)：13-26.

齐雨藻. 1995. 中国淡水藻志（第四卷·硅藻门 中心纲）. 北京：科学出版社.

齐雨藻, 李家英. 2004. 中国淡水藻志（第十卷·硅藻门 羽纹纲）. 北京：科学出版社.

施之新. 1999. 中国淡水藻志（第六卷·裸藻门）. 北京：科学出版社.

施之新. 2004. 中国淡水藻志（第十二卷·硅藻门 异极藻科）. 北京：科学出版社.

王全喜. 2007. 中国淡水藻志（第十一卷·黄藻门）. 北京：科学出版社.

徐蕾, 李长安, 陈旭, 等. 2014. 巢湖东部沉积硅藻组合记录的水环境变化. 环境科学研究，27 (8)：842-847.

余涛. 2010. 巢湖浮游植物群落结构研究. 合肥：安徽大学硕士学位论文.

中国科学院南京地理与湖泊研究所. 2015. 湖泊调查技术规程. 北京：科学出版社.

朱浩然. 1991. 中国淡水藻志（第二卷·蓝藻门 色球藻纲）. 北京：科学出版社.

朱浩然. 2007. 中国淡水藻志（第九卷·蓝藻门 藻殖段纲）. 北京：科学出版社.

Jiang Y J, He W, Liu W X, et al. 2014. The seasonal and spatial variations of phytoplankton community and their correlation with environmental factors in a large eutrophic Chinese lake (Lake Chaohu). Ecological Indicators, (40)：58-67.

第5章　着生硅藻①

2013年4月和7月对巢湖流域着生硅藻开展两次调查，流域内无壳缝目、双壳缝目和单壳缝目物种数量比例大，是巢湖流域水体的主要优势物种，主要优势物种多为耐污性较强的物种。生境条件变化对着生硅藻群落结构产生了影响。流域不同水生态分区、不同子流域着生硅藻物种类型、密度与生物量、生物多样性等特征存在时空差异性，总体上4月硅藻物种多样性状况优于7月，杭埠河物种数最大，白石天河和柘皋河最小。

5.1　样点设置与样品采集

巢湖流域共布设样点191个，分别于2013年4月和7月进行了两次样品采集工作。由于部分样点无法获得样品，4月实际采集样点145个，7月实际采集样点119个，湖泊、水库未设采样点（图5-1）。

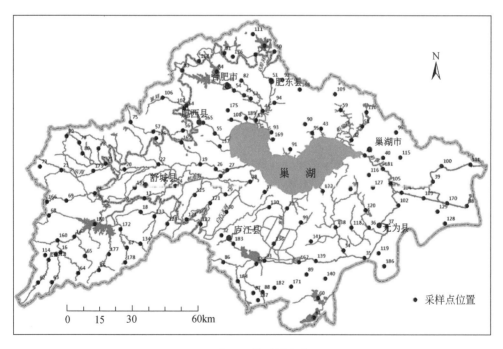

图5-1　着生硅藻采样点位置图

---

① 本章由南京工业大学夏霆、狄文亮和龙健撰写，由高俊峰统稿和定稿。

着生硅藻样品的野外采集按照以下方法：在各采样点随机选取 5 ~ 6 块表面平整的石块、植物茎叶或残木等，每个采样基质上用硬毛刷刷取特定面积的藻类；采样时采用半径为 2.7cm 的圆形盖子盖住部分藻类，先刷掉盖子外围藻类，然后把盖住部分藻类边用蒸馏水冲洗边刷到白瓷采样盘中；藻液充分混合后倒入 100ml 采样瓶中，加入甲醛固定保存带回实验室（图 5-2）。

(a)　　　　　　　　　　　　　　　　　(b)

图 5-2　着生硅藻样品野外采集现场图片

5.2　鉴 定 方 法

硅藻的鉴定主要依据壳面的形态及纹饰，为了能够清楚地观察到硅藻壳上的纹饰，在观察之前要对野外采集的标本进行处理以去掉细胞内外的有机质，然后再进行封片。硅藻标本处理采用以下步骤：①取 5 ~ 10ml 的样品放入离心管；②加入等体积的浓硫酸或浓硝酸，氧化过夜；③加入蒸馏水，每加入 1ml 水，等待 1h；④加满水后静置 4h，从水柱中央吸走上清液，再用蒸馏水加满；⑤反复清洗，直到 pH 为中性（通常 7 ~ 8 次）；⑥将白色沉淀移至 3ml 离心管管内用 75% 酒精保存。

硅藻玻片的处理，按照以下步骤：①吸取 0.1ml 藻液，滴到用酒精清洗过、加有 1ml 水的盖玻片上，自然风干；②滴一滴加拿大树胶封片于盖玻片上，在平板上加热（60 ~ 70℃），使封片胶呈水状；③迅速将盖玻片反扣在载玻片上，并用镊子轻压，赶走气泡；④使玻片冷却，贴上标签，用刀片刮去盖片外围的加拿大树胶，用纱布将玻片清理干净；⑤玻片在室温通风条件下干燥一周左右，待胶完全干燥，即可观察等待镜检。

镜检观察使用 OLYMPUS BX43 型显微镜，部分标本通过扫描电子显微镜观察。硅藻鉴定主要参考文献，如胡鸿钧和魏印心（2005）、Krammer 和 Lange-Bertalot（2012）、施之新（2004）、齐雨藻和李家英（2004）、齐雨藻（1995）、李家英和齐雨藻（2010）、刘妍（2007）等。

5.3 种类组成及分布特征

5.3.1 全流域区系构成概述

4月调查,定量样品共鉴定出着生硅藻2纲6目10科34属166种。其中,中心纲为圆筛藻目1目,羽纹纲包括无壳缝目、拟壳缝目、双壳缝目、单壳缝目和管壳缝目5目。其中,双壳缝目物种最多,为83种,管壳缝目和无壳缝目分别为28种和26种,其余类别相对较少。按全流域统计,巢湖流域各采样点物种数差异较大,各样点平均物种数为16.06种,最大值为39种。巢湖流域各采样点着生硅藻物种数分布如图5-3所示。在全流域各样点出现率大于10%的物种共有31种(图5-4),其中极细微曲壳藻(*Achnanthes minutissima*)出现率最高为57.24%,钝脆杆藻(*Fragilaria capucina*)、扁圆卵形藻(*Cocconeis placentula*),以及喙头舟形藻(*Navicula rhynchocephala*)出现率也大于50%。总体上,巢湖流域高出现率物种中,耐污能力较强的物种比例较高。

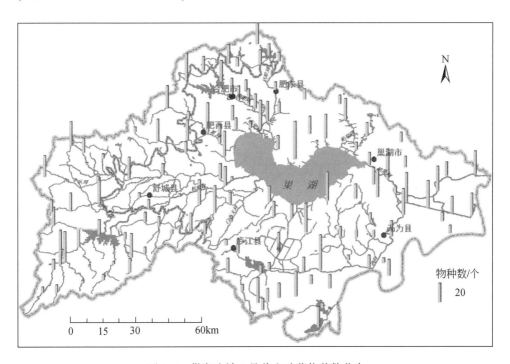

图5-3 巢湖流域4月着生硅藻物种数分布

7月调查,定量样品共鉴定出着生硅藻2纲7目11科38属181种,其中中心纲包括圆筛藻目与盒形藻目2目,羽纹纲包括无壳缝目、拟壳缝目、双壳缝目、单壳缝目和管壳缝目5目。按全流域统计,巢湖流域各采样点物种数差异较大,各样点平均物种数为9.95种,最大值为45种。巢湖流域各采样点着生硅藻物种数分布如图5-5所示。在全流域各

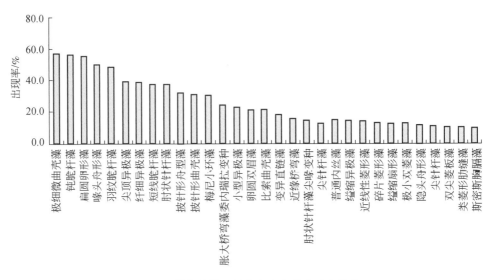

图5-4　巢湖流域4月高出现率着生硅藻物种

样点出现率大于10%的物种共有29种（图5-6），其中极细微曲壳藻出现率最高，为66.39%，钝脆杆藻和尖顶异极藻（*Gomphonema augur*）出现率也在50%以上。在高出现率物种中，耐污能力较强的物种比例较高。与4月比较，虽然流域内总体物种数更多，但各采样点平均物种数要小。

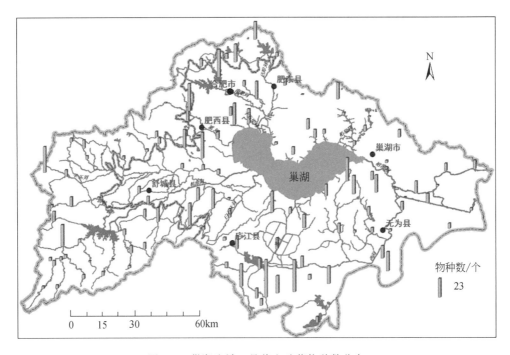

图5-5　巢湖流域7月着生硅藻物种数分布

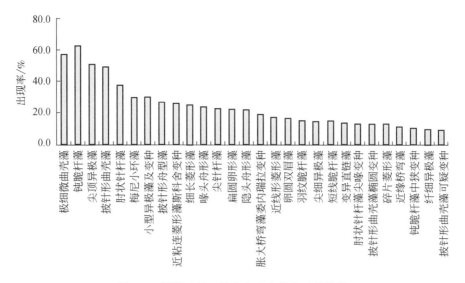

图 5-6　巢湖流域 7 月高出现率着生硅藻物种

采用下式分析流域优势种特征：

$$Y = n_i/N \times f_i \tag{5-1}$$

式中，n_i 为某样点中第 i 种属藻类的细胞数；N 为某样点中所有藻类的总细胞数；f_i 为该种属在样点中出现的频率。

以 $Y \geqslant 0.01$ 计算确定 2 次调查的巢湖流域着生硅藻优势种属，见表 5-1 和表 5-2。

表 5-1　巢湖流域 4 月着生硅藻优势物种

优势种	西部丘陵区	东部平原区	全流域
钝脆杆藻 Fragilaria capucina	0.018	0.043	0.036
羽纹脆杆藻 Fragilia pinnata	0.011	0.028	0.023
肘状针杆藻 Synedra ulna		0.011	0.01
喙头舟形藻 Navicula rhynchocephala	0.015	0.022	0.02
披针形舟型藻 Navicula lanceolata		0.01	0.01
尖顶异极藻 Gomphonema augur	0.015	0.010	0.011
纤细异极藻 Gomphonema gracile	0.021	0.018	0.019
扁圆卵形藻 Cocconeis placentula	0.045	0.023	0.03
极细微曲壳藻 Achnanthes minutissima	0.043	0.061	0.055
披针形曲壳藻 Achnanthes lanceolata		0.016	0.013
近粘连菱形藻斯科舍变种 Nitzschia subcohaerens var. scotica		0.01	

表 5-2　巢湖流域 7 月着生硅藻优势物种

优势种	西部丘陵区	东部平原区	全流域
梅尼小环藻 Cyclotella meneghiniana		0.011	0.01
钝脆杆藻 Fragilaria capucina	0.053	0.070	0.064

优势种	西部丘陵区	东部平原区	全流域
肘状针杆藻 *Synedra ulna*	0.031	0.016	0.021
披针形舟型藻 *Navicula lanceolata*		0.01	
隐头舟形藻 *Navicula cryptocephala*		0.01	
尖顶异极藻 *Gomphonema augur*	0.045	0.024	0.031
极细微曲壳藻 *Achnanthes minutissima*	0.093	0.081	0.085
披针形曲壳藻 *Achnanthes lanceolata*	0.032	0.034	0.034
细长菱形藻 *Nitzschia gracilis*	0.011		0.01

4月调查，巢湖全流域有优势物种10种，其中极细微曲壳藻优势度最高，其次为钝脆杆藻和扁圆卵形藻，羽纹脆杆藻（*Fragilia pinnata*）和喙头舟形藻优势度值也较高。主要优势物种多为耐污性较强的物种。

7月调查，巢湖全流域有优势物种7种，也以极细微曲壳藻优势度最高，其次为钝脆杆藻，披针形曲壳藻（*Achnanthes lanceolata*）、尖顶异极藻（*Gomphonema augur*）和肘状针杆藻（*Synedra ulna*）优势度值也较大。主要优势物种也多为耐污性较强的物种。与4月调查结果比较，2次调查的共有优势物种为5种，有2个优势物种不同，为梅尼小环藻（*Cyclotella meneghiniana*）和细长菱形藻（*Nitzschia gracilis*），表明季节等生境条件变化对流域着生硅藻优势物种产生了影响。

5.3.2 不同生态区物种组成

（1）一级水生态功能分区

4月调查，巢湖流域西部丘陵区定量鉴定出着生硅藻2纲6目122种，东部平原区为2纲6目137种，均包括中心纲圆筛藻目，以及羽纹纲无壳缝目、拟壳缝目、双壳缝目、单壳缝目和管壳缝目（表5-3）。2个分区均以双壳缝目物种数最多，物种数分别为57种和68种，其次为无壳缝目和管壳缝目，其余类别相对较少。2个分区内各采样点物种数差异均较大（表5-4，图5-7），西部丘陵区平均值为12.25种，单一采样点所见最大物种数为35种；东部平原区平均值为16.93种，单一采样点所见最大物种数为39种。

表5-3 巢湖流域及一级水生态区着生硅藻物种组成 单位：种

纲	目	西部丘陵区		东部平原区		全流域	
		4月	7月	4月	7月	4月	7月
中心纲	圆筛藻目	5	4	7	10	7	11
	盒形藻目	0	0	0	2	0	2

纲	目	西部丘陵区		东部平原区		全流域	
		4 月	7 月	4 月	7 月	4 月	7 月
羽纹纲	无壳缝目	19	15	23	24	26	27
	拟壳缝目	6	3	6	8	10	10
	双壳缝目	57	41	68	66	83	88
	单壳缝目	8	9	11	11	12	13
	管壳缝目	17	14	22	25	28	30

表 5-4　巢湖流域及一级水生态区着生硅藻物种分布特征　　　　单位：种

月份	项目	西部丘陵区	东部平原区	全流域
4 月	平均值	12. 25	16. 93	16. 06
	最小值	2	2	2
	最大值	35	39	39
	中值	10	14	14
	标准差	9. 2	8. 54	8. 82
7 月	平均值	7. 14	11. 3	9. 95
	最小值	1	2	1
	最大值	31	45	45
	中值	5	8	7
	标准差	6. 59	9. 33	8. 74

7 月调查，巢湖流域西部丘陵区定量鉴定出着生硅藻 2 纲 6 目 86 种，包括中心纲的圆筛藻目，以及羽纹纲的无壳缝目、拟壳缝目、双壳缝目、单壳缝目和管壳缝目；东部平原区为 2 纲 7 目 146 种，相比于西部丘陵区，增 1 目为中心纲盒形藻目。2 个分区均以双壳缝目、无壳缝目和管壳缝目物种数较大，并均以双壳缝目物种数最大，分别为 41 种和 66 种。2 个分区内各采样点物种数差异也均较大，西部丘陵区平均值为 7.14 种，单一样点所见最大物种数为 31 种；东部平原区平均值为 11.3 种，单一样点所见最大物种数为 45 种。

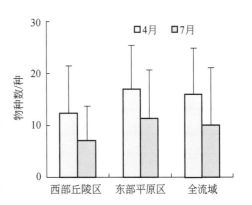

图 5-7　巢湖流域及一级水生态区
着生硅藻物种分布数

4 月调查，据式（5-1），确定出 2 个分区共有优势物种 11 种（表 5-1）。其中，西部丘陵区有 7 种，以扁圆卵形藻（*Cocconeis placentula*）和极细微曲壳藻优势度值大，纤细异极藻（*Gomphonema gracile*）优势度值也较高。东部平原区优势物种为 11 种，并包括了西部丘陵区的 7 个优势物种；以极细微曲壳藻优势度最高，其次为钝脆杆藻，此外羽纹脆杆藻（*Fragilia pinnata*）和扁圆卵形藻也具有较大的优势度值。2个分区优势物种特征具有较大的共性，但差异性也较大，表明2个分区藻类生境存在差异性；东部平原区优势物种更多，2个分区优势物种优势程度也存在较大差异；东部平原区主要优势物种耐污程度更高，也在一定程度上表明西部丘陵区水体清洁程度更高。

7月调查，确定出2个分区共有优势物种9种（表5-2）。其中，西部丘陵区有6种，以极细微曲壳藻优势度值最高，其次为钝脆杆藻、尖顶异极藻、肘状针杆藻和披针形曲壳藻优势度值也较大。东部平原区优势物种为8种，包括了西部丘陵区的5个优势物种，另有3个优势种与西部丘陵区不同；其以极细微曲壳藻优势度值最高，其次为钝脆杆藻，此外披针形曲壳藻和尖顶异极藻优势度值也较大。2个分区优势物种也呈现出共性和差异性特征，东部平原区优势物种更多，优势物种优势程度也存在一定差异，也反映了2个分区藻类生境条件存在差别。

（2）二级水生态功能分区

4月调查，巢湖流域 I-1 区、I-2 区、II-1 区、II-2 区、II-3 区和 II-4 区 6 个分区中，定量鉴定出着生硅藻物种数分别为 92 种、79 种、88 种、69 种、85 种和 115 种，分属于中心纲圆筛藻目，以及羽纹纲无壳缝目、拟壳缝目、双壳缝目、单壳缝目和管壳缝目 6 目（表5-5）。6 个分区间着生硅藻物种数量存在一定差异，II-3 区物种数最大，为 18.56 种，I-1 区最小，为 12.76 种（表5-6，图5-8）；各分区物种类别组成均以双壳缝目物种数最大，其次为无壳缝目与管壳缝目，此 3 目物种数占各分区物种总数的 80% 左右。

表5-5　巢湖流域4月二级水生态区着生硅藻物种组成　　　　单位：种

纲	目	I-1 区	I-2 区	II-1 区	II-2 区	II-3 区	II-4 区
中心纲	圆筛藻目	5	3	5	4	5	6
羽纹纲	无壳缝目	16	11	15	14	15	20
	拟壳缝目	3	4	5	2	2	5
	双壳缝目	46	43	41	31	44	57
	单壳缝目	8	8	10	6	8	10
	管壳缝目	14	10	12	12	11	17

表5-6　巢湖流域二级水生态区着生硅藻物种数　　　　单位：种

月份	项目	I-1 区	I-2 区	II-1 区	II-2 区	II-3 区	II-4 区
4月	平均值	12.76	13.05	16.04	14.83	18.56	13.92
	最小值	2	3	7	5	5	6
	最大值	35	25	31	39	31	37
	中值	10	15	15	12.5	18	12.5
	标准差	9.364	8.1	6.79	10.62	8.52	8.19
7月	平均值	8.07	6.38	11.92	7.33	8.5	12.31
	最小值	1	3	5	3	6	7
	最大值	31	21	33	20	28	45
	中值	4	5	5.5	6	7	9.5
	标准差	7.53	5.67	11.03	5.18	8.26	9.34

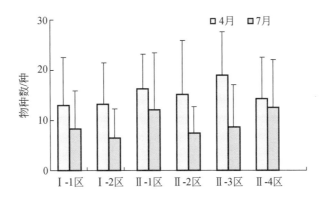

图 5-8　巢湖流域二级水生态区着生硅藻物种分布特征

　　7 月调查，巢湖流域 I -1 区、I -2 区、II-1 区、II-2 区、II-3 区和 II-4 区 6 个分区中，定量鉴定出着生硅藻物种数分别为 79 种、61 种、96 种、31 种、77 种和 151 种，分属于中心纲圆筛藻目和盒形藻目，以及羽纹纲无壳缝目、拟壳缝目、双壳缝目、单壳缝目和管壳缝目 7 目（表 5-7）。6 个分区间着生硅藻物种数存在一定差异（表 5-6，图 5-8），II-4 区物种数最大，为 12.31 种，II-2 区最小，为 6.38 种；各分区物种类别组成均以拟壳缝目物种数最大，其次为无壳缝目与单壳缝目。对比 4 月和 7 月的着生硅藻物种数，7 月除了 II-4 区和 II-1 区存在单一采样点物种总数比 4 月大外，其他 4 个分区单一采样点物种总数均少于 4 月，并且各分区 7 月各采样点平均物种数均明显低于 4 月，可知总体上 4 月硅藻物种多样性状况优于 7 月。

表 5-7　巢湖流域 7 月二级水生态区着生硅藻物种组成

纲	目	I -1 区	I -2 区	II-1 区	II-2 区	II-3 区	II-4 区
中心纲	圆筛藻目	4	2	4	3	6	9
	盒形藻目	0	0	1	0	0	2
羽纹纲	无壳缝目	14	9	17	11	9	23
	无壳缝目	1	2	7	2	4	6
	拟壳缝目	37	29	41	19	30	56
	双壳缝目	9	7	10	5	8	11
	单壳缝目	10	10	12	8	14	25
	管壳缝目	4	2	4	3	6	9

5.3.3　主要子流域物种组成

　　4 月调查，白石天河流域（I）、南淝河流域（II）、杭埠河流域（III）、派河流域（IV）、裕溪河流域（V）、兆河流域（VI）和柘皋河流域（VII）7 个主要子流域中，定量镜检所得物种总数分别为 46 种、98 种、109 种、61 种、110 种、79 种和 46 种（表 5-8）。

各子流域物种数差异较大，其中杭埠河物种数最大，白石天河和柘皋河最小。按照子流域内各样点平均统计，7 个子流域平均物种数分别为 15.5 种、15.88 种、11.81 种、16.60 种、16.16 种、14.87 种和 13 种，以派河平均物种数为最大，杭埠河最小，但子流域物种数平均值差异性不大（表 5-9，图 5-9）。

表 5-8　巢湖主要子流域 4 月着生硅藻物种组成　　　　　　　　单位：种

纲	目	I	II	III	IV	V	VI	VII
中心纲	圆筛藻目	2	5	5	4	7	4	1
羽纹纲	无壳缝目	12	19	18	9	18	15	8
	拟壳缝目	0	6	5	4	4	3	0
	双壳缝目	22	44	54	30	51	41	26
	单壳缝目	6	9	8	6	11	9	6
	管壳缝目	4	15	19	8	19	7	5

表 5-9　巢湖主要子流域着生硅藻物种分布特征　　　　　　　　单位：种

月份	项目	I	II	III	IV	V	VI	VII
4 月	平均值	15.5	15.88	11.81	16.60	16.16	14.87	13
	最小值	6	8	1	7	1	6	1
	最大值	28	39	35	31	37	30	25
	中值	14	15	10	22	15	14	14
	标准差	9.29	8.24	9.26	12.7	9.01	6.81	9.42
7 月	平均值	11	7.76	8.04	22.60	10.26	15.93	8.29
	最小值	2	3	1	2	3	3	1
	最大值	23	33	31	33	38	45	20
	中值	9.5	5	6	31	9	13	7
	标准差	8.76	7.88	7.16	13.67	8.40	11.41	6.42

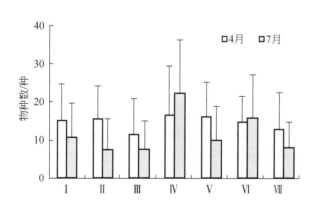

图 5-9　巢湖主要子流域着生硅藻物种分布特征

　　7 月调查，7 个子流域中，定量镜检所得物种总数分别为 36 种、64 种、98 种、61 种、108 种、90 种和 42 种（表 5-10）。各子流域物种数差异较大，其中杭埠河物种数最大，白石天河最小。按照子流域内各样点平均统计，7 个子流域平均物种数分别为 11 种、7.76 种、8.04 种、22.6 种、10.26 种、15.93 种和 8.29 种，以派河平均物种数为最大，杭埠河最小，各子流域物种数平均值差异性较大（表 5-9，图 5-9）。与 4 月调查相比较，7 月调查的各子流域物种总数除兆河和派河外，其余 5 个子流域物种总数均小于 4 月。比较子流域平均物种数，7 月调查兆河和派河物种数平均值大于 4 月，其余 5 个子流域物种数平均值均小于 4 月，这在一定程度上表明，总体上巢湖流域 4 月着生硅藻物种多样性优于 7 月，但不同子流域内因生境条件的差异也使得物种的分布存在差异性。

表 5-10　巢湖主要子流域 7 月着生硅藻物种组成　　　　　单位：种

纲	目	I	II	III	IV	V	VI	VII
中心纲	圆筛藻目	1	3	6	3	8	5	3
	盒形藻目	0	0	1	1	2	0	0
羽纹纲	无壳缝目	6	10	16	11	15	19	8
	拟壳缝目	1	2	6	6	5	4	2
	双壳缝目	17	30	44	24	48	36	17
	单壳缝目	5	7	9	5	9	10	5
	管壳缝目	6	12	16	11	21	16	7

5.4　数　量　特　征

5.4.1　全流域的密度和生物量

　　4 月调查，巢湖流域各采样点着生硅藻密度分布如图 5-10 所示。流域着生硅藻平均密度为 8.85 万个/cm^2，流域内各采样点密度最大值为 59.02 万个/cm^2，最小值为 0.11 万个/cm^2。各采样点着生硅藻生物量分布如图 5-11 所示，流域着生硅藻平均生物量为 0.4mg/cm^2，最大值为 4.81mg/cm^2，最小值为 0.0005mg/cm^2。流域内各采样点之间着生硅藻密度与生物量分布空间差异均较为明显。

　　4 月调查的巢湖流域各采样点各类别藻类密度组成分布如图 5-12 所示。流域内圆筛藻目、无壳缝目、拟壳缝目、双壳缝目、单壳缝目和管壳缝目 6 目平均密度分别为 0.3 万个/cm^2、2.6 万个/cm^2、0.08 万个/cm^2、3.17 万个/cm^2、2.32 万个/cm^2 和 0.35 万个/cm^2，密度比分别为 3.38%、29.68%、0.89%、35.82%、26.28% 和 3.95%。其中，双壳缝目、无壳缝目和单壳缝目密度占较明显优势，拟壳缝目密度最小。各采样点各类别藻类生物量组成分布如图 5-13 所示，流域内圆筛藻目、无壳缝目、拟壳缝目、双壳缝目、单壳缝目和管壳缝目 6 目平均生物量分别为 0.01mg/cm^2、0.02mg/cm^2、0.0002mg/cm^2、

$0.3mg/cm^2$、$0.03mg/cm^2$ 和 $0.04mg/cm^2$，生物量比分别为 2.18%、3.87%、0.06%、75.76%、8.53% 和 9.6%。其中，以双壳缝目占明显优势，拟壳缝目生物量最小。

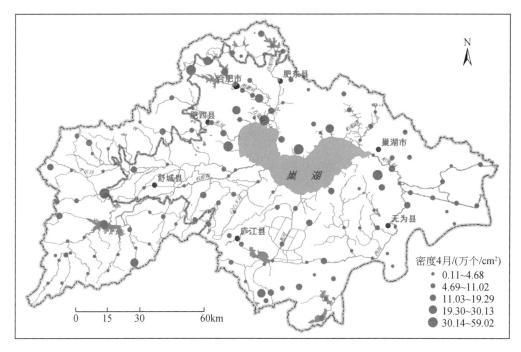

图 5-10　巢湖流域 4 月着生硅藻密度

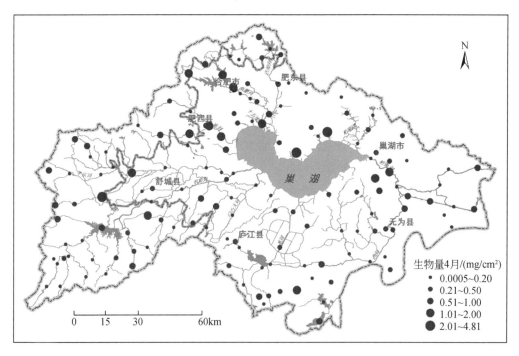

图 5-11　巢湖流域 4 月着生硅藻生物量

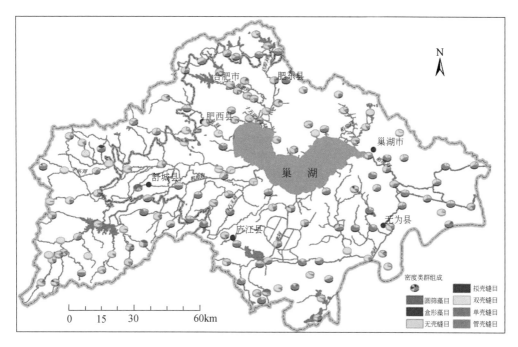

图 5-12 巢湖流域 4 月着生硅藻密度类群组成

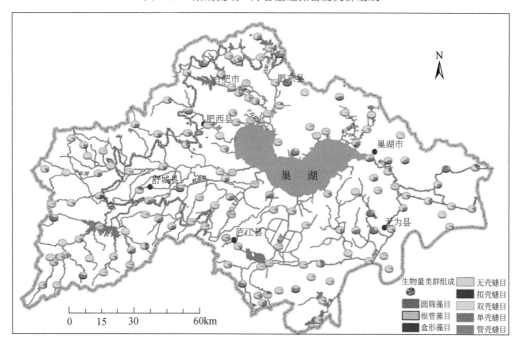

图 5-13 巢湖流域 4 月着生硅藻生物量类群组成

　　7 月调查,巢湖流域各采样点着生硅藻密度分布如图 5-14 所示。流域着生硅藻平均密度为 5.29 万个/cm²,最大值为 58.89 万个/cm²,最小值为 0.08 万个/cm²。各采样点着生硅藻生物量分布如图 5-15 所示,流域着生硅藻平均生物量为 0.22mg/cm²,最大值为

3.17mg/cm², 最小值为 0.001mg/cm²。流域内各采样点之间着生硅藻密度与生物量分布空间差异均较为明显。

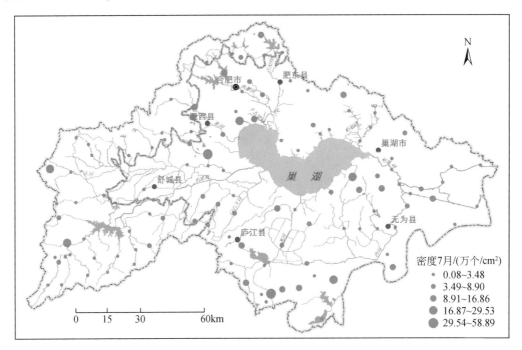

图 5-14　巢湖流域 7 月着生硅藻密度

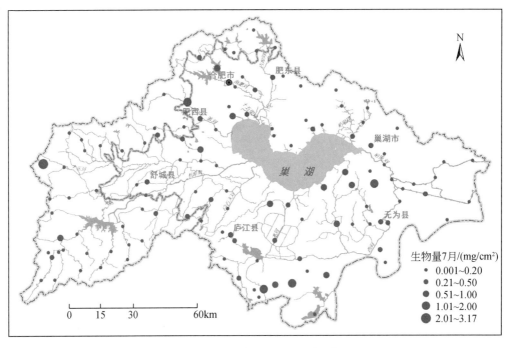

图 5-15　巢湖流域 7 月着生硅藻生物量

7月调查的巢湖流域各采样点各类别藻类密度组成分布如图 5-16 所示。流域内圆筛藻目、盒形藻目、无壳缝目、拟壳缝目、双壳缝目、单壳缝目和管壳缝目 7 目平均密度分别为 0.33 万个/cm^2、0.01 万个/cm^2、1.33 万个/cm^2、0.13 万个/cm^2、1.62 万个/cm^2、1.15 万个/cm^2 和 0.7 万个/cm^2，密度比分别为 6.36%、0.22%、25.21%、2.49%、30.66%、21.74% 和 13.32%。其中，双壳缝目、无壳缝目和单壳缝目密度占较明显优势，盒形藻目密度最小。各采样点各类别藻类生物量组成分布如图 5-17 所示，流域内圆筛藻

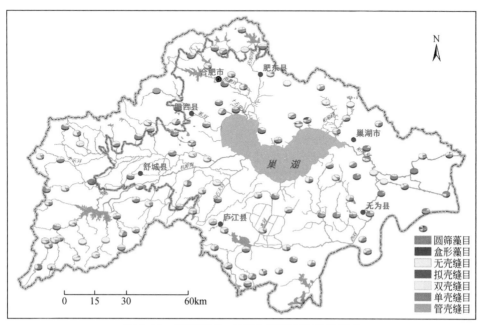

图 5-16　巢湖流域 7 月着生硅藻密度类群组成

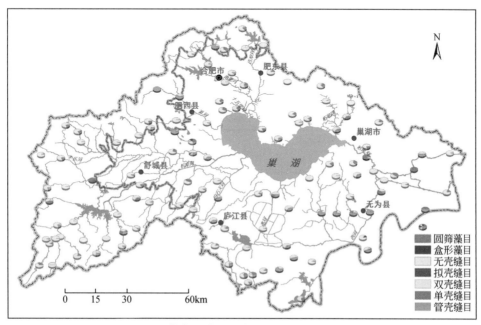

图 5-17　巢湖流域 7 月着生硅藻生物量类群组成

目、盒形藻目、无壳缝目、拟壳缝目、双壳缝目、单壳缝目和管壳缝目 7 目平均生物量分别为 $0.02mg/cm^2$、$0.004mg/cm^2$、$0.009mg/cm^2$、$0.001mg/cm^2$、$0.14mg/cm^2$、$0.006mg/cm^2$ 和 $0.04mg/cm^2$，生物量比分别为 7%、1.72%、4.27%、0.41%、65.31%、2.74% 和 18.54%。其中，以双壳缝目占明显优势，其次为管壳缝目，拟壳缝目生物量最小。

5.4.2 不同生态区的密度和生物量

（1）一级水生态功能分区

4 月调查，巢湖流域西部丘陵区和东部平原区各采样点着生硅藻平均密度分别为 7.30 万个/cm^2 和 9.60 万个/cm^2（表5-11）。其中，西部丘陵区的采样点中密度最大值为 40.35 万个/cm^2，最小值为 0.11 万个/cm^2；东部平原区的采样点中密度最大值为 59.02 万个/cm^2，最小值为 0.12 万个/cm^2。流域 2 个一级水生态功能分区采样点之间着生硅藻密度与生物量分布差异均较为明显。西部丘陵区圆筛藻目、无壳缝目、拟壳缝目、双壳缝目、单壳缝目和管壳缝目 6 目平均密度分别为 0.19 万个/cm^2、2.08 万个/cm^2、0.12 万个/cm^2、3.32 万个/cm^2、1.43 万个/cm^2 和 0.16 万个/cm^2，密度比分别为 2.61%、28.45%、1.67%、45.49%、19.54% 和 2.24%，其中双壳缝目、无壳缝目和单壳缝目密度占较明显优势，拟壳缝目密度最小；分区内 6 目平均生物量分别为 $0.003mg/cm^2$、$0.01mg/cm^2$、$0.0003mg/cm^2$、$0.3mg/cm^2$、$0.05mg/cm^2$ 和 $0.04mg/cm^2$，生物量比分别为 0.69%、3.69%、0.07%、75.27%、11.43% 和 8.85%，其中以双壳缝目占明显优势，拟壳缝目生物量最小。东部平原区圆筛藻目、无壳缝目、拟壳缝目、双壳缝目、单壳缝目和管壳缝目 6 目平均密度分别为 0.35 万个/cm^2、2.89 万个/cm^2、0.06 万个/cm^2、3.1 万个/cm^2、2.76 万个/cm^2 和 0.44 万个/cm^2，密度比分别为 3.66%、30.14%、0.6%、32.28%、28.75% 和 4.57%，其中双壳缝目、无壳缝目和单壳缝目密度占较明显优势，拟壳缝目密度最小；分区内 6 目平均生物量分别为 $0.01mg/cm^2$、$0.02mg/cm^2$、$0.0002mg/cm^2$、$0.3mg/cm^2$、$0.03mg/cm^2$ 和 $0.04mg/cm^2$，生物量比分别为 2.92%、3.96%、0.05%、76%、7.1% 和 9.97%，其中以双壳缝目占明显优势，其次为管壳缝目，拟壳缝目生物量最小。

表5-11 巢湖流域及一级水生态功能分区着生硅藻密度与生物量

月份	项目	密度/（万个/cm^2）			生物量/（mg/cm^2）		
		西部丘陵区	东部平原区	全流域	西部丘陵区	东部平原区	全流域
4 月	平均值	7.30	9.60	8.85	0.41	0.39	0.40
	最小值	0.11	0.12	0.11	0.003	0.0005	0.0005
	最大值	40.35	59.02	59.02	4.81	3.97	4.81
	中值	3.29	6.01	5.10	0.15	0.19	0.18
	标准差	9.66	12.09	11.38	0.73	0.55	0.61

续表

月份	项目	密度/(万个/cm²)			生物量/(mg/cm²)		
		西部丘陵区	东部平原区	全流域	西部丘陵区	东部平原区	全流域
7 月	平均值	3.01	6.38	5.29	0.16	0.25	0.22
	最小值	0.08	0.13	0.08	0.001	0.001	0.001
	最大值	29.53	58.89	58.89	3.17	1.93	3.17
	中值	1.33	2.32	1.84	0.05	0.12	0.11
	标准差	5.19	10.09	8.93	0.45	0.35	0.38

7 月调查，巢湖流域西部丘陵区和东部平原区各采样点着生硅藻平均密度分别为 3.01 万个/cm² 和 6.38 万个/cm²。其中，西部丘陵区的采样点中密度最大值为 29.53 万个/cm²，最小值为 0.08 万个/cm²；东部平原区的采样点中密度最大值为 58.89 万个/cm²，最小值为 0.13 万个/cm²。2 个分区内采样点之间着生硅藻密度与生物量分布差异也较为明显。西部丘陵区圆筛藻目、无壳缝目、拟壳缝目、双壳缝目、单壳缝目和管壳缝目 6 目平均密度分别为 0.12 万个/cm²、0.82 万个/cm²、0.01 万个/cm²、1.11 万个/cm²、0.57 万个/cm² 和 0.38 万个/cm²，密度比分别为 3.92%、27.29%、0.45%、36.8%、18.95% 和 12.59%，其中双壳缝目和无壳缝目密度占明显优势，拟壳缝目密度最小；分区内 6 目平均生物量分别为 0.006mg/cm²、0.006mg/cm²、0.0001mg/cm²、0.13mg/cm²、0.005mg/cm² 和 0.009mg/cm²，生物量比分别为 3.83%、3.83%、0.07%、83.18%、3.27% 和 5.83%，也以双壳缝目占明显优势，拟壳缝目生物量最小。东部平原区圆筛藻目、盒形藻目、无壳缝目、拟壳缝目、双壳缝目、单壳缝目和管壳缝目 7 目平均密度分别为 0.44 万个/cm²、0.02 万个/cm²、1.58 万个/cm²、0.19 万个/cm²、1.87 万个/cm²、1.43 万个/cm² 和 0.86 万个/cm²，密度比分别为 6.92%、2.74%、24.73%、2.95%、29.26%、22.37% 和 13.49%，其中双壳缝目和单壳缝目密度相对占优，盒形藻目和拟壳缝目密度较小；分区内 7 目平均生物量分别为 0.02mg/cm²、0.006mg/cm²、0.01mg/cm²、0.001mg/cm²、0.15mg/cm²、0.006mg/cm² 和 0.06mg/cm²，生物量比分别为 7.97%、2.25%、4.41%、0.52%、59.81%、2.58% 和 22.46%，其中以双壳缝目占明显优势，其次为管壳缝目，拟壳缝目生物量最小。

（2）二级水生态功能分区

4 月调查，巢湖流域 Ⅰ-1 区、Ⅰ-2 区、Ⅱ-1 区、Ⅱ-2 区、Ⅱ-3 和 Ⅱ-4 区 6 个分区中，着生硅藻平均密度分别为 7.92 万个/cm²、5.29 万个/cm²、8.39 万个/cm²、7 万个/cm²、3.87 万个/cm² 和 12.13 万个/cm²（表 5-12）。6 个分区间着生硅藻密度存在较大差异，Ⅱ-4 区密度最大，Ⅱ-3 区密度最小；6 个分区内各调查点位密度差异较大，Ⅱ-1 和 Ⅱ-2 区内各点位密度差异较为明显（表 5-12，图 5-18）。各分区密度组成也存在一定差别，其中 Ⅰ-1 区、Ⅰ-2 区、Ⅱ-1 区均以双壳缝目和无壳缝目 2 类占据较明显优势，Ⅱ-2 区、Ⅱ-3 区和 Ⅱ-4 区均以双壳缝目和单壳缝目密度比例大，但在 6 个分区中，均以无壳缝目、双壳缝目和单壳缝目 3 目为主要密度优势类别（表 5-13）。生物量组成，6 个分区着生硅藻平均生物量分别为 0.42mg/cm²、0.28mg/cm²、0.36mg/cm²、0.29mg/cm²、

0.24mg/cm^2 和 0.49mg/cm^2（表 5-14）。Ⅱ-4 区生物量最大，Ⅱ-3 区相对最小；6 个分区内各调查点位间生物量差异较大，Ⅱ-2 区和 Ⅰ-1 区差异最为明显（表 5-14，图 5-19）。各分区均以双壳缝目生物量占明显优势（表 5-15）。

表 5-12　巢湖流域二级水生态区着生硅藻密度分布特征　　单位：万个/cm^2

月份	项目	Ⅰ-1 区	Ⅰ-2 区	Ⅱ-1 区	Ⅱ-2 区	Ⅱ-3 区	Ⅱ-4 区
4 月	平均值	7.92	5.29	8.39	7	3.87	12.13
	最小值	0.1	0.22	0.12	0.35	1.33	0.11
	最大值	39.95	26.3	59.02	55.17	18.74	58.03
	中值	3.29	6.46	7.66	6.05	7.01	4.33
	标准差	10.30	7.22	14.43	19.52	5.74	9.06
7 月	平均值	3.79	1.51	7.14	1.26	2.13	10.26
	最小值	0.08	0.15	0.2	0.42	0.13	0.4
	最大值	29.53	9.76	44.04	12.37	16.86	58.88
	中值	1.43	1.66	2.51	1.63	1.26	2.51
	标准差	6.59	2.72	13.9	3.37	5.92	9.1

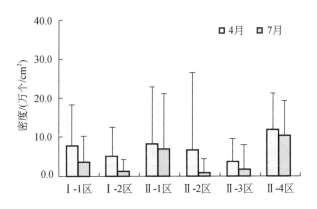

图 5-18　巢湖流域二级水生态区着生硅藻密度分布特征

表 5-13　巢湖流域 4 月二级水生态区着生硅藻密度组成　　单位：万个/cm^2

纲	目	Ⅰ-1 区	Ⅰ-2 区	Ⅱ-1 区	Ⅱ-2 区	Ⅱ-3 区	Ⅱ-4 区
中心纲	圆筛藻目	0.27	0.16	0.12	0.24	0.20	0.62
羽纹纲	无壳缝目	2.88	1.88	2.74	1.58	0.69	3.14
	拟壳缝目	0.05	0.08	0.16	0.04	0.01	0.07
	双壳缝目	2.98	1.75	3.69	2.62	1.45	4.12
	单壳缝目	1.52	1.34	1.24	2.24	1.26	3.57
	管壳缝目	0.22	0.08	0.45	0.27	0.26	0.61

表 5-14　巢湖流域二级水生态区着生硅藻生物量分布特征　　　单位：mg/cm²

月份	项目	Ⅰ-1 区	Ⅰ-2 区	Ⅱ-1 区	Ⅱ-2 区	Ⅱ-3 区	Ⅱ-4 区
4 月	平均值	0.42	0.28	0.36	0.29	0.24	0.49
	最小值	0.001	0.003	0.016	0.001	0.011	0.002
	最大值	4.81	1.79	1.70	3.97	1.38	1.39
	中值	0.15	0.22	0.24	0.26	0.42	0.18
	标准差	0.90	0.5	0.53	1.21	0.43	0.29
7 月	平均值	0.21	0.06	0.23	0.05	0.09	0.49
	最小值	0.001	0.002	0.005	0.001	0.001	0.003
	最大值	3.17	0.38	1.34	0.38	1.07	1.93
	中值	0.05	0.06	0.12	0.08	0.05	0.14
	标准差	0.59	0.12	0.40	0.11	0.32	0.38

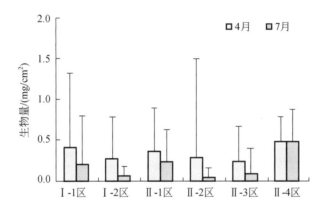

图 5-19　巢湖流域二级水生态区着生硅藻生物量分布特征

表 5-15　巢湖流域 4 月二级水生态区着生硅藻生物量组成　　　单位：mg/cm²

纲	目	Ⅰ-1 区	Ⅰ-2 区	Ⅱ-1 区	Ⅱ-2 区	Ⅱ-3 区	Ⅱ-4 区
中心纲	圆筛藻目	0.006	0.004	0.010	0.006	0.016	0.027
羽纹纲	无壳缝目	0.023	0.004	0.017	0.008	0.007	0.017
	拟壳缝目	0.0002	0.0003	0.0002	0.0003	0.0000	0.0003
	双壳缝目	0.320	0.204	0.316	0.176	0.179	0.375
	单壳缝目	0.032	0.042	0.008	0.006	0.031	0.039
	管壳缝目	0.037	0.028	0.009	0.099	0.004	0.033

　　7 月调查，流域Ⅰ-1 区、Ⅰ-2 区、Ⅱ-1 区、Ⅱ-2 区、Ⅱ-3 区和Ⅱ-4 区 6 个分区中，着生硅藻平均密度分别为 3.79 万个/cm²、1.51 万个/cm²、7.14 万个/cm²、1.26 万个/cm²、2.13 万个/cm²和 10.26 万个/cm²（表 5-12）。6 个分区间着生硅藻密度差异较为明显，Ⅱ-4 区密度最大，Ⅱ-2 区和Ⅰ-2 区密度相对较小；6 个分区内各调查点位密度差异也较大，Ⅱ-1、Ⅱ-4 及Ⅰ-1 区内各点位密度差异较为明显（表 5-12，图 5-18）。各分区密度

组成也存在一定差别，除Ⅱ-3区以单壳缝目和管壳缝目类占据较明显优势外，其余5个分区均以双壳缝目和单壳缝目密度比例大，在6个分区中也均以无壳缝目、双壳缝目和单壳缝目3目为主要密度优势类别（表5-16）。与4月调查结果比较，各分区总密度均总体减小，各分区管壳缝目密度比例均有明显增大。生物量组成，6个分区着生硅藻平均生物量分别为0.21mg/cm²、0.06mg/cm²、0.23mg/cm²、0.05mg/cm²、0.09mg/cm²和0.49mg/cm²（表5-14）。Ⅱ-4区生物量最大，Ⅱ-2区、Ⅰ-2区和Ⅱ-3区相对较小；6个分区内各调查点位间生物量差异较大，Ⅱ-2区和Ⅰ-1区差异性最为明显（表5-14，图5-19）。各分区均以双壳缝目生物量占明显优势，在Ⅱ-4区，管壳缝目生物量比例也较大（表5-17）。

表5-16　巢湖流域7月二级水生态区着生硅藻密度组成　　　单位：万个/cm²

纲	目	Ⅰ-1区	Ⅰ-2区	Ⅱ-1区	Ⅱ-2区	Ⅱ-3区	Ⅱ-4区
中心纲	圆筛藻目	0.17	0.05	0.54	0.07	0.14	0.69
	盒形藻目	0	0	00.04	0	0	0.01
羽纹纲	无壳缝目	0.99	0.42	1.96	0.43	0.41	2.48
	拟壳缝目	0.00	0.02	0.39	0.03	0.03	0.09
	双壳缝目	1.49	0.45	1.89	0.30	0.60	3.30
	单壳缝目	0.60	0.40	1.19	0.28	0.80	2.35
	管壳缝目	0.53	0.16	1.13	0.15	0.15	1.35

表5-17　巢湖流域7月二级水生态区着生硅藻生物量组成　　　单位：mg/cm²

纲	目	Ⅰ-1区	Ⅰ-2区	Ⅱ-1区	Ⅱ-2区	Ⅱ-3区	Ⅱ-4区
中心纲	圆筛藻目	0.009	0.002	0.023	0.003	0.008	0.03
	盒形藻目	0	0	0.013	0	0	0.002
羽纹纲	无壳缝目	0.009	0.001	0.014	0.002	0.002	0.02
	拟壳缝目	0	0.0002	0.0028	0.0002	0.0002	0.0005
	双壳缝目	0.177	0.050	0.134	0.036	0.070	0.283
	单壳缝目	0.007	0.003	0.004	0.001	0.004	0.013
	管壳缝目	0.009	0.008	0.043	0.005	0.011	0.143

5.4.3　主要子流域的密度和生物量

4月调查，白石天河流域（Ⅰ）、南淝河流域（Ⅱ）、杭埠河流域（Ⅲ）、派河流域（Ⅳ）、裕溪河流域（Ⅴ）、兆河流域（Ⅵ）和柘皋河流域（Ⅶ）7个主要子流域中，着生硅藻平均密度分别为5.42万个/cm²、15.98万个/cm²、7.06万个/cm²、6.30万个/cm²、8.77万个/cm²、8.67万个/cm²和8.38万个/cm²（表5-18）。7个子流域着生硅藻密度差异较为明显，南淝河密度最大，白石天河密度最小；并且7个流域内各调查点位密度差异较大，南淝河内各点位密度差异最大，白石天河相对最小（表5-18，图5-20）。各子流域藻类密度组成也存在一定差别，其中杭埠河、派河以及柘皋河均以双壳缝目占据较明显优势，裕溪河以单壳缝目明显占优，其余3个子流域均以无壳缝目和双壳缝目比例较大，但在7个子流域中，均以无壳缝目、双壳缝目和单壳缝目3目为主要密度优势物种类别（表5-19）。生物量组成，7个主要子流域着生硅藻平均生物量分别为0.28mg/cm²、0.57mg/cm²、0.39mg/cm²、0.42mg/cm²、0.36mg/cm²、0.28mg/cm²和0.5mg/cm²（表5-20）。南淝河生物量最大，白石天河和兆河生物量相对较小；7个流域内各调查点位生物量差异较大，南淝河和柘皋河流域内各点位生物量差异最大，兆河相对最小（表5-20，图5-21）。各子流域均以双壳缝目生物量占明显优势（表5-21）。

表5-18 巢湖主要子流域着生硅藻密度分布特征 单位：万个/cm²

月份	项目	I	II	III	IV	V	VI	VII
4月	平均值	5.42	15.98	7.06	6.30	8.77	8.67	8.38
	最小值	0.56	0.63	0.11	3.88	0.12	1.83	0.35
	最大值	10.16	59.02	58.03	15.08	52.53	24.50	30.13
	中值	5.49	9.02	3.05	4.86	5.1	6.63	5.61
	标准差	4.08	16.53	10.8	5.62	11.7	6.11	10.14
7月	平均值	4.28	4.09	3.91	17.87	5.20	9.26	3.37
	最小值	0.4	0.20	0.08	0.15	0.13	0.42	0.44
	最大值	7.90	13.17	44.04	44.04	21.72	58.88	12.37
	中值	4.42	2.95	1.78	13.65	2.28	4.88	1.66
	标准差	3.12	3.97	7.83	18.62	6.46	14.50	4.22

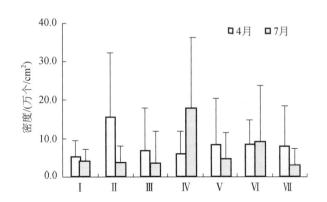

图5-20 巢湖主要子流域着生硅藻密度分布特征

表5-19 巢湖4月主要子流域着生硅藻密度组成 单位：万个/cm²

纲	目	I	II	III	IV	V	VI	VII
中心纲	圆筛藻目	0.08	0.45	0.26	0.31	0.21	0.62	0.14
羽纹纲	无壳缝目	1.66	5.58	1.92	1.64	1.69	2.60	1.68
	拟壳缝目	0.00	0.22	0.06	0.22	0.03	0.07	0.00
	双壳缝目	1.55	5.22	2.92	3.39	2.43	2.95	3.31
	单壳缝目	0.91	2.46	1.61	1.69	3.52	2.34	2.17
	管壳缝目	0.28	0.73	0.20	0.19	0.45	0.15	0.25

表 5-20　巢湖主要子流域着生硅藻生物量分布特征　　　　单位：mg/cm²

月份	项目	I	II	III	IV	V	VI	VII
4 月	平均值	0.276	0.568	0.392	0.416	0.361	0.283	0.500
	最小值	0.004	0.029	0.001	0.071	0.010	0.017	0.001
	最大值	0.935	3.975	4.810	1.222	1.384	0.683	2.321
	中值	0.082	0.223	0.151	0.203	0.231	0.228	0.271
	标准差	0.442	0.878	0.712	0.504	0.382	0.186	0.819
7 月	平均值	0.163	0.115	0.179	0.669	0.266	0.334	0.125
	最小值	0.054	0.005	0.001	0.002	0.001	0.040	0.001
	最大值	0.353	0.779	3.166	1.341	1.930	1.599	0.378
	中值	0.121	0.075	0.058	0.936	0.085	0.191	0.123
	标准差	0.135	0.160	0.455	0.576	0.398	0.402	0.134

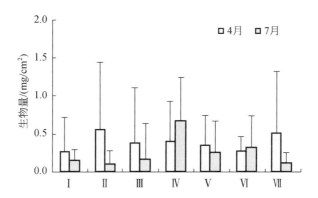

图 5-21　巢湖主要子流域着生硅藻生物量分布特征

表 5-21　巢湖 4 月主要子流域着生硅藻生物量组成　　　　单位：mg/cm²

纲	目	I	II	III	IV	V	VI	VII
中心纲	圆筛藻目	0.001	0.006	0.005	0.007	0.018	0.012	0
羽纹纲	无壳缝目	0.005	0.032	0.014	0.007	0.008	0.020	0.008
	拟壳缝目	0	0.0007	0.0002	0.0005	0.0001	0.0001	0
	双壳缝目	0.196	0.372	0.302	0.478	0.253	0.222	0.408
	单壳缝目	0.014	0.030	0.037	0.025	0.048	0.016	0.013
	管壳缝目	0.004	0.131	0.026	0.007	0.024	0.007	0.005

　　7 月调查，巢湖流域 7 个主要子流域中，着生硅藻平均密度分别为 4.28 万个/cm²、4.09 万个/cm²、3.91 万个/cm²、17.87 万个/cm²、5.20 万个/cm²、9.26 万个/cm² 和 3.37 万个/cm²（表 5-18）。7 个子流域着生硅藻密度差异较为明显，派河密度最大，柘皋河密度最小；7 个流域内各调查点位密度差异也较大，其中派河内各点位密度差异最大，白石天河相对最小（表 5-18，图 5-20）。各子流域藻类密度组成也存在一定差别，其

中裕溪河以单壳缝目和双壳缝目占据较大优势，其余 6 个子流域均以双壳缝目和无壳缝目比例较大，在 7 个子流域中，均以无壳缝目、双壳缝目和单壳缝目 3 目为主要密度优势物种类别；相比于 4 月调查，管壳缝目密度比例有较明显增大。生物量组成，7 个主要子流域着生硅藻平均生物量分别为 0.163mg/cm^2、0.115mg/cm^2、0.179mg/cm^2、0.669mg/cm^2、0.266mg/cm^2、0.334mg/cm^2 和 0.125mg/cm^2（表 5-20）。派河生物量最大，南淝河、白石天河和柘皋河生物量相对较小；7 个流域内各调查点位生物量差异较大，其中以杭埠河、派河、裕溪河和兆河流域内各点位生物量差异较为明显（表 5-20，图 5-21）。各子流域均以双壳缝目生物量占明显优势（表 5-23）。

表 5-22　巢湖主要子流域 7 月着生硅藻密度组成　　　　单位：万个/cm^2

纲	目	Ⅰ	Ⅱ	Ⅲ	Ⅳ	Ⅴ	Ⅵ	Ⅶ
中心纲	圆筛藻目	0.08	0.10	0.20	1.66	0.18	0.93	0.20
	盒形藻目	0	0	0.01	0.19	0	0	0
羽纹纲	无壳缝目	0.87	0.86	1.06	4.95	0.90	2.47	1.07
	拟壳缝目	0.02	0.13	0.08	1.44	0.05	0.07	0.11
	双壳缝目	1.58	0.81	1.35	5.11	1.82	2.31	0.79
	单壳缝目	0.84	0.55	0.67	2.62	1.72	1.59	0.55
	管壳缝目	0.19	0.38	0.53	3.92	0.40	1.45	0.43

表 5-23　巢湖主要子流域 7 月着生硅藻生物量组成　　　　单位：mg/cm^2

纲	目	Ⅰ	Ⅱ	Ⅲ	Ⅳ	Ⅴ	Ⅵ	Ⅶ
中心纲	圆筛藻目	0.004	0.004	0.010	0.074	0.009	0.042	0.007
	盒形藻目	0	0	0.003	0.059	0.001	0	0
羽纹纲	无壳缝目	0.005	0.006	0.008	0.031	0.005	0.024	0.006
	拟壳缝目	0.0001	0.001	0.001	0.010	0.000	0.000	0.001
	双壳缝目	0.115	0.093	0.135	0.218	0.159	0.203	0.107
	单壳缝目	0.004	0.001	0.006	0.007	0.007	0.013	0.003
	管壳缝目	0.024	0.011	0.015	0.182	0.081	0.049	0.015

5.5　物种多样性

5.5.1　全流域物种多样性

采用 Shannon-Wiener 多样性指数（H）、Margalef 丰富度指数（D）、Pielou 均匀度指数（J）和 Simpson 优势度指数（d）综合分析巢湖流域着生硅藻群落结构特征。

4 月调查，巢湖流域各采样点 4 个着生硅藻生物指数分布如图 5-22 ～图 5-25 所示。全流域内各采样点 Shannon-Wiener 指数平均值为 2.1，最大值为 3.33；Margalef 指数平均值为 1.27，最大值为 3；Pielou 指数平均值为 0.82，最大值为 0.98；Simpson 指数平均值为 0.2，最大值为 0.7。流域内各采样点之间 4 个着生硅藻生物指数分布存在较大差异。基于生物指数值，可知 4 月巢湖流域总体处于轻-中污染状态。

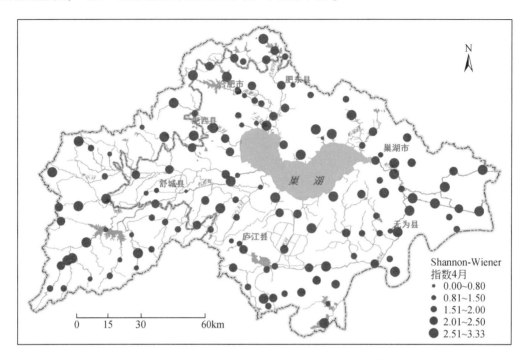

图 5-22　巢湖流域 4 月着生硅藻 Shannon-Wiener 指数分布

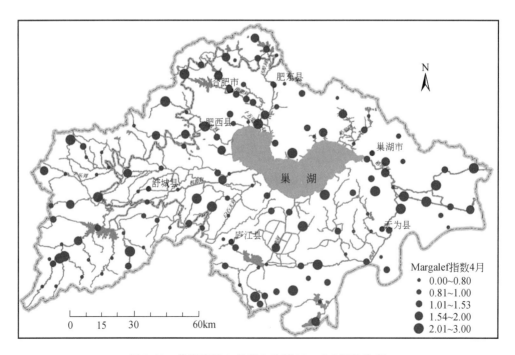

图 5-23　巢湖流域 4 月着生硅藻 Margalef 指数分布

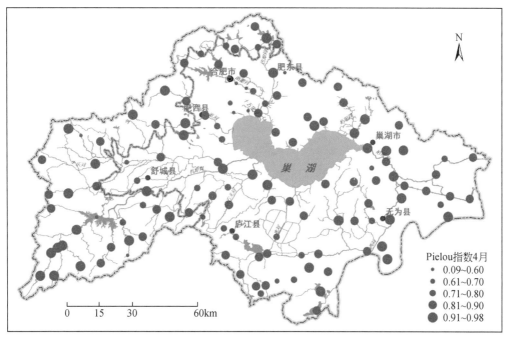

图 5-24 巢湖流域 4 月着生硅藻 Pielou 指数分布

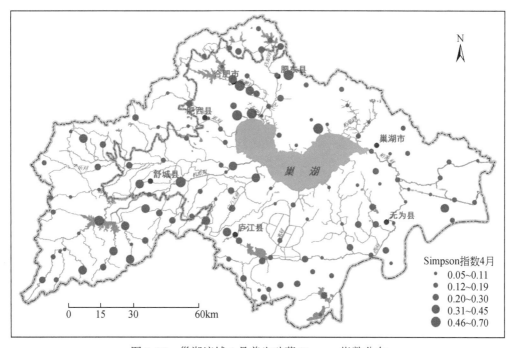

图 5-25 巢湖流域 4 月着生硅藻 Simpson 指数分布

　　7 月调查，巢湖流域各采样点 4 个着生硅藻生物指数分布如图 5-26 ~ 图 5-29 所示。全流域内各采样点 Shannon-Wiener 指数平均值为 1.84，最大值为 3.18；Margalef 指数平均值为 0.87，最大值为 3.31；Pielou 指数平均值为 0.89，最大值为 0.99；Simpson 指数平均值为

0.23,最大值为0.69。流域内各采样点之间4个着生硅藻生物指数分布也存在较大差异。与4月调查结果相比,7月巢湖流域Shannon-Wiener指数和Margalef指数平均值均变小,Pielou指数和Simpson指数总体相差不大,表明4月流域着生硅藻物种多样性程度要优于7月。

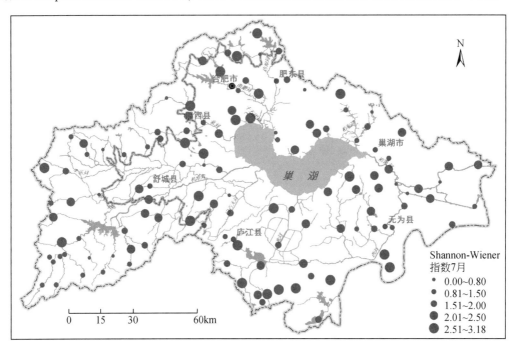

图5-26　巢湖流域7月着生硅藻Shannon-Wiener指数分布

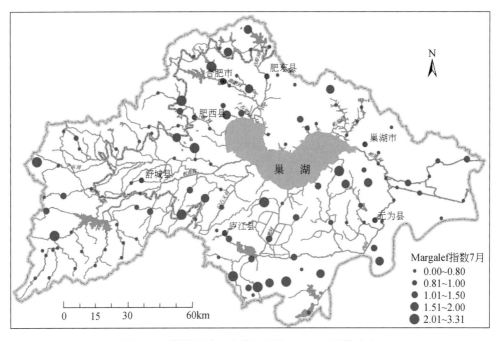

图5-27　巢湖流域7月着生硅藻Margalef指数分布

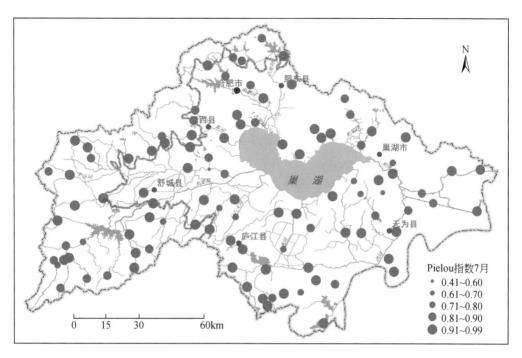

图 5-28 巢湖流域 7 月着生硅藻 Pielou 指数分布

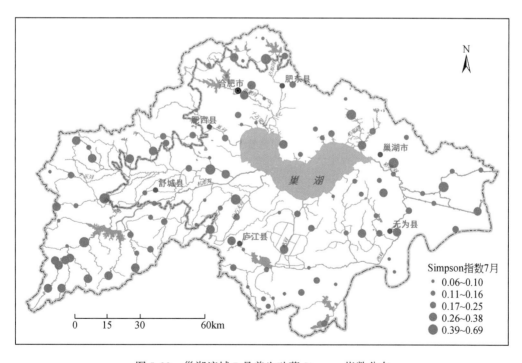

图 5-29 巢湖流域 7 月着生硅藻 Simpson 指数分布

5.5.2 不同生态区的物种多样性

（1）一级水生态功能分区

4月调查，巢湖流域西部丘陵区和东部平原区着生硅藻4个生物指数分布特征见表5-24～表5-27和图5-30。其中，西部丘陵区各采样点Shannon-Wiener指数平均值为2.07，最大值为3.33；Margalef指数平均值为1.23，最大值为3；Pielou指数平均值为0.83，最大值为0.97；Simpson指数平均值为0.2，最大值为0.7。东部平原区各采样点Shannon-Wiener指数平均值为2.11，最大值为3.28；Margalef指数平均值为1.29，最大值为2.97；Pielou指数平均值为0.81，最大值为0.98；Simpson指数平均值为0.2，最大值为0.64。2个分区相比，4个生物指数值相差不大，并与基于全流域的统计值相接近。

表 5-24　巢湖流域及一级水生态区着生硅藻 Shannon-Wiener 指数分布特征

月份	项目	西部丘陵区	东部平原区	全流域
4 月	平均值	2.07	2.11	2.1
	最小值	0.84	0.67	0.67
	最大值	3.33	3.28	3.33
	中值	2.08	2.11	2.08
	标准差	0.65	0.56	0.59
7 月	平均值	1.6	1.95	1.84
	最小值	0.64	0.64	0.64
	最大值	2.99	3.18	3.18
	中值	1.56	1.99	1.8
	标准差	0.62	0.68	0.68

表 5-25　巢湖流域及一级水生态区着生硅藻 Margalef 指数分布特征

月份	项目	西部丘陵区	东部平原区	全流域
4 月	平均值	1.23	1.29	1.27
	最小值	0.19	0.11	0.11
	最大值	3	2.97	3
	中值	1.12	1.22	1.17
	标准差	0.71	0.64	0.66
7 月	平均值	0.65	0.97	0.87
	最小值	0.11	0.12	0.11
	最大值	2.38	3.31	3.31
	中值	0.46	0.74	0.6
	标准差	0.53	0.73	0.69

表 5-26　巢湖流域及一级水生态区着生硅藻 Pielou 指数分布特征

月份	项目	西部丘陵区	东部平原区	全流域
4 月	平均值	0.83	0.81	0.82
	最小值	0.31	0.44	0.31
	最大值	0.97	0.98	0.98
	中值	0.87	0.85	0.86
	标准差	0.13	0.12	0.13
7 月	平均值	0.88	0.89	0.89
	最小值	0.41	0.41	0.41
	最大值	0.97	0.99	0.99
	中值	0.92	0.92	0.92
	标准差	0.1	0.11	0.11

表 5-27　巢湖流域及一级水生态区着生硅藻 Simpson 指数分布特征

月份	项目	西部丘陵区	东部平原区	全流域
4 月	平均值	0.2	0.2	0.2
	最小值	0.05	0.06	0.05
	最大值	0.7	0.64	0.7
	中值	0.19	0.16	0.17
	标准差	0.13	0.13	0.13
7 月	平均值	0.28	0.21	0.23
	最小值	0.07	0.06	0.06
	最大值	0.69	0.69	0.69
	中值	0.26	0.17	0.19
	标准差	0.15	0.14	0.15

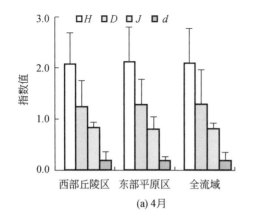
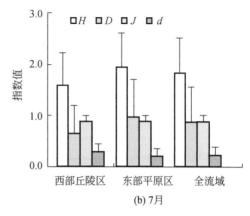

图 5-30　巢湖流域及一级水生态区着生硅藻多样性指数分布特征

7月调查，西部丘陵区各采样点 Shannon-Wiener 指数平均值为1.6，最大值为2.99；Margalef 指数平均值为0.65，最大值为2.38；Pielou 指数平均值为0.88，最大值为0.97；Simpson 指数平均值为0.28，最大值为0.69。东部平原区各采样点 Shannon-Wiener 指数平均值为1.95，最大值为3.18；Margalef 指数平均值为0.97，最大值为3.31；Pielou 指数平均值为0.89，最大值为0.99；Simpson 指数平均值为0.21，最大值为0.69。2个分区相比，西部丘陵区 Shannon-Wiener 指数和 Margalef 指数平均值均较东部平原区小，Simpson 指数平均值略大，Pielou 指数平均值相近。

（2）二级水生态功能分区

4月调查，巢湖流域 Ⅰ-1 区、Ⅰ-2 区、Ⅱ-1 区、Ⅱ-2 区、Ⅱ-3 区和 Ⅱ-4 区6个二级水生态分区的着生硅藻的4个生物指数分布特征见表5-28～表5-31和图5-31。6个分区 Shannon-Wiener 指数平均值范围为1.91～2.42，指数值以 Ⅱ-3 区最大，Ⅱ-1 区最小；Margalef 指数平均值范围为1.16～1.67，指数值以 Ⅱ-3 区最大，Ⅱ-4 区最小；Pielou 指数平均值范围为0.71～0.9，指数值以 Ⅱ-2 区最大，Ⅱ-1 区最小；Simpson 指数平均值范围为0.14～0.28，指数值以 Ⅱ-1 区最大，Ⅱ-3 区最小。各分区间 Shannon-Wiener 指数、Margalef 指数和 Simpson 指数变化总体具有同步性，Simpson 指数变化呈相反趋势。总体上，6个分区中，以 Ⅱ-3 区生物多样性程度最好，Ⅱ-1 区相对最差，不同分区之间生物多样性程度存在差异，但差异性不明显；根据生物指数，6个分区水污染程度总体处于轻-中度污染状态。

表5-28　巢湖流域二级水生态区着生硅藻 Shannon-Wiener 指数分布特征

月份	项目	Ⅰ-1 区	Ⅰ-2 区	Ⅱ-1 区	Ⅱ-2 区	Ⅱ-3 区	Ⅱ-4 区
4 月	平均值	2.03	2.1	1.91	2.25	2.42	2.06
	最小值	0.84	1.01	0.85	0.67	1.62	0.69
	最大值	3.33	3.03	3.07	3.28	2.98	2.99
	中值	2.08	2.08	1.96	2.33	2.44	2.07
	标准差	0.68	0.60	0.62	0.65	0.43	0.53
7 月	平均值	1.63	1.59	2.08	1.75	1.83	2
	最小值	0.64	0.64	1.05	0.87	0.69	0.64
	最大值	2.99	2.66	3.12	2.68	2.64	3.18
	中值	1.39	1.57	1.92	1.78	2.08	2.01
	标准差	0.67	0.61	0.68	0.60	0.63	0.7

表5-29　巢湖流域二级水生态区着生硅藻 Margalef 指数分布特征

月份	项目	Ⅰ-1 区	Ⅰ-2 区	Ⅱ-1 区	Ⅱ-2 区	Ⅱ-3 区	Ⅱ-4 区
4 月	平均值	1.18	1.29	1.29	1.25	1.67	1.16
	最小值	0.19	0.42	0.54	0.11	0.63	0.12
	最大值	3	2.19	2.67	2.87	2.64	2.97
	中值	1.01	1.17	1.19	1.05	1.68	1.03
	标准差	0.76	0.65	0.54	0.75	0.59	0.64

月份	项目	Ⅰ-1 区	Ⅰ-2 区	Ⅱ-1 区	Ⅱ-2 区	Ⅱ-3 区	Ⅱ-4 区
	平均值	0.7	0.63	1.08	0.66	0.89	1.04
	最小值	0.11	0.11	0.22	0.21	0.12	0.12
7 月	最大值	2.38	1.76	2.71	1.62	2.2	3.31
	中值	0.45	0.52	0.68	0.6	0.84	0.8
	标准差	0.6	0.47	0.84	0.42	0.64	0.74

表 5-30　巢湖流域二级水生态区着生硅藻 Pielou 指数分布特征

月份	项目	Ⅰ-1 区	Ⅰ-2 区	Ⅱ-1 区	Ⅱ-2 区	Ⅱ-3 区	Ⅱ-4 区
	平均值	0.85	0.81	0.71	0.9	0.83	0.84
	最小值	0.31	0.52	0.44	0.84	0.69	0.66
4 月	最大值	0.97	0.96	0.98	0.97	0.95	0.97
	中值	0.88	0.81	0.75	0.9	0.85	0.85
	标准差	0.14	0.13	0.17	0.03	0.08	0.08
	平均值	0.87	0.89	0.92	0.91	0.88	0.88
	最小值	0.71	0.41	0.83	0.79	0.68	0.41
7 月	最大值	0.96	0.97	0.97	0.99	0.97	0.97
	中值	0.89	0.93	0.91	0.91	0.92	0.93
	标准差	0.08	0.13	0.04	0.06	0.1	0.13

表 5-31　巢湖流域二级水生态区着生硅藻 Simpson 指数分布特征

月份	项目	Ⅰ-1 区	Ⅰ-2 区	Ⅱ-1 区	Ⅱ-2 区	Ⅱ-3 区	Ⅱ-4 区
	平均值	0.21	0.2	0.28	0.16	0.14	0.19
	最小值	0.05	0.06	0.07	0.06	0.07	0.06
4 月	最大值	0.7	0.55	0.64	0.52	0.32	0.50
	中值	0.15	0.21	0.22	0.12	0.13	0.17
	标准差	0.14	0.12	0.18	0.12	0.07	0.1
	平均值	0.28	0.27	0.17	0.24	0.23	0.21
	最小值	0.07	0.09	0.06	0.09	0.12	0.06
7 月	最大值	0.56	0.69	0.36	0.5	0.5	0.69
	中值	0.28	0.22	0.17	0.19	0.14	0.16
	标准差	0.15	0.17	0.09	0.14	0.14	0.16

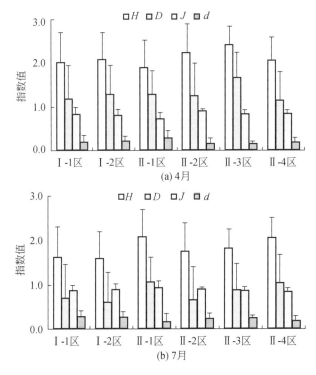

图 5-31 巢湖流域二级水生态区着生硅藻多样性指数分布特征

7 月调查,巢湖流域 6 个分区 4 个生物指数分布特征见表 5-28 ~ 表 5-31 和图 5-31。Shannon- Wiener 指数平均值范围为 1.59 ~ 2.08,指数值以 Ⅱ-1 区最大,Ⅰ-2 区最小;Margalef 指数平均值范围为 0.63 ~ 1.08,指数值以 Ⅱ-1 区最大,Ⅰ-2 区最小;Pielou 指数平均值范围为 0.87 ~ 0.92,指数值以 Ⅱ-1 区最大,Ⅰ-2 区最小;Simpson 指数平均值范围为 0.17 ~ 0.28,指数值以 Ⅰ-1 区最大,Ⅱ-1 区最小。总体上,6 个分区中,以 Ⅱ-1 区和 Ⅱ-4 区生物多样性程度相对较好,Ⅰ-1 区和 Ⅰ-2 区相对较差,不同分区之间生物多样性程度存在差异,但差异性不大;根据生物指数,6 个分区水污染程度总体处于中度污染状态。与 4 月相比,巢湖流域 7 月着生硅藻生物多样性状况除了 Ⅱ-1 区部分生物指数略有好转外,其余 5 个分区生物指数均相对变差。

5.5.3 主要子流域的物种多样性

4 月调查,白石天河流域 (Ⅰ)、南淝河流域 (Ⅱ)、杭埠河流域 (Ⅲ)、派河流域 (Ⅳ)、裕溪河流域 (Ⅴ)、兆河流域 (Ⅵ) 和柘皋河流域 (Ⅶ) 7 个主要子流域的着生硅藻的 4 个生物指数分布特征见表 5-32 ~ 表 5-35 和图 5-32。7 个子流域中 Shannon-Wiener 指数平均值范围为 2 ~ 2.54,指数值以派河最大,白石天河和南淝河最小,杭埠河也接近最小值;Margalef 指数平均值范围为 1.1 ~ 1.77,指数值以派河最大,柘皋河最小,白石天河也接近最小值;Pielou 指数平均值范围为 0.74 ~ 0.89,指数值以柘皋河最大,但白石天河、派河和裕溪河均接近最大值,南淝河最小;Simpson 指数平均值范围为 0.13 ~ 0.25,

指数值以南淝河最大，派河最小。总体上，7 个子流域中，以派河生物多样性程度最好，白石天河、南淝河及杭埠河相对较差，不同子流域之间生物多样性程度存在差异，但差异性不大。根据生物指数分布，巢湖 7 个主要子流域总体处于轻–中度污染状态。

表 5-32 巢湖主要子流域着生硅藻 Shannon-Wiener 指数分布特征

月份	项目	I	II	III	IV	V	VI	VII
4 月	平均值	2	2	2.01	2.54	2.30	2.1	2.1
	最小值	1.04	1.01	0.69	1.68	1.47	1.32	0.67
	最大值	2.89	3.28	3.33	3.07	2.99	2.88	2.71
	中值	1.95	2.03	2.06	2.71	2.29	2.12	2.18
	标准差	0.74	0.58	0.65	0.53	0.45	0.44	0.68
7 月	平均值	1.7	1.83	1.63	2.71	1.85	2.23	1.84
	最小值	0.64	0.69	0.64	2	0.69	1.04	0.9
	最大值	2.44	3.07	3.06	3.12	2.87	3.18	2.68
	中值	1.79	1.57	1.58	3.06	2.06	2.29	1.78
	标准差	0.68	0.65	0.67	0.51	0.64	0.67	0.61

表 5-33 巢湖主要子流域着生硅藻 Margalef 指数分布特征

月份	项目	I	II	III	IV	V	VI	VII
4 月	平均值	1.11	1.31	1.18	1.77	1.41	1.21	1.1
	最小值	0.23	0.54	0.12	0.57	0.41	0.46	0.11
	最大值	2.34	2.87	3.00	2.67	2.97	2.39	1.92
	中值	0.99	1.20	1.02	1.90	1.29	1.17	0.96
	标准差	0.82	0.55	0.72	0.7	0.68	0.51	0.64
7 月	平均值	0.85	0.82	0.71	1.88	0.88	1.26	0.75
	最小值	0.12	0.12	0.11	0.76	0.12	0.24	0.23
	最大值	1.95	2.71	2.38	2.68	3.08	3.31	1.62
	中值	0.74	0.47	0.56	2.31	0.80	1.14	0.6
	标准差	0.68	0.72	0.56	0.79	0.67	0.85	0.48

表 5-34 巢湖主要子流域着生硅藻 Pielou 指数分布特征

月份	项目	I	II	III	IV	V	VI	VII
4 月	平均值	0.88	0.74	0.83	0.86	0.86	0.81	0.89
	最小值	0.79	0.5	0.31	0.74	0.69	0.66	0.84
	最大值	0.95	0.98	0.97	0.92	0.97	0.89	0.97
	中值	0.89	0.8	0.87	0.88	0.87	0.82	0.88
	标准差	0.06	0.16	0.13	0.07	0.08	0.07	0.04

续表

月份	项目	I	II	III	IV	V	VI	VII
7月	平均值	0.86	0.92	0.86	0.88	0.89	0.91	0.91
	最小值	0.78	0.87	0.41	0.83	0.68	0.74	0.82
	最大值	0.94	0.97	0.97	0.91	0.97	0.96	0.99
	中值	0.88	0.92	0.92	0.89	0.93	0.94	0.91
	标准差	0.08	0.04	0.15	0.03	0.08	0.06	0.06

表 5-35　巢湖主要子流域着生硅藻 Simpson 指数分布特征

月份	项目	I	II	III	IV	V	VI	VII
4月	平均值	0.2	0.25	0.21	0.13	0.15	0.2	0.18
	最小值	0.08	0.06	0.05	0.07	0.06	0.08	0.09
	最大值	0.37	0.55	0.7	0.24	0.32	0.38	0.52
	中值	0.2	0.19	0.19	0.1	0.14	0.18	0.14
	标准差	0.12	0.16	0.13	0.07	0.07	0.09	0.14
7月	平均值	0.27	0.21	0.28	0.1	0.22	0.16	0.21
	最小值	0.14	0.07	0.06	0.06	0.07	0.06	0.09
	最大值	0.56	0.5	0.69	0.16	0.5	0.37	0.47
	中值	0.25	0.22	0.26	0.06	0.16	0.13	0.19
	标准差	0.17	0.11	0.18	0.05	0.14	0.10	0.13

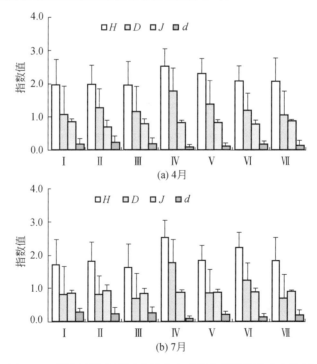

(a) 4月

(b) 7月

图 5-32　巢湖流域主要子流域着生硅藻多样性指数分布特征

　　7 月调查，7 个子流域中 Shannon-Wiener 指数平均值范围为 1.63～2.71，指数值以派河最大，杭埠河最小，白石天河也较小；Margalef 指数平均值范围为 0.71～1.88，指数值以派河最大，杭埠河最小，柘皋河也较小；Pielou 指数平均值范围为 0.86～0.92，各子流域指数值较为接近，南淝河相对最大，白石天河相对最小；Simpson 指数平均值范围为 0.1～0.28，指数值以杭埠河最大，派河最小。总体上，7 个子流域中，以派河生物多样性程度最好，其次为兆河，白石天河和杭埠河相对较差，不同子流域之间生物多样性程度存在差异。与 4 月相比，7 个子流域 Shannon-Wiener 指数值除派河与兆河变大外，其余 5 个子流域指数值均变小；Margalef 指数仅派河和兆河变大，其余 5 个子流域指数值均变小；Pielou 指数除白石天河略变小外，其余 6 个子流域均略有所增大，但变化幅度不明显；Simpson 指数，南淝河、派河和兆河略变小，其余 4 个子流域均略有变大。由此表明，4～7 月，总体上巢湖流域除派河、兆河子流域外，多数子流域地区着生硅藻生物多样性均相对降低，但物种均匀性程度有所改善。

5.6　与环境因子的关系

　　着生硅藻的优势物种与环境因子的相关性分析采用冗余分析（redundancy analysis，RDA），考虑 pH、DO、电导率（Cond）、TN、NH_3-N、NO_3^--N、悬浮性固体（SS）、总溶解性固体（TDS）、浊度（Turb）、COD_{Mn}、TP、$PO_4^{3-}-P$、Chl-a 共 13 项水质因子，分析环境因子对流域着生硅藻种群分布的影响。RDA 分析在 CANOCO4.5 软件中完成。

　　该分析以巢湖流域 4 月调查中着生硅藻 11 个优势物种的密度作为相应变量，以巢湖流域各样点的理化指标作为解释变量，着重考察在巢湖流域 7 个主要子流域及 6 个水生态二级区内环境因子对着生硅藻优势种群分布的解释作用。

　　图 5-33 为巢湖流域内环境因子对着生硅藻优势种群影响的 RDA 解释关系。RDA 分析中前两个排序轴，轴 1 和轴 2 对着生硅藻功能类群的累积解释率为 43.0%，前 4 个轴解释

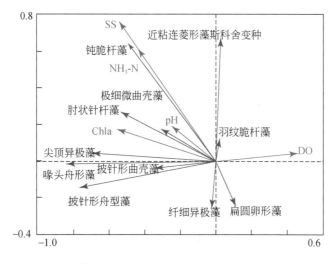

图 5-33　巢湖流域环境因子与着生硅藻群落 RDA 分析

率为 56.2%；对环境因子和物种关系的累积解释率为 74.8%，前 4 个轴解释率为 97.8%。在 RDA 排序图中，第一轴以 Chla 为主（与轴 1 的相关系数是 –0.42）。第二轴以 SS 为主（与轴 2 的相关系数是 0.55），所有排序的环境因子对物种的解释量在总解释量中的比例为 57.5%。

优势种中，极细微曲壳藻（*Achnanthes minutissima*）、肘状针杆藻（*Synedra ulna*）和尖顶异极藻（*Gomphonema augur*）与 Chla 有较强的正相关关系；钝脆杆藻（*Fragilaria capucina*）和 SS、NH_4^+–N 有较强的正相关关系，近粘连菱形藻斯科舍变种（*Nitzschia subcohaerens* var. *scotica*）与这两个环境因子的相关程度也较高；披针形曲壳藻（*Achnanthes lanceolata*）、披针形舟型藻（*Navicula lanceolata*）及喙头舟形藻（*Navicula rhynchocephala*）均与 DO 有较强的负相关关系。

由图 5-34 可知，样点在排序图上较为分散，说明巢湖主要子流域与二级水生态分区的着生硅藻特征具有较明显的差异性。右上方的杭埠河、兆河、西河裕溪河、白石天河，以及 Ⅱ-3 区、Ⅱ-4 区和 Ⅰ-1 区在排序图中较为集中，并与 DO 呈正相关，表明这几个区域着生硅藻种群具有较高的相似性，并受 DO 的影响明显；而柘皋河夏阁河及 Ⅰ-2 区、Ⅱ-2 区种群更为相似，并与 DO 呈负相关；店埠河南淝河及 Ⅱ-1 区种群相似性更高，并受 SS、氨氮、pH 和 Chla 的影响明显，并且店埠河南淝河受这些环境因子的影响要大于 Ⅱ-1 区；派河和 Ⅱ-3 区位于排序图第四象限，都与 SS、氨氮、pH 和 Chla 呈负相关，表明其着生硅藻种群都明显受这些因素影响，这两个区域种群特征也更为相似。

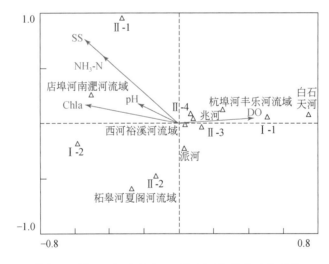

图 5-34　巢湖子流域及二级水生态区环境因子与着生硅藻群落 RDA 分析

5.7　历史变化

关于巢湖流域着生硅藻的文献不多见，尚未见有针对巢湖流域大规模的着生硅藻的调查与研究，已有研究多针对巢湖浮游植物及沉积硅藻展开。董旭辉等（2006）基于包括巢湖的长江中下游地区的 45 个湖泊表层沉积物和多季节水样调查分析，提出 *Cyclotella meneghiniana*、*Cyclotella atomus*、*Stephanodiscus parvus*、*Stephanodiscus minutulus*、*Navicula subminiscula* 4 种硅藻是长江中下游湖泊富营养化发生的很好的指示性属种；路娜等（2010）于 2009 年春季在巢湖流域的巢湖湖体，以及裕溪河、兆河、白石天河、杭埠河、丰乐河、派河、南淝河和柘皋河共设置 59 个采样点开展浮游植物调查，发现出入湖河流浮游硅藻优势种群主要为小环藻和针杆藻。Chen 等（2012）于 2009 年 6 月在巢湖湖体内布设 39 个采样点，对湖体表层沉积物硅藻进行了分析，得出湖体沉积物主要有 *Cyclostepiianos dubius*、*Aulacoseira granulata* 和 *Aulacoseira alpigena* 3 种优势物种，巢湖沉积物硅藻优势种群的分布主要与湖泊营养条件、水动力条件等有关。此外，陈旭等（2011）又基于巢湖岩芯放射性核素测年、沉积物硅藻及地球化学指标等分析结果，以及巢湖流域水文、气候、人口和农业资料，利用冗余分析方法，定量区分了 1950 年来营养、水文和气候对巢湖湖体硅藻组合演替的影响；此后，又相继有研究者采用同种方法研究巢湖湖体 500 年以来（Chen et al.，2011）、150 年以来（徐蕾等，2014）沉积物硅藻种群的变化，并据此反演巢湖湖体水环境的变化历史。这些关于巢湖湖体沉积硅藻种群及分布的研究，主要有以下几点结论：巢湖湖体在 1827～2000 年主要以 *Aulacoseira granulata* 占优势，水体维持中营养状态；2000 年以来，主要以 *Aulacoseira granulata* 和耐营养属种（*Aulacoseira alpigena*、*Cyclostephanos dubius*）为优势组合，并且底栖类硅藻含量显著减少，表明生活污水的大量排放导致湖区急剧富营养化，使得 2000 年后巢湖湖体水生生态系统发生退化。

　　本书针对巢湖流域 2 次大范围的着生硅藻调查和研究，定量镜检出巢湖流域附着硅藻 2 纲 7 目 188 种，2013 年 4 月和 7 月 2 次调查分别分析得到出现率高的常见种 31 种和 29 种，优势物种分别为 11 种和 9 种。常见种和优势种范围均包含了路娜等（2010）调查所得的优势种小环藻和针杆藻，Chen 等（2011，2012）于巢湖湖体沉积物调查所得优势种 *Cyclostepiianos dubius*，*Aulacoseira granulata* 和 *Aulacoseira alpigena* 并未在 2 次流域调查所得的常见种和优势种范围内，因为 2 次调查未在巢湖湖体设置沉积物采样点，因此难以进行比较。但基于 2 次调查，所得优势种的耐营养性更强，由此可知巢湖流域水生生态系统健康总体依然处于退化状态。

参 考 文 献

陈旭, 羊向东, 董旭辉, 等. 2011. 近 50 年来环境变化对巢湖硅藻组合演替的影响. 湖泊科学, 23（5）: 665-672.

陈旭, 羊向东, 刘倩, 等. 2010. 巢湖近代沉积硅藻种群变化与富营养化过程重建. 湖泊科学, 22（4）: 607-615.

董旭辉, 羊向东, 王荣. 2006. 长江中下游地区湖泊富营养化的硅藻指示性属种. 中国环境科学, 26（5）: 570-574.

胡鸿钧, 魏印心. 2005. 中国淡水藻类——系统、分类及生态. 北京: 科学出版社.

李家英, 齐雨藻. 2010. 中国淡水藻志（第十四卷·硅藻门 舟形藻科 1）. 北京: 科学出版社.

刘妍. 2007. 大兴安岭达尔滨湖及其周围沼泽硅藻的研究. 上海: 上海师范大学硕士学位论文.

路娜, 尹洪斌, 邓建才, 等. 2010. 巢湖流域春季浮游植物群落结构特征及其与环境因子的关系. 湖泊科学, 22（6）: 950-956.

齐雨藻, 李家英. 2004. 中国淡水藻志（第十卷·硅藻门·羽纹纲）. 北京: 科学出版社.

齐雨藻. 1995. 中国淡水藻志 (第四卷·硅藻门·中心纲). 北京: 科学出版社.

施之新. 2004. 中国淡水藻志 (第十二卷·硅藻门 异极藻科). 北京: 科学出版社.

徐蕾, 李长安, 陈旭, 等. 2014. 巢湖东部沉积硅藻组合记录的水环境变化. 环境科学研究, 27 (8): 842-847.

Chen X, Yang X D, Dong X H, et al. 2011. Nutrient dynamics linked to hydrological condition and anthropogenic nutrient loading in Chaohu Lake (southeast China). Hydrobiologia, 661: 223–234.

Chen X, Yang X D, Dong X H, et al. 2012. Influence of environmental and spatial factors on the distribution of surface sediment diatoms in Chaohu Lake, Southeast China. Acta Botanica Croatica, 71 (2): 299-310.

Chen X, Yang X D, Dong X H, et al. 2013. Environmental changes in Chaohu Lake southeast, China since the mid 20th century: the interactive impacts of nutrients, hydrology and climate. Limnologica, 43 (1): 10–17.

Krammer K, Lange-Bertalot H. 2012. 欧洲硅藻鉴定系统. 刘威等译. 广州: 中山大学出版社.

第6章 浮游动物——轮虫[①]

在水生态系统中，浮游动物包括原生动物、轮虫、枝角类和桡足类4类动物。由于轮虫在水生态系统中是连接宏观食物网和微观食物网间碳流最重要的环节，在对巢湖流域浮游动物的年度调查中，重点调查了群落的动态变化。本节内容着重探讨巢湖流域轮虫群落结构的时空动态及其与水体环境因子间的关系。南淝河为巢湖流域污染比较严重的河流，杭埠河为流域污染状况相对较轻的河流。本书对这两条典型河流轮虫的生物学特征及其与环境的关系进行研究。

6.1 样点设置与样品采集

巢湖流域共布设样点191个，样点位置同水质样点（采样点位置参考图3-1），分别于2013年4月和7月进行两次样品采集。轮虫样品的采集使用2.5L有机玻璃采水器。根据湖泊、水库和河流等水体深度的差异分别取各水体不同水层的等量水样并混合，具体过程如下：水深极浅的溪流中只采集表层水样15L；水深<1m的河流采集2个深度共15L的混合水样（表层、水底层上0.5m处各取7.5L）；1m<水深<5m的水体共采集3个深度的混合水样15L（表层下0.5m水层、中间水深、水底层上0.5m处的水样各取5L）；极少数水深>5m的水体共采集3个深度的混合水样15L（表层下0.5m水层、2.5m深水层和5m深水层的水样各取5L）。混合后的水样经孔径为30μm的浮游生物网过滤后，用4%的福尔马林溶液现场固定。实验室充分沉淀后，浓缩至30ml。

6.2 鉴定及分析方法

以《中国淡水轮虫志》（王家辑，1961）、Rotatoria（Koste，1978）、《淡水浮游生物研究方法》（章宗涉和黄祥飞，1991）等检索工具对轮虫物种进行鉴定；轮虫的污染指示等级参照Sládecek（1983）标定。部分较难识别的轮虫鉴定到属。

采用单因素方差分析（one-way ANOVA）和多重比较（LSD检验）分析全流域、东部平原区/西部丘陵区/巢湖湖体、典型流域3个层次下轮虫的种类组成、数量特征和各项生物多样性指数。

采用双因素方差分析法分析时间（4月和7月）和空间（全流域、东部平原区/西部丘陵区/巢湖湖体、典型流域）对轮虫种类组成、数量特征和物种多样性的影响。

所有分析均在SPSS18.0软件下进行。

---

① 本章由温新利（安徽师范大学生命科学学院）撰写，高俊峰统稿、定稿。

6.3 种类组成及分布特征

6.3.1 流域轮虫物种的空间分布

在实验室分别对 2013 年 4 月和 7 月采集到的轮虫样品进行显微观察，共发现 114 种，隶属于 2 纲（单巢纲、双巢纲）、2 目（游泳目、蛭态目）、20 科、36 属。2013 年 4 月样品共发现轮虫 66 种，隶属于 2 纲（单巢纲、双巢纲）、2 目（游泳目、蛭态目）、18 科、33 属；2013 年 7 月样品共鉴定轮虫 80 种，隶属于 2 纲（单巢纲、双巢纲）、2 目（游泳目、蛭态目）、15 科、27 属。

从轮虫物种的空间分布看，4 月巢湖湖区及丘陵区轮虫物种数较少，而平原区轮虫物种数较多［图 6-1（a）］；7 月丘陵区轮虫物种数整体上较低，而平原区及巢湖湖区的中部和东部物种数较高［图 6-1（b）］。需要说明的是，由于 7 月采样期内巢湖西半湖区蓝藻暴发，采集船只无法顺利到达各采样点，所以这个区域内的轮虫物种数、密度、生物量、物种多样性指数等指标缺失。

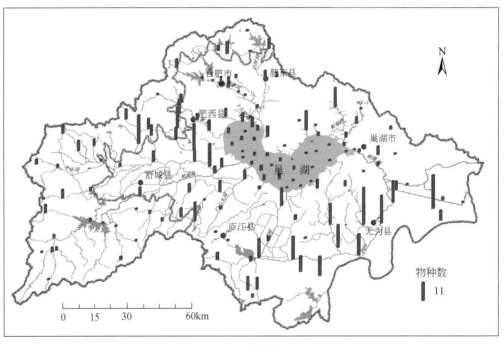

(a) 4月

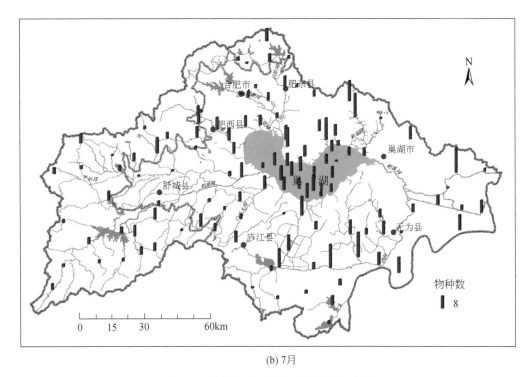

(b) 7月

图 6-1　巢湖流域轮虫物种数的空间分布

统计分析表明，4 月的巢湖湖体物种数显著少于裕溪河流域物种数（$P<0.05$）；而 7 月，杭埠河流域物种数均显著少于巢湖湖体、裕溪河流域和柘皋河流域的物种数（$P<0.05$），而其他流域之间并无显著性差异（图 6-2）。

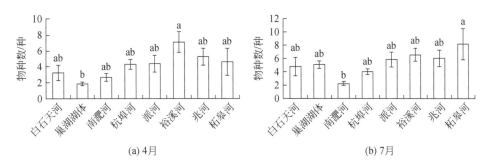

(a) 4月　　　　　　　　　　　　　(b) 7月

图 6-2　巢湖湖体及主要流域轮虫物种数的比较

6.3.2　生态功能区轮虫物种的空间分布

统计分析表明，4 月巢湖湖体中的轮虫物种数显著少于东部平原区和西部丘陵区（$P<0.05$），但东部平原区各流域轮虫物种的平均数与西部丘陵区各流域中轮虫物种数间无显著差异（$P>0.05$）[图 6-3（a）]。7 月西部丘陵区轮虫物种的平均数显著低于东部平原区和巢湖湖体的物种数（$P<0.05$），东部平原区各样点轮虫物种平均数与巢湖湖体间无显著差异（$P>0.05$）[图6-3（b）]。

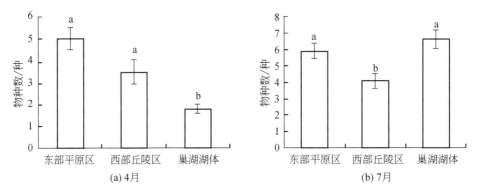

图6-3 东部平原区、西部丘陵区及巢湖湖体轮虫物种数的比较

上述结果表明，在巢湖流域，东部平原区的轮虫物种数较高。Segers 等（1993）认为，全球范围内，热带和亚热带的冲积平原为轮虫提供了最为丰富的栖息地，这些地区轮虫的种类数最高（Segers，2008）。因此，巢湖流域东部平原区具有较高的轮虫物种数，这与其处于长江中下游地区的冲积平原可能密切相关。

6.3.3 典型流域上中下游轮虫物种的空间分布

4月南淝河流域的上游、中游和下游水体中轮虫物种数间无显著性差异（$P>0.05$）[图6-4（a）]。但在7月，南淝河流域下游的物种数明显高于上游和中游的物种数（$P<0.05$），而上游轮虫的物种数与中游物种数间无显著差异（$P>0.05$）[图6-4（b）]。

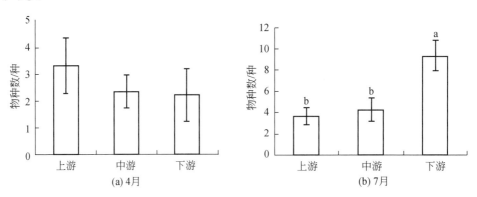

图6-4 南淝河流域上中下游轮虫物种数

统计分析表明，4月和7月杭埠河流域上中下游的平均物种数虽均依次增加，但它们之间均未发现存在显著性差异（$P>0.05$）（图6-5）。

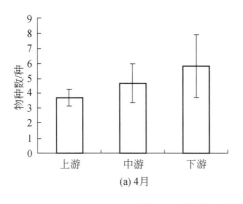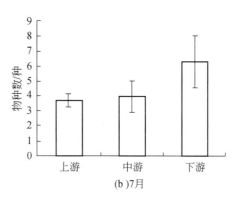

图 6-5 杭埠河流域上中下游轮虫物种数

6.3.4 轮虫物种数的时空变化

双因素方差分析表明，时间、空间，以及时间与空间的交互作用均对巢湖全流域和东部平原区/西部丘陵区/巢湖湖体两个空间尺度下的轮虫的物种数有极显著性影响（$P<0.01$）（表 6-1）。就时空因素对两个典型流域（南淝河流域、杭埠河流域）轮虫物种数的空间分布而言，时间以及时间与空间的交互作用仅对南淝河上中下游的轮虫物种数有极显著性影响（$P<0.01$），而空间因素对于南淝河上中下游的轮虫物种数、时空及其交互作用对于杭埠河丰乐河流域轮虫物种的分布均无显著性影响（$P>0.05$）（表 6-1）。

表 6-1 时间（4 月及 7 月）和空间（全流域，东部平原区/西部丘陵区/巢湖湖体及典型流域）对轮虫物种数的影响（双因素方差分析）

参数和差异源	平方和	自由度	均方	F 值	P 值
全流域					
时间（A）	115.983	1	115.983	8.601	<0.01
空间（B）	321.263	7	45.895	3.403	<0.01
$A×B$	270.507	7	38.644	2.866	<0.01
东部平原区/西部丘陵区/巢湖湖体					
时间（A）	238.797	1	238.797	17.148	<0.01
空间（B）	151.864	2	75.932	5.453	<0.01
$A×B$	168.433	2	84.216	6.048	<0.01
南淝河流域上中下游					
时间（A）	73.875	1	73.875	14.672	<0.01
空间（B）	32.453	2	16.226	3.223	>0.05
$A×B$	55.695	2	27.848	5.531	<0.01

参数和差异源	平方和	自由度	均方	F 值	P 值
杭埠河丰乐河上中下游					
时间（A）	0	2	0	5.707	>0.05
空间（B）	0.002	6	0	10.913	>0.05
A×B	0.002	12	0	3.52	>0.05

6.3.5 轮虫优势种及污染指示种

总体上，巢湖湖体及子流域第一优势轮虫在两次采样间差别很大（表6-2）。4月的巢湖各子流域及湖体中，除了巢湖湖体外，优势种都隶属于臂尾轮科；而在7月的相同水体中，巢湖湖体的优势轮虫已变为暗小异尾轮虫，针簇多枝轮虫作为优势轮虫出现的频率最高（表6-2）。

表6-2　巢湖湖体及主要子流域轮虫群落第一优势种及其污染指示类型

子流域	4 月			7 月		
	优势轮虫	污染指示类型	优势度	优势轮虫	污染指示类型	优势度
I	螺形龟甲轮虫	寡污-β 中污	0.22	针簇多肢轮虫	寡污-β 中污	0.53
II	叉角拟聚花轮虫	寡污	0.73	暗小异尾轮虫	寡污	0.26
III	萼花臂尾轮虫	β 中污-α 中污	0.44	壶状臂尾轮虫	β 中污-α 中污	0.46
IV	角突臂尾轮虫	β 中污-α 中污	0.25	针簇多肢轮虫	寡污-β 中污	0.32
V	萼花臂尾轮虫	β 中污-α 中污	0.37	裂痕龟纹轮虫	寡污	0.26
VI	螺形龟甲轮虫	寡污-β 中污	0.20	暗小异尾轮虫	寡污	0.11
VII	螺形龟甲轮虫	寡污-β 中污	0.52	针簇多肢轮虫	寡污-β 中污	0.28
VIII	螺形龟甲轮虫	寡污-β 中污	0.83	针簇多肢轮虫	寡污-β 中污	0.40

4月巢湖湖体及子流域水体中，寡污、寡污-β 中污、β 中污、β 中污-α 中污和 α 中污指示类型的轮虫物种数分别占35%、30%、15%、4.5%和3%；而在7月水体中，寡污、寡污-β 中污、β 中污、β 中污-α 中污和 α 中污指示类型的轮虫物种数分别占29%、25%、12.5%、3.8%和2.5%。

6.4　数　量　特　征

6.4.1　流域轮虫物种现存量的空间分布

从轮虫密度的空间分布看，4月轮虫密度在平原区和巢湖西半湖区较高，而丘陵区及巢湖东半湖的轮虫密度较低［图6-6（a）］；7月轮虫密度除了在南淝河流域较高外，其余水体中轮虫密度相差并不大 ［图6-6（b）］。

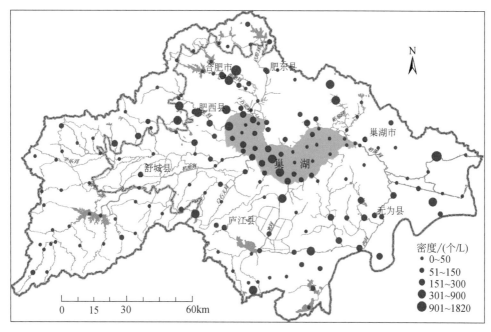

(a) 4月轮虫密度

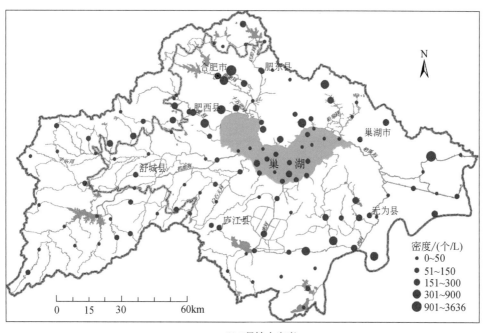

(b) 7月轮虫密度

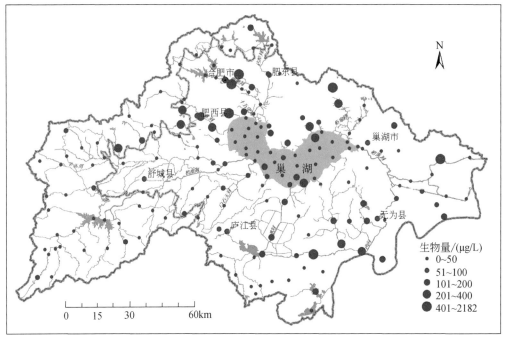

(c) 4月轮虫生物量

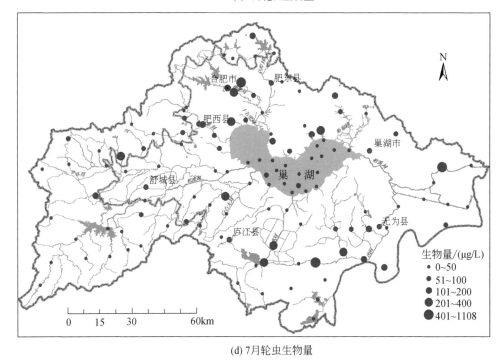

(d) 7月轮虫生物量

图6-6　轮虫密度和生物量的空间分布

　　从轮虫生物量的空间分布看，4月轮虫生物量除了在环巢湖平原区水体较高外，其余水体中的轮虫生物量相差不大，特别是巢湖西湖区水体中的轮虫生物量比较低，说明4月西湖区中的轮虫以小型轮虫为主 [图 6-6 (c)]。7 月轮虫生物量除了在南淝河流域部分区域较高外，其余水体中的轮虫生物量相差不大 [图 6-6 (d)]。

4 月派河流域轮虫平均密度最高，白石天河流域平均密度最低，但各流域及巢湖湖体间轮虫无显著性差异 (P>0.05)；7 月派河流域密度显著高于白石天河流域和杭埠河流域 (P<0.05) [图 6-7 (a) ~图 6-7 (b)]。

4 月巢湖湖体生物量显著小于派河流域 (P<0.05)，可以推测 4 月巢湖湖体中轮虫以小型轮虫为主。7 月南淝河的生物量显著高于巢湖湖体、杭埠河流域、派河流域和兆河流域 (P<0.05)，可见南淝河的轮虫主要以晶囊轮虫等大型轮虫为主 [图 6-7 (c) ~图 6-7 (d)]。

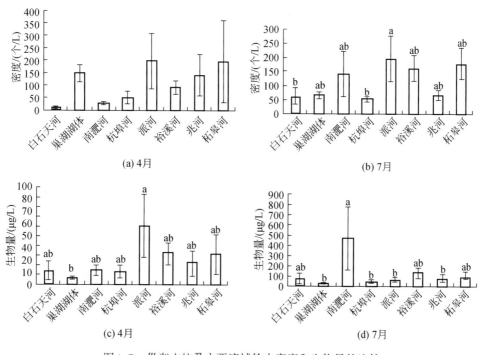

图 6-7 巢湖水体及主要流域轮虫密度和生物量的比较

6.4.2 生态功能区轮虫现存量的空间分布

4 月西部丘陵区轮虫密度显著小于巢湖湖体的轮虫密度 (P<0.05)，其他区域间无显著性差异。7 月东部平原区轮虫密度最高，西部丘陵区轮虫密度最低，但区域间轮虫密度无显著性差异 (P>0.05) [图 6-8 (a) ~图 6-8 (b)]。

4 月及 7 月中东部平原区生物量最高，巢湖湖体生物量最低，同样证明了巢湖湖体中轮虫以小型轮虫为主，但各区域生物量均无显著性差异 (P>0.05) [图 6-8 (c) ~图 6-8 (d)]。热带和亚热带的冲积平原地区为轮虫提供了丰富的栖息地，这与巢湖东部平原区水体具有较高的轮虫生物量密切相关。

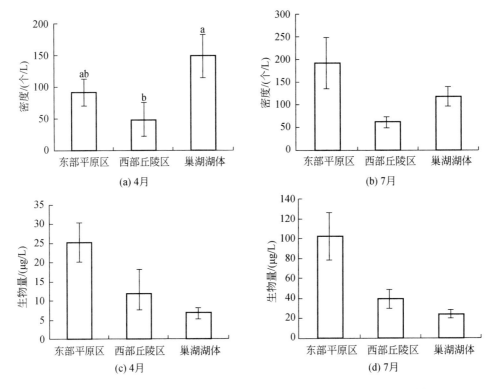

图 6-8 东部平原区、西部丘陵区及巢湖湖体轮虫密度和生物量的比较

6.4.3 典型流域轮虫群落的密度和生物量

4月南淝河流域上游和中游的密度和生物量均要高于下游（$P<0.05$），但前两者之间均无显著性差异（$P>0.05$）［图 6-9（a），图 6-9（c）］；7月南淝河流域中游的密度和生物量要高于上游和下游，相互之间也没有显著性差异（$P>0.05$）。［图 6-9（b），图 6-9（d）］。7月南淝河流域的轮虫密度和生物量远高于4月，大约增加了一个数量级，这与水温升高，水体中藻类含量的大幅度增加可能都有关系。

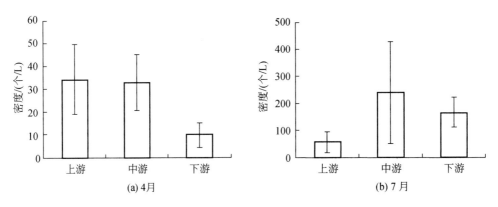

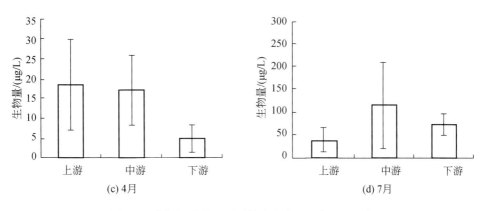

图 6-9　南淝河流域上下游轮虫密度和生物量的比较

4 月份杭埠河流域下游的生物量要高于上中游，但上下游轮虫密度和生物量均无显著性差异（$P>0.05$）［图 6-10（a），图 6-10（c）］；7 月杭埠河流域中游的生物量高于上游和下游，但上下游轮虫密度和生物量均无显著性差异（$P>0.05$）［图 6-10（b），图 6-10（d）］。通过图 6-10 可以看出，杭埠河流域 4 月与 7 月之间轮虫密度和生物量相差不大，这与南淝河流域上中下游不同。

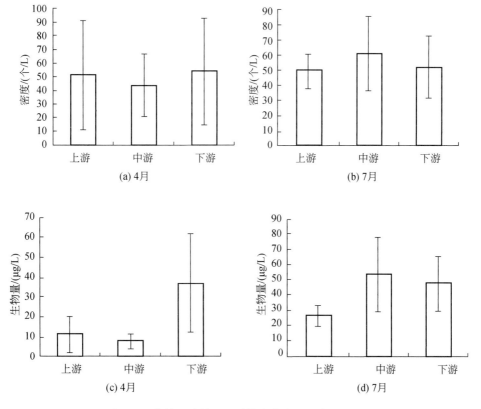

图 6-10　杭埠河流域上下游轮虫密度和生物量的比较

6.4.4 时间和空间因素对不同空间尺度下的巢湖流域轮虫现存量的影响

双因素方差分析表明,空间因素对巢湖全流域空间尺度下轮虫的密度有显著性影响($P<0.05$),但其对巢湖流域不同生态功能区和典型流域(南淝河流域、杭埠河流域)上下游的轮虫密度无显著影响(表 6-3)($P>0.05$)。

表 6-3 时间(4 月及 7 月)和空间对轮虫密度的影响

参数和差异源	平方和	自由度	均方	F 值	P 值
全流域					
时间(A)	2 239.729	1	2 239.729	0.072	>0.05
空间(B)	451 159.639	7	64 451.377	2.073	<0.05
$A×B$	296 018.252	7	42 288.322	1.36	>0.05
东部平原区/西部丘陵区/巢湖湖体					
时间(A)	5 506.336	1	5 506.336	0.073	>0.05
空间(B)	319 686.455	2	159 843.228	2.119	>0.05
$A×B$	340 745.428	2	170 372.714	2.259	>0.05
南淝河流域上中下游					
时间(A)	122 664.912	1	122 664.912	6.751	<0.05
空间(B)	49 196.969	2	24 598.485	1.354	>0.05
$A×B$	54 386.122	2	27 193.061	1.497	>0.05
杭埠河上中下游					
时间(A)	220.925	1	220.925	0.015	>0.05
空间(B)	105.229	2	52.614	0.003	>0.05
$A×B$	1 460.611	2	730.305	0.048	>0.05

时间因素对典型流域空间尺度下的南淝河流域上中下游的轮虫密度有显著性影响($P<0.05$),但对其他空间尺度下的轮虫密度均无显著性影响(表 6-3)($P>0.05$)。

双因素方差分析表明,时间因素和空间因素对巢湖全流域空间尺度下、巢湖流域不同生态功能区空间尺度下轮虫的生物量有显著性影响(表 6-4)($P<0.05$);时间因素对典型流域空间尺度下南淝河流域上中下游的轮虫生物量有显著性影响(表 6-4)($P<0.05$)。

表 6-4 时间(4 月及 7 月)和空间对轮虫生物量的影响

参数和差异源	平方和	自由度	均方	F 值	P 值
全流域					
时间(A)	341 725.093	1	341 725.093	4.509	<0.05

续表

参数和差异源	平方和	自由度	均方	F 值	P 值
空间（B）	1 302 643.547	7	186 091.935	2.456	<0.05
$A{\times}B$	1 284 836.934	7	183 548.133	2.422	<0.05
东部平原区/西部丘陵区/巢湖湖体					
时间（A）	91 049.695	1	91 049.695	8.045	<0.01
空间（B）	126 106.548	2	63 053.274	5.571	<0.01
$A{\times}B$	51 059.098	2	25 529.549	2.256	>0.05
店埠河南淝河流域上中下游					
时间（A）	26 392.494	1	26 392.494	5.032	<0.05
空间（B）	8 714.059	2	4 357.03	0.831	>0.05
$A{\times}B$	9 295.733	2	4 647.867	0.886	>0.05
杭埠河上中下游					
时间（A）	6 554.366	1	6 554.366	3.74	>0.05
空间（B）	4 674.312	2	2 337.156	1.334	>0.05
$A{\times}B$	3 944.166	2	1 972.083	1.125	>0.05

6.5　物种多样性

6.5.1　全流域轮虫群落的物种多样性

4 月和 7 月巢湖湖体及主要流域轮虫群落多样性分析如图 6-11 所示。其中，4 月巢湖湖体的 Shannon-Wiener 指数、Pielou 指数、Simpson 指数和 Margalef 指数均显著小于其他部分流域（$P<0.05$）；7 月南淝河流域的 Shannon-Wiener 指数、Simpson 指数和 Margalef 指数均显著小于其他部分流域（$P<0.05$），杭埠河的 Shannon-Wiener 指数和 Simpson 指数也显著小于其他部分流域（$P<0.05$）。

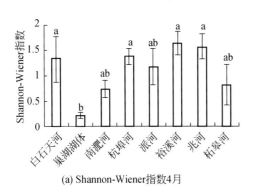

(a) Shannon-Wiener指数4月

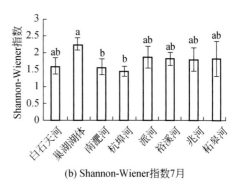

(b) Shannon-Wiener指数7月

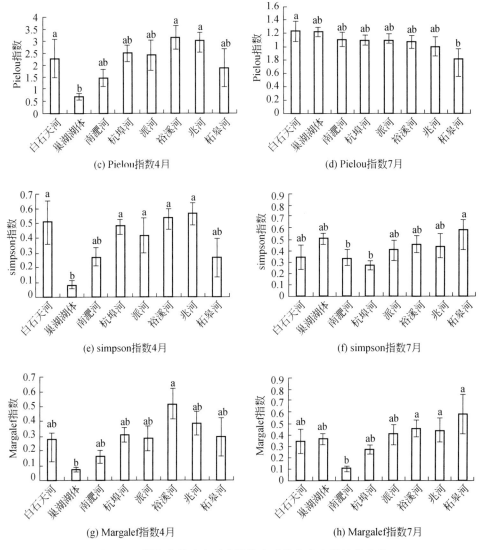

图 6-11　巢湖水体及主要流域轮虫群落物种多样性的比较

一般认为，轮虫群落的物种多样性与水体营养水平和受污程度关联性很大。上述结果表明，在 4 月，巢湖水体的营养水平和受污染程度可能较高，降低了其中的轮虫物种多样性和群落均匀度指数。而在 7 月，南淝河流域具有的最低的物种多样性指数可能与其受到重污染密切相关。

6.5.2　生态功能区轮虫物种多样性

4 月，巢湖湖体的 Shannon-Wiener 指数、Pielou 指数、Simpson 指数和 Margalef 指数均显著低于巢湖流域的东部平原区和西部丘陵区（$P<0.05$）；而 7 月巢湖湖体的 Shannon-Wiener 指数和 Simpson 指数均显著大于东部平原区和西部丘陵区（$P<0.05$），Margalef 指

数显著大于西部丘陵区（$P<0.05$）（图 6-12）。

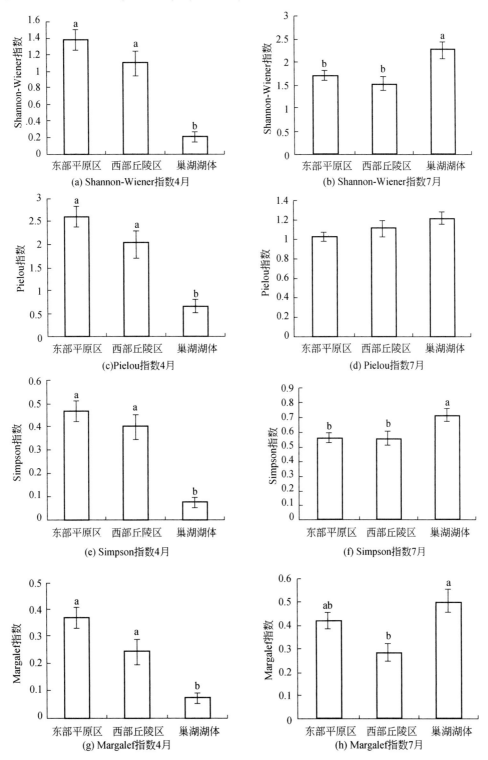

图 6-12 东部平原区、西部丘陵区和巢湖湖体轮虫群落物种多样性

上述结果表明，在 4 月，相对于东部平原区和西部丘陵区，巢湖湖体的营养水平更高，受污染程度更高。在 7 月，巢湖湖体出现了较高的轮虫物种多样性，一方面说明较高的水温促进了更多轮虫的发生。另一方面说明由于 7 月巢湖西部湖区蓝藻暴发，采样船只难以通过，无法获得轮虫样品，而巢湖湖体中部湖区和东部湖区的物种多样性较高。上述原因造成了 7 月湖体轮虫物种多样性的提高。

6.5.3 典型流域轮虫群落的物种多样性

在 4 月，南淝河流域上游水休中的 Shannon-Wiener 指数、Pielou 指数、Simpson 指数和 Margalef 指数略高于中下游，但相互之间均无显著性差异（$P>0.05$）。在 7 月，南淝河流域下游的 Shannon-Wiener 指数要显著高于上中游（$P<0.05$），但其他各物种多样性指数在上中下游间均无显著性差异（$P>0.05$）（图 6-13）。

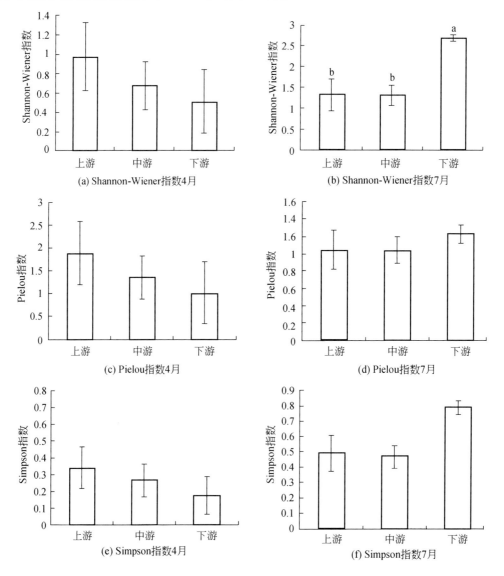

(a) Shannon-Wiener 指数4月

(b) Shannon-Wiener 指数7月

(c) Pielou 指数4月

(d) Pielou 指数7月

(e) Simpson 指数4月

(f) Simpson 指数7月

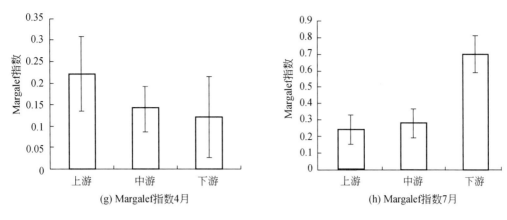

(g) Margalef指数4月　　　　　　　　　(h) Margalef指数7月

图 6-13　南淝河流域上中下游轮虫群落多样性的比较

4月杭埠河流域下游的 Shannon-Wiener 指数、Pielou 指数、Simpson 指数和 Margalef 指数平均值要高于上中游，但相互之间并无显著性差异（$P>0.05$）；7月杭埠河流域中游的 Simpson 指数和 Margalef 指数明显低于下游（$P<0.05$）（图 6-14）。

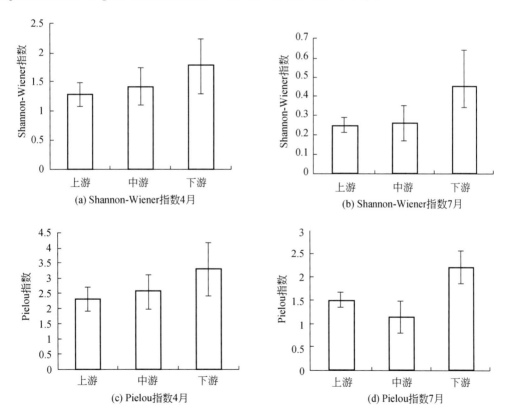

(a) Shannon-Wiener指数4月　　　　　(b) Shannon-Wiener指数7月

(c) Pielou指数4月　　　　　　　　　(d) Pielou指数7月

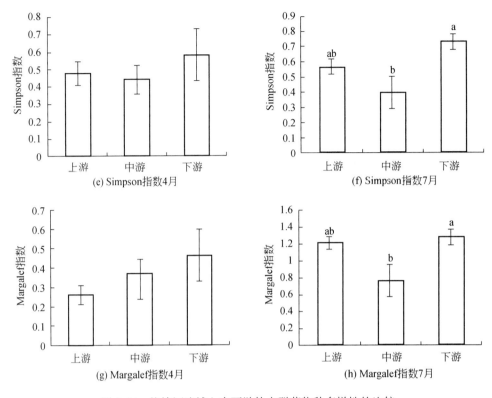

图6-14　杭埠河流域上中下游轮虫群落物种多样性的比较

6.5.4　时间因素和空间因素对轮虫群落物种多样性的影响

双因素方差分析显示，时间因素对巢湖全流域和不同生态功能区（东部平原区/西部丘陵区/巢湖湖体）空间尺度下的轮虫群落物种多样性指数都有极显著的影响（$P<0.05$），对典型流域上下游空间尺度下的南淝河流域上中下游的 Shannon-Wiener 指数、Simpson 指数和 Margalef 指数均有极显著的影响（$P<0.05$），对杭埠河流域上中下游的 Margalef 指数也有极显著性影响（$P<0.01$）。另外，时间因素对杭埠河丰乐河流域上中下游的 Pielou 指数有显著性影响（$P<0.05$）（表6-5）。

表6-5　时间（4月及7月）和空间对轮虫群落多样性的影响

参数和差异源	平方和	自由度	均方	F 值	P 值
全流域					
Shannon-Wiener 指数					
时间（A）	17.89	1	17.89	22.366	<0.01
空间（B）	10.638	7	1.52	1.9	>0.05
$A \times B$	35.497	7	5.071	6.34	<0.01

参数和差异源	平方和	自由度	均方	F 值	P 值
Pielou 指数					
时间 (A)	46.362	1	46.362	27.384	<0.01
空间 (B)	43.709	7	6.244	3.688	<0.01
A×B	55.089	7	7.87	4.648	<0.01
Simpson 指数					
时间 (A)	1.818	1	1.818	25.797	<0.01
空间 (B)	1.04	7	0.149	2.108	<0.05
A×B	3.326	7	0.475	6.744	<0.01
Margalef 指数					
时间 (A)	0.728	1	0.728	8.413	<0.01
空间 (B)	1.85	7	0.264	3.055	<0.01
A×B	2.239	7	0.32	3.696	<0.01
东部平原区/西部丘陵区/巢湖湖体					
Shannon-Wiener 指数					
时间 (A)	91 049.695	1	91 049.695	8.045	<0.01
空间 (B)	126 106.548	2	63 053.274	5.571	<0.01
A×B	51 059.098	2	25 529.549	2.256	>0.05
Pielou 指数					
时间 (A)	22.455	1	22.455	12.965	<0.01
空间 (B)	29.654	2	14.827	8.561	<0.01
A×B	43.66	2	21.83	12.604	<0.01
Simpson 指数					
时间 (A)	4.62	1	4.62	60.798	<0.01
空间 (B)	0.504	2	0.252	3.316	<0.05
A×B	2.899	2	1.45	19.074	<0.01
Margalef 指数					
时间 (A)	1.687	1	1.687	19.109	<0.01
空间 (B)	0.912	2	0.456	5.161	<0.01
A×B	1.529	2	0.764	8.656	<0.01
店埠河南淝河流域上中下游					
Shannon-Wiener 指数					
时间 (A)	26 392.494	1	26 392.494	5.032	<0.05
空间 (B)	8 714.059	2	4 357.03	0.831	>0.05
A×B	9 295.733	2	4 647.867	0.886	>0.05
Pielou 指数					

参数和差异源	平方和	自由度	均方	F 值	P 值
时间（A）	0.728	1	0.728	0.435	>0.05
空间（B）	0.735	2	0.367	0.22	>0.05
$A \times B$	1.412	2	0.706	0.422	>0.05
Simpson 指数					
时间（A）	0.767	1	0.767	10.675	<0.01
空间（B）	0.059	2	0.029	0.408	>0.05
$A \times B$	0.278	2	0.139	1.938	>0.05
Margalef 指数					
时间（A）	0.459	1	0.459	11.947	<0.01
空间（B）	0.208	2	0.104	2.704	>0.05
$A \times B$	0.385	2	0.193	5.016	<0.05
杭埠河丰乐河上中下游					
Shannon-Wiener 指数					
时间（A）	6 554.366	1	6 554.366	3.74	>0.05
空间（B）	4 674.312	2	2 337.156	1.334	>0.05
$A \times B$	3 944.166	2	1 972.083	1.125	>0.05
Pielou 指数					
时间（A）	13.241	1	13.241	5.915	<0.05
空间（B）	5.092	2	2.546	1.137	>0.05
$A \times B$	1.269	2	0.634	0.283	>0.05
Simpson 指数					
时间（A）	0.045	1	0.045	0.565	>0.05
空间（B）	0.358	2	0.179	2.271	>0.05
$A \times B$	0.085	2	0.042	0.536	>0.05
Margalef 指数					
时间（A）	6.02	1	6.02	45.852	<0.01
空间（B）	0.778	2	0.389	2.965	>0.05
$A \times B$	1.024	2	0.512	3.901	<0.05

　　空间因素对巢湖全流域和不同生态功能区（东部平原区/西部丘陵区/巢湖湖体）空间尺度下的轮虫的 Pielou 指数和 Margalef 指数均有极显著影响（$P<0.01$）；对巢湖全流域尺度下的轮虫的 Simpson 指数、东部平原区/西部丘陵区/巢湖湖体层次下 Shannon-Wiener 指数和 Simpson 指数有显著性影响（$P<0.05$）。时间和空间的交互作用对全流域和东部平原区/西部丘陵区/巢湖湖体层次下的 4 个群落多样性指数都有极显著影响（$P<0.01$）；时间和空间的交互作用对南淝河流域、杭埠河流域上中下游的 Margalef 指数有显著性影响（$P<0.05$）。通过分析我们可以看出，时间与空间，以及它们的交互作用对全流域和东部平原

区/西部丘陵区/巢湖湖体层次下的轮虫生物多样性指数的影响较大（表6-5）。

6.6 与环境因子的关系

相关分析表明，4月巢湖湖体及其主要子流域的轮虫密度和生物量均与叶绿素a含量呈显著正相关；而轮虫的物种多样性与总氮和/或总磷呈显著负相关（表6-6）。上述结果说明，在4月，轮虫密度随食物资源的增加而增加，而轮虫群落的物种多样性随水体氮磷含量的增加而降低。

表6-6 巢湖流域及子流域4月轮虫群落的生态特征与水体理化因子间的相关性

群落参数	pH	电导率	溶解氧	高锰酸盐指数	总氮	总磷	叶绿素 a
物种数	0.05	−0.08	0.02	0.12	−0.13	−0.09	0.04
轮虫密度	0.02	−0.07	0.00	0.21 *	−0.01	−0.03	0.15 *
轮虫生物量	−0.02	−0.03	−0.03	0.22 *	0.06	0.02	0.22 *
Margalef 指数	0.11	−0.09	0.05	0.10	−0.15 *	−0.08 *	0.01
Shannon-Wiener 指数	0.14	0.15	0.04	0.02	−0.20 *	−0.05	−0.12
Simpson 指数	0.12	0.12	0.08	−0.16	−0.20 *	−0.13	−0.17
Pielou 指数	0.13	−0.12	0.06	0.06	−0.16 *	−0.10	−0.02

* 表示 $P<0.05$。

在杭埠河流域，轮虫的物种数均与高锰酸盐指数、总磷和叶绿素a含量呈现极显著的正相关性，轮虫密度、多样性指数也与高锰酸盐指数、叶绿素a含量和/或总磷呈现显著或极显著的正相关性（表6-7）。这说明在4月，杭埠河流域轮虫的物种丰富度、密度及物种多样性均随着水体营养水平的上升而增加。

表6-7 杭埠河流域4月轮虫群落的生态特征与水体理化因子间的相关性

群落参数	pH	电导率	溶解氧	高锰酸盐指数	总氮	总磷	叶绿素 a
物种数	0.06	0.50	−0.04	0.46 **	0.27	0.40 **	0.76 **
轮虫密度	0.10	0.25	0.07	0.40 *	0.25	0.17	0.48 **
轮虫生物量	0.01	0.20	0.04	0.30	0.21	0.06	0.53 **
Margalef 指数	0.09	0.55	−0.02	0.50 **	0.23	0.52 **	0.72 **
Shannon-Wiener 指数	0.15	0.67 **	−0.04	0.59 **	0.12	0.57 **	0.49 **
Simpson 指数	0.22	0.24	0.32	0.11	−0.24	−0.10	−0.11
Pielou 指数	0.06	0.55	−0.01	0.36 *	0.15	0.48 **	0.57 **

* 表示 $P<0.05$；** 表示 $P<0.01$。

在巢湖湖体，轮虫的物种数均与总氮、总磷呈现极显著的正相关性，轮虫群落的物种多样性指数也与总氮和总磷呈现极显著的正相关性（表6-8），说明在4月，巢湖流域轮虫的物种丰富度及物种多样性均随着水体营养水平的上升而增加。

表6-8 巢湖湖体4月轮虫群落的生态特征与水体理化因子间的相关性

群落参数	pH	电导率	溶解氧	高锰酸盐指数	总氮	总磷	叶绿素a
物种数	0.17	−0.10	−0.13	0.25	0.68**	0.53**	0.02
轮虫密度	0.17	−0.17	−0.17	0.00	0.12	0.09	−0.30
轮虫生物量	0.17	−0.16	−0.18	0.08	0.28	0.18	−0.24
Margalef指数	0.19	−0.12	−0.18	0.20	0.65**	0.62**	−0.10
Shannon-Wiener指数	−0.12	0.46	−0.07	0.19	0.10	0.11	−0.32
Simpson指数	−0.16	0.38	−0.04	0.14	0.00	−0.02	−0.30
Pielou指数	0.17	−0.14	−0.20	0.14	0.56**	0.49**	−0.14

** 表示 $P<0.01$。

在南淝河流域，轮虫群落的 Shannon-Wiener 指数与总氮、总磷呈现显著的负相关性，而 Margalef 指数、Simpson 指数和 Pielou 指数与水体总氮和总磷间也表现出负相关性（表6-9）。这些负相关性说明在4月，南淝河流域轮虫的物种多样性随着水体营养水平的上升而下降。

表6-9 南淝河流域4月轮虫群落的生态特征与水体理化因子间的相关性

群落参数	pH	电导率	溶解氧	高锰酸盐指数	总氮	总磷	叶绿素a
物种数	0.14	−0.08	0.27	0.12	−0.19	−0.23	0.00
轮虫密度	0.17	−0.27	0.29	0.08	−0.07	−0.06	0.01
轮虫生物量	−0.11	−0.02	0.24	0.05	0.09	0.06	0.24
Margalef指数	0.32	−0.19	0.32	0.11	−0.35	−0.38	−0.11
Shannon-Wiener指数	−0.07	0.10	−0.05	−0.18	−0.62*	−0.60*	−0.17
Simpson指数	−0.24	0.47	−0.28	−0.30	−0.40	−0.34	0.01
Pielou指数	0.29	−0.07	0.25	0.10	−0.33	−0.35	−0.10

* 表示 $P<0.05$。

总体上，在巢湖湖体及其主要子流域水体中，氮磷含量中等的巢湖或者较低的杭埠河流域，轮虫群落的物种多样性随着营养水平的上升而增加；而在氮磷含量最高的南淝河流域，轮虫群落的物种多样性随着营养水平的上升而降低。这表明，水体氮磷含量增加会降低轮虫的物种多样性，而中等或者较低的氮磷含量会增加轮虫的物种多样性和轮虫密度。

6.7 历 史 变 化

巢湖湖体浮游动物物种有部分历史记录，但流域上浮游动物的记载资料非常有限。1981年的调查发现，巢湖湖区内共有22种轮虫（叶诗鸣等，1981）。Geng 等（2005）在2002～2003年的调查期中共鉴定轮虫49种，隶属于14科，18属。台建明（2005）在2004年的调查期发现轮虫15属，22种；枝角类7属，8种。王凤娟等（2006）在2005～2006年的调查期共发现轮虫20属，48种；枝角类1属，26种。4月在巢湖湖体共鉴定轮虫11种，隶属于6科，8属；7月共鉴定轮虫24种，隶属于7科，8属。

　　Geng 等（2005）发现，2002～2003 年夏季随着蓝藻的暴发，轮虫密度达到最高峰。王凤娟等（2006）发现，2005 年 6～9 月和 2006 年 3～6 月，以浮游动物数量（个/L）作为湖泊水体营养程度的生物量指标时，巢湖东湖区水体一直处于富营养状态。在本次调查中，4 月巢湖湖体的轮虫密度显著高于东部平原区及西部丘陵区，平均达到 148.82 个/L；7 月巢湖轮虫密度平均为 117.09 个/L，高于西部丘陵区的轮虫密度，但并无显著性差异。

参 考 文 献

台建明. 2005. 巢湖水域浮游生物调查与分析. 河北渔业，4：18-22.

王凤娟，胡子全，汤洁，等. 2006. 用浮游动物评价巢湖东湖区的水质和营养类型. 生态科学，25（6）：550-553.

王家辑. 1961. 中国淡水轮虫志. 北京：科学出版社.

王云龙，袁骐，沈新强. 2005. 长江口及邻近水域春季浮游植物的生态特征. 中国水产科学，12（3）：300-306.

叶诗鸣，王守柱，吴先成，等. 1981. 巢湖浮游动物区系及其变动规律的研究. //巢湖开发公司编，巢湖渔业资源增殖研究资料（第一集）. 合肥：安徽省巢湖开发公司.

章宗涉，黄祥飞. 1991. 淡水浮游生物研究方法. 北京：科学出版社.

Geng H，Xie P，Deng D G，et al. 2005. The rotifer assemblage in a shallow, eutrophic Chinese lake and its relationship with cyanobacteria blooms and crustacean zooplankton. Journal of Freshwater Ecology，20（1）：93-100.

Koste W. 1978. Rotatoria：Die Rädertiere Mitteleuropas. Berlin：Gebrüder Borntraege.

Segers H，Nwadiaro C S，Dumont H J 1993. Rotifera of some lakes in the floodplain of the river Niger（Imo State，Nigeria）．Ⅱ. Faunal composition and diversity. Hydrobiologia，250：63-71.

Segers H. 2008. Global diversity of rotifers（Rotifera）in freshwater. Hydrobiologia，595：49-59.

Sládecek V. 1983. Rotifers as indicators of water quality. Hydrobiologia，100：169-201.

第7章　大型底栖动物[①]

　　巢湖流域两次调查共采集到底栖动物 243 种，隶属于 3 门 7 纲 22 目 85 科 206 属。流域内底栖动物群落结构特征呈现出显著的空间差异性。各样点的物种数最大值可达 28 种，而最小值只有 1 种。物种数在源头溪流中较高，在巢湖湖体及城市河流中较低。物种多样性指数的分布特征与物种数基本一致，整体呈现出西部丘陵区较高、东部平原区和巢湖湖体较低的分布特征。从全流域看，铜锈环棱螺、霍甫水丝蚓和苏氏尾鳃蚓是巢湖流域的主要优势种。流域内各水系的优势种也有差异，杭埠河的优势种数量最多，达 11 种，其中包括敏感性水生昆虫；而十五里河的优势种数量仅有 1 种，为耐污种霍甫水丝蚓。典范对应分析表明，底质异质性和营养盐的差异是影响巢湖流域底栖动物群落结构的主要因素。

7.1　样点设置与样品采集

　　根据各样点的生境特点选用合适的采样方法。对于可涉水的河流和溪流，底栖动物采用 D 形抄网进行采样。每个样点采集 10 个 30cm×50cm 的样方，混合得到一个样品。对于无法涉水的大型河流和湖库，采用（1/16）m² 的改良彼得逊采泥器，每个样点采集 6 次，混合得到一个样品。每个样品中，底栖动物与底泥、碎屑等混为一体，须冲洗后才能进行挑拣。洗涤工作现场进行，采用网孔径为 0.45mm 的尼龙筛网进行现场洗涤，剩余物带回实验室进行分样。将洗净的样品置入白色盘中，加入清水，利用尖嘴镊、吸管、毛笔、放大镜等工具进行分样工作，挑拣出的各类动物分别放入已装好固定液的 50ml 塑料瓶中，直到采样点采集到的标本全部挑拣完为止。标本投入 7% 的福尔马林溶液中固定。

　　巢湖流域底栖动物样点同水质样点一致（参见图 2-1），共 191 个样点，采样时间为 2013 年 4 月和 7 月。由于部分样点无法获得样品，4 月实际采集样点为 180 个，7 月实际采集样点为 185 个。

7.2　鉴　定　方　法

　　在底栖动物的鉴定工作中，软体动物和水栖寡毛纲的优势种尽量鉴定至种，摇蚊科幼虫一般鉴定至属，其他水生昆虫鉴定至尽可能低的分类水平。把每个采样点所采集到的底栖动物按不同种类准确地统计个体数，根据采样面积推算出 1m² 内的数量，包括每种的密度和总密度（个/m²），样品称重获得的结果换算为 1m² 面积上的生物量（g/m²）。底栖动

物鉴定主要参照刘月英等（1979）、Morse 等（1994）、王洪铸（2002）、唐红渠（2006）等的文献。

7.3 种 类 组 成

7.3.1 全流域的物种组成

在 4 月的 180 个样点中，共采集到底栖动物 215 种。节肢动物门种类最多，共采集到 172 种，分属于 12 个目，其中双翅目种类最多（70 种，主要为摇蚊科幼虫 56 种），蜻蜓目和毛翅目分别为 37 种和 22 种，蜉蝣目有 16 种，其他昆虫种类较少。软体动物共采集到 31 种，双壳纲和腹足纲分别为 13 种和 18 种。环节动物门种类较少，共 12 种。从全流域调查结果看，出现率超过 10% 的种类共有 27 种，其中环节动物门 4 种，节肢动物门 12 种（昆虫纲 10 种），腹足纲和双壳纲分别有 8 种和 3 种（图 7-1）。铜锈环棱螺的出现率最高，达到 66.8%；霍甫水丝蚓、苏氏尾鳃蚓、椭圆萝卜螺的出现率也较高，分别为 46.4%、45.3% 和 44.2%。

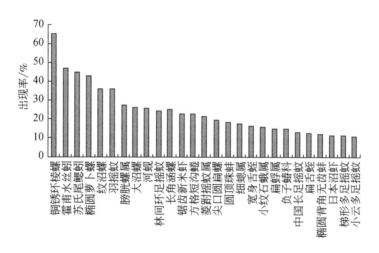

图 7-1 巢湖流域 4 月底栖动物常见种类

在 7 月的 185 个样点中，共采集到底栖动物 136 种。节肢动物门种类最多，共采集到 106 种，分别属于 11 目，其中双翅目种类最多（38 种，主要为摇蚊科幼虫 29 种），蜻蜓目、蜉蝣目和毛翅目分别为 21 种、13 种和 9 种，其他昆虫种类较少。软体动物共采集到 21 种，双壳纲和腹足纲分别为 8 种和 13 种。环节动物门种类较少，共 9 种（图 7-2）。铜锈环棱螺的出现率最高，达到 57.0%；负子蝽科、锯齿新米虾、椭圆萝卜螺、苏氏尾鳃蚓、黄色羽摇蚊和霍甫水丝蚓的出现率也较高，分别为 39.8%、37.1%、30.6%、27.4%、27.4% 和 25.8%。出现率大于 10% 的有 19 种，分析发现，4 月和 7 月出现率较高的种类均为耐污能力较强的种类。

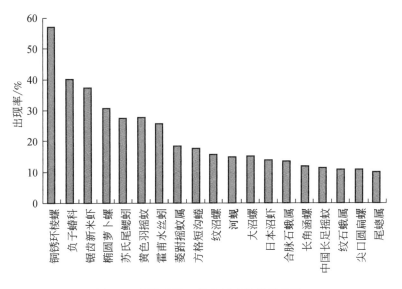

图 7-2　巢湖流域 7 月底栖动物常见种类

底栖动物物种多样性呈现显著的空间差异。4 月各样点物种数平均值为 10.6 种，最小值和最大值分别为 1 种和 28 种（表 7-1）。西部丘陵区物种丰富度较高，东部平原区河流和巢湖较低，巢湖湖体和东部平原区的部分点位物种数少于 5 种（图 7-3）。7 月各样点物种数平均值为 7 种，最小值和最大值分别为 1 种和 26 种。统计分析结果表明，物种丰富度在西部丘陵区最高、东部平原区次之、巢湖湖体水生态区最低（图 7-4），3 个生态区间具有显著差异。

表 7-1　巢湖流域底栖动物物种数　　　　　　　　　　　单位：种

月份	项目	西部丘陵区	东部平原区	巢湖湖体	巢湖流域
4 月	平均值	15	10.2	5.4	10.6
	最小值	3	1	2	1
	最大值	28	22	12	28
	中值	13	10	5	10
	标准差	6.6	4.9	2.4	5.9
7 月	平均值	9	7.2	3.7	7
	最小值	2	1	1	1
	最大值	26	17	7	26
	中值	8	7	4	6
	标准差	5	3.7	1.5	4.2

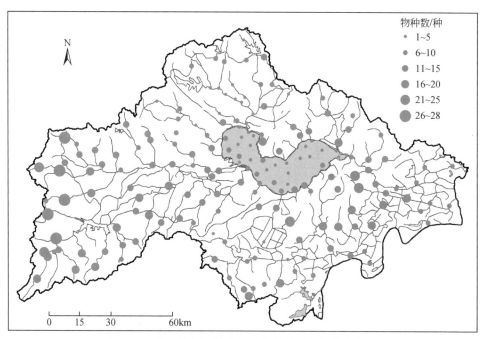

图 7- 3　巢湖流域 4 月底栖动物物种数空间分布格局

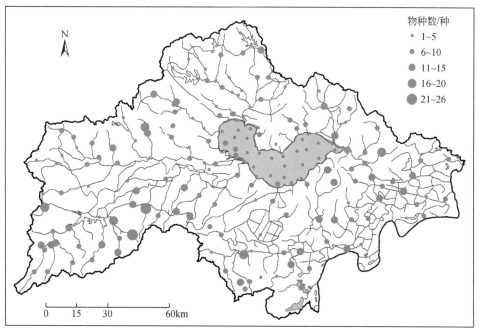

图 7- 4　巢湖流域 7 月底栖动物物种数空间分布格局

7.3.2　不同生态区物种组成

对比 4 月和 7 月的底栖动物物种数发现，7 月的物种数明显低于 4 月（图7-5、图7-6）。

两次采样中，软体动物和环节动物的物种数相差不多，但7月的节肢动物门物种数相对于4月明显降低。这是因为7月乃盛夏季节，很多水生昆虫羽化为成虫，因此其出现在底泥中的可能性明显降低。

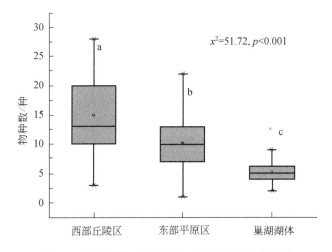

图 7-5　巢湖流域 4 月不同生态区底栖动物物种数

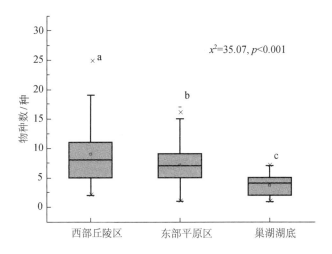

图 7-6　巢湖流域 7 月不同生态区底栖动物物种数

巢湖流域不同样点间的物种数量和组成差异较大。4 月，西部丘陵区物种数达 169 种，东部平原区达 142 种，巢湖湖体仅 21 种（表 7-2）。尽管西部丘陵区仅有 47 个样点，但其物种数量最多，这主要是因为该区样点主要位于山区溪流，生境异质性高、水质较好，可供更多的物种生存。从昆虫纲的组成也可以看出，敏感种类蜉蝣目、毛翅目和襀翅目主要出现在该地区，这是本地区物种丰富度最高的主要原因。巢湖湖体的物种数最少，仅采集到 21 种，且主要为摇蚊幼虫（12 种，占该区总物种数的 57%），此外软体动物也仅采集到 3 种，巢湖湖体物种数较低的主要原因可能是巢湖湖体水环境质量较差、富营养化严重，限制了敏感物种的生存，且水生植物稀少，与水草关系密切的种类也难以生存。东部平原区样点最多，各监测点环境差异较大，总物种数也较高。

表7-2 巢湖流域4月底栖动物物种组成特征　　　　　单位：种

门	纲	目	西部丘陵区	东部平原区	巢湖湖体	巢湖流域
环节动物门	寡毛纲		2	4	2	4
	多毛纲		0	1	1	1
	蛭纲		5	7	0	7
节肢动物门	甲壳纲		3	5	2	6
	昆虫纲	鞘翅目	7	4	1	7
		双翅目	48	54	12	70
		蜉蝣目	16	4	0	16
		半翅目	3	3	0	4
		鳞翅目	1	2	0	3
		广翅目	2	0	0	2
		蜻蜓目	29	26	0	37
		襀翅目	5	0	0	5
		毛翅目	22	9	0	22
		合计	133	102	13	166
软体动物门	双壳纲		10	11	2	13
	腹足纲		16	12	1	18
总计			169	142	21	215

7月，西部丘陵区物种数为97种，东部平原区有96种，巢湖湖体仅有17种（表7-3）。从昆虫纲的组成也可以看出，敏感种类蜉蝣目、毛翅目和襀翅目仍主要出现在西部丘陵区，但有所下降，这也是该区物种数较4月下降的主要原因之一。巢湖湖体的物种数也有所下降，摇蚊幼虫（10种，占总物种数的58.8%）仍是巢湖湖体物种数的主要贡献者。

表7-3 巢湖流域7月底栖动物物种组成特征　　　　　单位：种

门	纲	目	西部丘陵区	东部平原区	巢湖湖体	巢湖流域
环节动物门	寡毛纲		3	3	2	3
	多毛纲		0	0	1	1
	蛭纲		4	5	0	5
节肢动物门	甲壳纲		0	1	0	1
	昆虫纲	鞘翅目	9	8	0	10
		十足目	3	3	2	3
		双翅目	22	29	10	38
		蜉蝣目	12	5	0	13
		半翅目	3	3	0	5

门	纲	目	西部丘陵区	东部平原区	巢湖湖体	巢湖流域
节肢动物门	昆虫纲	等足目	0	1	0	1
		毛翅目	9	3	0	9
		广翅目	2	0	0	2
		鳞翅目	1	2	0	2
		蜻蜓目	15	14	0	21
		襀翅目	1	0	0	1
		合计	77	68	12	105
软体动物门	双壳纲		2	8	1	8
	腹足纲		11	11	1	13
总计			97	96	17	136

总体上，7月与4月的物种数分布相似，整体物种数减少。

7.3.3 主要子流域物种组成

巢湖流域不同水系间的物种数量和组成差异较大。4月，杭埠河水系的物种数最多，可达172种，其次为裕溪河（107种）、兆河（64种）、南淝河（50种）和柘皋河（44种）（表7-4）。十五里河水系的物种数最少，仅有10种。杭埠河的水生昆虫、双壳纲和腹足纲的数量均为最多，分别为136种、10种和15种。这主要是因为杭埠河水系中的上游溪流点位较多、水质较好，而且栖境多样性高，较适宜水生昆虫的栖息。十五里河的双壳纲物种数为0，由于双壳纲对水体溶解氧比较敏感，而十五里河富营养化严重，水体溶解氧相对较低，从而限制了双壳纲的生存。

表7-4 巢湖流域水系4月底栖动物物种组成特征 单位：种

门	纲	目	南淝河	杭埠河	白石天河	派河	十五里河	裕溪河	兆河	柘皋河
环节动物门	寡毛纲		2	3	2	2	2	3	3	2
	多毛纲		0	0	0	0	0	1	0	0
	蛭纲		3	5	2	2	0	6	5	2
节肢动物门	甲壳纲		3	3	1	2	0	4	2	1
	昆虫纲	鞘翅目	2	6	0	0	1	1	0	2
		双翅目	15	50	8	3	3	38	24	15
		蜉蝣目	0	16	0	0	0	4	3	1
		半翅目	2	3	1	1	1	2	0	1
		等足目	0	0	0	0	0	1	0	0
		鳞翅目	1	3	1	0	0	1	0	0
		广翅目	0	2	0	0	0	0	0	0

门	纲	目	南淝河	杭埠河	白石天河	派河	十五里河	裕溪河	兆河	柘皋河
节肢动物门	昆虫纲	蜻蜓目	7	30	2	4	2	20	7	8
		襀翅目	0	5	0	0	0	0	0	0
		毛翅目	1	21	0	0	0	6	5	0
		合计	28	136	12	8	7	73	39	27
软体动物门	双壳纲		5	10	2	1	0	9	6	3
	腹足纲		9	15	9	6	1	11	9	9
总计			50	172	28	21	10	107	64	44

　　7 月，各水系的物种数都有所降低（表 7-5）。杭埠河水系的物种数仍最多，有 94 种，其次为裕溪河（76 种）、兆河（51 种）和南淝河（40 种）。十五里河水系的物种数最少，仅有 8 种。杭埠河的水生昆虫和腹足纲的数量均为最多，分别为 71 种和 11 种；其昆虫数目和双壳纲数目相对于 4 月下降很多。十五里河的双壳纲物种数仍为 0。

表 7-5　巢湖流域水系 7 月底栖动物物种组成特征　　　　　　　单位：种

门	纲	目	南淝河	杭埠河	白石天河	派河	十五里河	裕溪河	兆河	柘皋河
环节动物门	寡毛纲		2	3	2	2	2	2	3	2
	多毛纲		0	0	0	0	0	0	0	0
	蛭纲		2	4	1	1	0	5	4	1
节肢动物门	甲壳纲		3	3	1	2	0	3	3	1
	昆虫纲	鞘翅目	2	9	0	1	1	7	3	2
		双翅目	12	21	7	7	2	20	14	7
		蜉蝣目	0	12	0	1	0	4	1	0
		半翅目	3	2	1	1	1	3	2	1
		等足目	0	0	0	0	0	1	0	0
		鳞翅目	0	1	0	0	0	0	0	0
		广翅目	0	2	0	0	0	0	0	0
		蜻蜓目	7	14	1	4	1	11	6	1
		襀翅目	0	1	0	0	0	0	0	0
		毛翅目	0	9	0	1	0	3	1	0
		合计	24	71	9	15	5	50	29	11
软体动物门	双壳纲		2	2	1	0	0	8	3	3
	腹足纲		7	11	5	6	1	8	9	8
总计			40	94	19	26	8	76	51	26

　　巢湖流域不同水系间底栖动物物种多样性呈现显著的空间差异。4 月各水系物种数平均值最大的为杭埠河，达 15.3 种，其次是裕溪河（11.8 种）、白石天河（11.6 种）和柘

皋河（11.5 种）。十五里河水系的物种数平均值最小，仅有 5.5. 种（表 7-6）。杭埠河的点位物种数最大值和最小值分别为 28 种和 6 种，其标准差也是各水系中最大的，说明杭埠河水系中的水体生境梯度较大。

表 7-6　巢湖流域水系 4 月的底栖动物物种数　　　　　　　　　单位：种

项目	南淝河	杭埠河	白石天河	派河	十五里河	裕溪河	兆河	柘皋河
平均值	6.9	15.3	11.6	6.7	5.5	11.8	9.9	11.5
中值	6.5	14	13	6	5.5	11	9	11
最小值	1	6	7	4	2	4	2	7
最大值	20	28	15	10	9	22	22	17
标准差	4.4	5.9	3.1	2.2	3.5	4.5	5.1	2.6

7 月各水系的物种数均有所降低。物种数平均值最大的为裕溪河，达 9.0 种，其次是杭埠河（8.7 种）、柘皋河（8.4 种）、兆河（7.6 种），十五里河的物种数平均值仍是最小（4.5 种）（表 7-7）。

表 7-7　巢湖流域水系 7 月的底栖动物物种数　　　　　　　　　单位：种

项目	南淝河	杭埠河	白石天河	派河	十五里河	裕溪河	兆河	柘皋河
平均值	4.7	8.7	6.6	7.0	4.5	9.0	7.6	8.4
中值	3.5	7.5	6	7	4.5	8	6.5	8
最小值	1	1	4	2	1	3	2	5
最大值	11	26	9	12	8	17	16	15
标准差	3.0	5.0	1.7	3.7	3.5	3.3	3.8	3.2

7.4　密　　度

7.4.1　全流域的密度

各采样点底栖动物类群的密度组成呈现出显著的空间差异（图 7-7、图 7-8）。整体而言，腹足纲密度在平原区河流大部分样点占据优势，在大部分样点的密度所占比重高于75%。寡毛纲主要在城市河道（南淝河、派河），以及巢湖湖体（主要是西半湖和北部湖区）占据优势，其在南淝河监测点密度所占比重接近 100%，在南淝河入湖口区域密度所占比例也超过 80%。双翅目（主要是摇蚊幼虫）占优势的点位主要位于巢湖湖体和平原区河流。清洁种类蜉蝣目（Ephemerida）、襀翅目（Plecoptera）及毛翅目（Trichoptera）（简称 EPT）主要在西部及南部等山区丘陵区溪流占据优势，其中蜉蝣目比重较高，毛翅目次之，襀翅目在各样点比重较低。

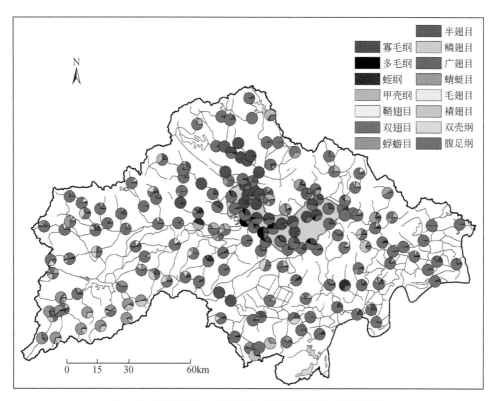

图 7-7　巢湖流域 4 月底栖动物密度类群组成空间格局

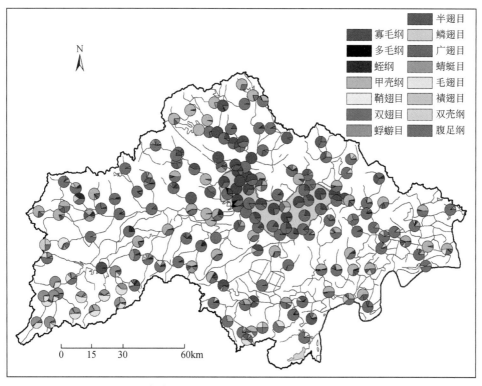

图 7-8　巢湖流域 7 月底栖动物密度类群组成空间格局

（1）寡毛纲

耐污类群寡毛纲的出现率高达 61.0%，其中密度低于 100 个/m² 的占 74.8%，主要分布于平原区河流和巢湖湖体（图 7-9）。寡毛纲平均值和中值分别为 1655 个/m² 和 1.57 个/m²。这种平均值远大于中值的情况说明寡毛纲的密度分布极不均匀，在大部分样点密度都很小，在个别样点存在极大值现象。寡毛纲高值出现在南淝河，均高于 5000 个/m²，最高值可达 203 400 个/m²，在派河监测点密度也较高，超过 1000 个/m²。巢湖湖体部分点位寡毛纲密度为 500 ~ 1000 个/m²。寡毛纲在以上点位的高密度表明，这些河流污染严重，这与水化学监测结果一致。

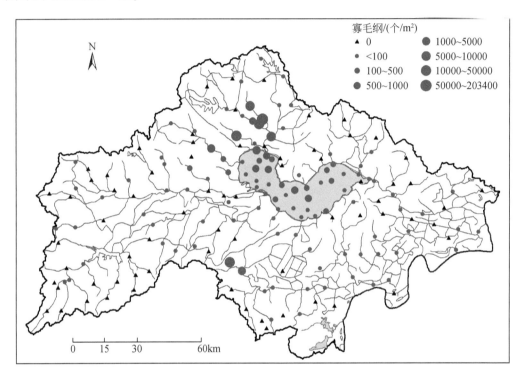

图 7-9　巢湖流域 4 月寡毛纲的密度空间分布格局

（2）多毛纲

多毛纲（寡鳃齿吻沙蚕）仅在巢湖湖体及裕溪河采集到，寡鳃齿吻沙蚕为海洋河口性种类，其主要分布在长江下游两侧的湖泊和河流中（图 7-10），其在巢湖湖体和裕溪河的出现主要受到物种扩散过程的影响，这也表明湖泊与长江连通对维持生物多样性具有重要作用。

（3）双壳纲

双壳纲的出现率为 40.1%，其中密度低于 10 个/m² 的点位占 67.1%。双壳纲的平均密度和最高值分别为 5.01 个/m² 和 131.4 个/m²。双壳纲主要分布于平原区河流，在山区溪流、城市河道、巢湖湖体很少出现（图 7-11）。在山区溪流无分布主要是因为双壳纲喜栖息于淤泥、沙底质，摄食方式主要为滤食，而山区溪流底质多为卵石、巨石等，水质透明度高，可供滤食的食物少，不利于双壳纲的生存繁殖。由于城市河道、巢湖湖体污染严重，水体底层溶解氧含量较低，直接限制了双壳纲的生存。

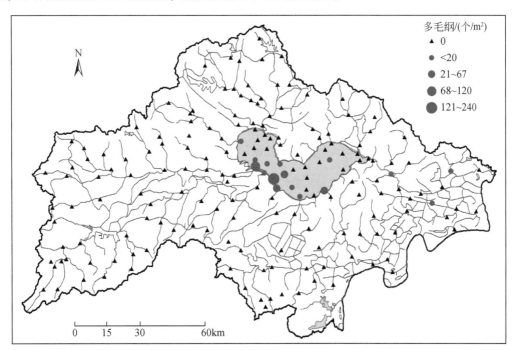

图 7-10 巢湖流域 4 月多毛纲的密度空间分布格局

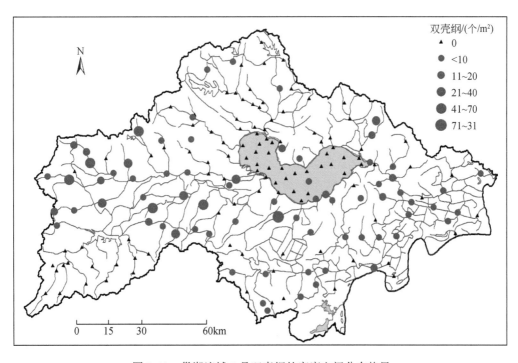

图 7-11 巢湖流域 4 月双壳纲的密度空间分布格局

（4）腹足纲

腹足纲出现率为79.7%，密度平均值、中值、最大值分别为75.1个/m²、22.3个/m²、1200个/m²，腹足纲空间格局并不明显，广泛分布于平原区河流，在源头溪流、南淝河、巢湖湖体基本未采集到（图7-12）。腹足纲第一优势种为铜锈环棱螺，相关研究表明，环棱螺属种类耐污能力较强，生态幅宽，对污染敏感度低，能栖息于多污性和中污性水体。

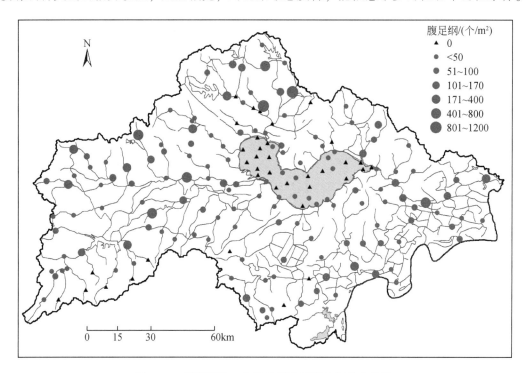

图7-12　巢湖流域4月腹足纲的密度空间分布格局

（5）双翅目

双翅目的出现率为84.1%，其中密度低于60个/m²的点位占80.4%。双翅目密度平均值和最大值分别为78.6个/m²和2400个/m²，其高值主要出现在巢湖湖体和城市河道的样点。密度大于1000个/m²的有4个，均出现在巢湖周围（图7-13）。巢湖湖体里出现的双翅目物种主要为摇蚊幼虫，特别是黄色羽摇蚊、多巴小摇蚊和红裸须摇蚊等耐污性物种。

（6）其他水生昆虫

蜉蝣目和毛翅目的空间分布格局基本一致，高值均出现在西部丘陵山区、南部丘陵山区等溪流样点（图7-14）。蜉蝣目和毛翅目的出现率分别为19.8%和18.7%。西部蜉蝣目密度为31~391个/m²，毛翅目密度为11~183个/m²。

襀翅目出现率仅为4.40%，主要分布在西部丘陵山区，最高密度为32.2个/m²。

蜻蜓目出现率较高（43.41%），其中22.5%的点位密度低于10个/m²，蜻蜓目广泛分布于山区和平原的河流，表明其对水环境的适应性较强。

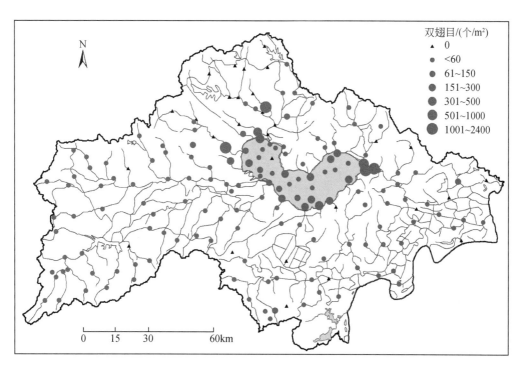

图 7-13　巢湖流域 4 月双翅目的密度空间分布格局

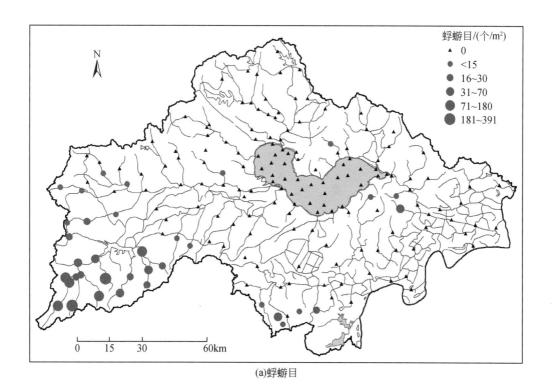

(a)蜉蝣目

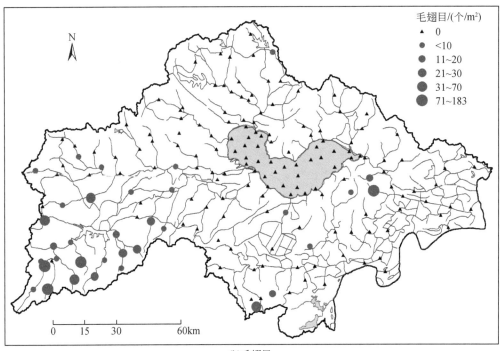

(b)毛翅目

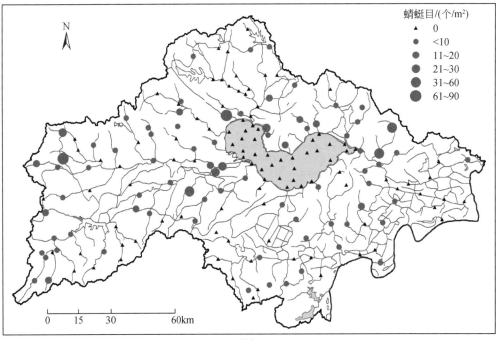

(c)蜻蜓目

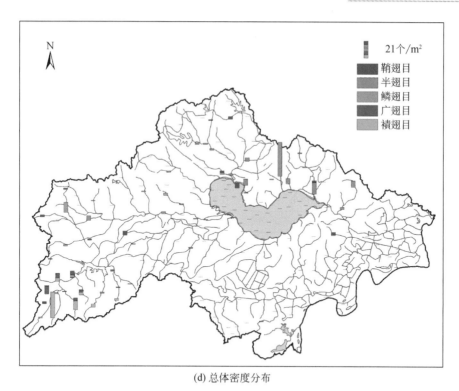

(d) 总体密度分布

图 7-14　巢湖流域 4 月水生昆虫的密度空间分布格局

半翅目（主要是负子蝽）的出现率为 18.68%，平均值和最大值分别为 0.71 个/m² 和 42.2 个/m²，主要分布于平原区河流。

鞘翅目、鳞翅目及广翅目的出现率均较低，分别为 9.34%、4.40%、4.95%，广翅目主要分布于山区溪流。

7.4.2　不同生态区的密度

巢湖流域各生态区的底栖动物总密度差异较大。4 月，东部平原区的平均密度为 2770.5 个/m²，远高于西部丘陵区（191.8 个/m²）和巢湖湖体（494.9 个/m²）（表7-8）。东部平原区的密度平均值远高于密度中值为 92.0 个/m²，说明东部平原区的个别点位存在密度极大值，密度最大的达 207 000.0 个/m²。巢湖湖体的密度中值最大，为 300.0 个/m²，西部丘陵区（112.5 个/m²）次之，东部平原区（92.0 个/m²）最小。7 月，各区的密度最大值均有所降低。东部平原区的平均密度最大，为 88.5 个/m²，巢湖湖体的密度中值最大，为 73.3 个/m²。

表 7-8　巢湖流域各生态区底栖动物密度　　　　　　　　单位：个/m²

月份	项目	西部丘陵区	东部平原区	巢湖湖体	巢湖流域
4 月	平均值	191.8	2 770.5	494.9	1 695.5
	中值	119.3	92.0	300.0	129.3

月份	项目	西部丘陵区	东部平原区	巢湖湖体	巢湖流域
4 月	最小值	8.9	1.7	53.3	1.7
	最大值	838.3	207 000.0	2 086.7	207 000.0
	标准差	198.9	20 537.3	498.9	15 448.5
7 月	平均值	76.2	88.5	82.4	84.2
	中值	42.2	49.4	73.3	53.3
	最小值	3.3	2.7	13.3	2.7
	最大值	510.0	993.3	246.7	993.3
	标准差	89.8	138.0	53.8	114.4

7.4.3 主要子流域的密度

巢湖流域各水系底栖动物总密度的差异也较大（表 7-9）。整体而言，4 月的南淝河（10 312.8 个/m²）和十五里河（11 506.7 个/m²）的平均密度均较高，远高于其他水系。白石天河的平均密度最小，仅有 52.1 个/m²。7 月，南淝河的平均密度最大，为 152.7 个/m²，柘皋河（104.8 个/m²）次之。白石天河的平均密度仍最小，但较 4 月有所提高。其他水系的密度相对于 4 月均有所降低。

表 7-9 巢湖流域各水系底栖动物密度 单位：个/m²

月份	项目	南淝河	杭埠河	白石天河	派河	十五里河	裕溪河	兆河	柘皋河
4 月	平均值	10 312.8	204.4	52.1	441.9	11 506.7	116.9	1 557.8	113.9
	中值	129.3	134.0	56.0	128.4	11 506.7	78.9	95.6	100.0
	最小值	1.7	31.7	24.7	8.9	413.3	3.3	16.0	41.1
	最大值	207 000.0	838.3	89.0	1363.3	22 600.0	540.7	5 573.3	213.3
	标准差	43 994.9	184.0	24.2	541.7	11 093.3	112.2	572.5	66.1
7 月	平均值	152.7	66.0	54.5	56.1	86.7	70.0	66.2	104.8
	中值	76.11	38.76	42.86	29.05	86.67	49.17	40.60	81.11
	最小值	6.7	3.3	5.3	7.8	6.7	10.0	2.7	31.7
	最大值	993.3	510.0	154.4	201.7	166.7	280.0	240.0	270.0
	标准差	242.6	82.1	52.6	66.5	80.0	54.1	65.6	77.9

7.5 优 势 种

优势种是指在群落中占优势的、对整个群落具有控制性影响的生物种类，采用相对重要性指数（index of relative importance，IRI）进行优势种的确定（Pinkas et al.，1971；韩洁等，2004），该指数的计算将每种生物的个体重量丰度及出现频率均考虑在内，能够较为全面地反映出每种生物在整个群落中的地位，其计算公式为

$$\text{IRI} = (W+N) \times F \tag{7-1}$$

式中，W 为某一种类的生物量占各点大型底栖动物总生物量的百分比；N 为该种类的密度占各点总密度的百分比；F 为该种类在各点出现的相对频率。

7.5.1　全流域及不同生态区的优势种

4 月，巢湖流域霍甫水丝蚓的 IRI 值最高，铜锈环棱螺次之，这两个物种的 IRI 值较其他物种的 IRI 值相差较大，可见霍甫水丝蚓和铜锈环棱螺在巢湖流域的优势地位。霍甫水丝蚓在东部平原区和巢湖湖体的 IRI 值均最高，分别达 37.7 和 5.8，远高于其他物种，但它不是西部丘陵区的优势种。铜锈环棱螺在整个巢湖流域的优势均比较明显，在东部平原区、西部丘陵区及巢湖湖体的 IRI 值分别达到 23.84、8.49 和 3.13。对于巢湖湖体，红裸须摇蚊的 IRI 值也很高，仅次于霍甫水丝蚓（表 7-10）。

表 7-10　巢湖流域大型底栖动物 4 月的相对重要性指数值（IRI）

种	西部丘陵区	东部平原区	巢湖湖体	巢湖流域
苏氏尾鳃蚓 *Branchiura sowerbyi*		1.65	1.05	2.31
霍甫水丝蚓 *Limnodrilus hoffmeisteri*		37.7	5.8	52.51
菱跗摇蚊属 *Clinotanypus* sp.			1.09	
红裸须摇蚊 *Propsilocerus akamusi*			4.35	
扁蜉属 *Heptagenia* sp.	1.12			
圆顶珠蚌 *Unio douglasiae*		1.22		1.39
河蚬 *Corbicula fluminea*	1.19	2.59		3.09
长角涵螺 *Alocinma longicornis*				1.05
方格短沟蜷 *Semisulcospira cancelata*	1.13			
铜锈环棱螺 *Bellamya aeruginosa*	8.49	23.84	3.13	25.68

注：此表仅列出 IRI>1 的物种。

7 月，铜锈环棱螺在巢湖流域及 3 个区域的 IRI 值均为第一，且与其他物种的 IRI 值相差较大，可见 7 月铜锈环棱螺在巢湖流域的优势地位。除铜锈环棱螺外，巢湖湖体的主要优势种还包括苏氏尾鳃蚓（5.36）、菱跗摇蚊属（4.36）、霍甫水丝蚓（3.68）、多巴小摇蚊（1.27）和隐摇蚊属（1.03）。东部平原区的主要优势种还包括锯齿新米虾（9.17）、黄色羽摇蚊（8.82）、负子蝽科（4.59）、霍甫水丝蚓（2.83）和大沼螺（1.04）。西部丘陵区的主要优势种还包括锯齿新米虾（2.49）、扁蜉属（2.3）、石蚕蛾科（1.2）、椭圆萝卜螺（1.16）和霍甫水丝蚓（0.78）。相对于 4 月，霍甫水丝蚓在东部平原区的优势地位明显降低，但在西部丘陵区的优势地位有所上升（表 7-11）。

表 7-11　巢湖流域大型底栖动物 7 月的相对重要性指数值

种	西部丘陵区	东部平原区	巢湖湖体	巢湖流域
霍甫水丝蚓 Limnodrilus hoffmeisteri	0.78	2.83	3.68	6.64
苏氏尾鳃蚓 Branchiura sowerbyi			5.36	2.47
锯齿新米虾 Neocaridina denticulata	2.49	9.17		9.45
黄色羽摇蚊 Cihronomu fslaviplumus		8.82		6.47
菱跗摇蚊属 Clinotanypus sp.			4.36	1.26
隐摇蚊属 Cryptochironomus sp.			1.03	
多巴小摇蚊 Microchironomus tabarui			1.27	
扁蜉属 Heptagenia sp.	2.3			
负子蝽科 Belostomatidae sp.		4.59		3.81
石蚕蛾科 Hydropsyche sp.	1.2			
河蚬 Corbicula fluminea				1.1
铜锈环棱螺 Bellamya aeruginosa	20.66	65.27	10.81	94.85
方格短沟蜷 Semisulcospira cancelata				1.15
大沼螺 Parafossarulus eximius		1.04		
长角涵螺 Alocinma longicornis				1.31
椭圆萝卜螺 Radix swinhoei	1.16			1.39

注：此表仅列出 IRI>1 的物种。

7.5.2　主要子流域的优势种

巢湖流域各水系的优势种有明显差异。4 月，杭埠河的优势种数量最多（11 种），其中铜锈环棱螺（33.35）占主要优势，其次是河蚬（2.91）、扁蜉属（2.54）和椭圆萝卜螺（2.48）。十五里河的优势种数量最少，仅有一种，即霍甫水丝蚓（3.31），说明十五里河水系中霍甫水丝蚓占有绝对优势。南淝河的优势种有 3 种，为霍甫水丝蚓（8.74）、铜锈环棱螺（5.91）和苏氏尾鳃蚓（0.53）。铜锈环棱螺和霍甫水丝蚓是大部分水系的优势种，且 IRI 值也相对较高，说明铜锈环棱螺和霍甫水丝蚓在巢湖流域各水系均占有优势地位，这与全流域的结果一致（表 7-12）。

表 7-12　巢湖流域 4 月各水系的大型底栖动物相对重要性指数值（IRI）

种	南淝河	杭埠河	白石天河	派河	十五里河	裕溪河	兆河	柘皋河
苏氏尾鳃蚓 Branchiura sowerbyi	0.53							
霍甫水丝蚓 Limnodrilus hoffmeisteri	8.74	0.77		2.00	3.31		9.34	
锯齿新米虾 Neocaridina denticulata		0.86						0.87

种	南淝河	杭埠河	白石天河	派河	十五里河	裕溪河	兆河	柘皋河
林间环足摇蚊 *Cricotopus sylvestris*		0.59	0.54	0.60				
扁蜉属 *Heptagenia* sp.		2.54						
负子蝽科 *Belostomatidae* sp.								0.52
合脉石蛾属 *Cheumatopsyche* sp.		0.57						
圆顶珠蚌 *Unio douglasiae*		0.60						
河蚬 *Corbicula fluminea*		2.91				0.52	1.04	
椭圆萝卜螺 *Radix swinhoei*		2.48	0.56					
膀胱螺属 *Physa* sp.		1.31						
尖口圆扁螺 *Hippeutis cantori*				0.64				
长角涵螺 *Alocinma longicornis*						3.82		
大沼螺 *Parafossarulus eximius*						1.55		
纹沼螺 *Parafossarulus striatulus*						2.10		
方格短沟蜷 *Semisulcospira cancelata*		1.63						
铜锈环棱螺 *Bellamya aeruginosa*	5.91	33.35	5.80	3.45		36.63	6.07	4.18

注：此表仅列出 IRI>0.5 的物种。

7月，杭埠河的优势种数量最多（10 种），其中铜锈环棱螺（19.71）占主要优势，其次是锯齿新米虾（3.68）、扁蜉属（2.54）、椭圆萝卜螺（1.36）和纹石蛾属（1.34）。十五里河的优势种数量较 4 月增多，但也仅有两种，分别为负子蝽科（1.2）和霍甫水丝蚓（0.5）。南淝河的优势种仍为 3 种，霍甫水丝蚓（2.18）和铜锈环棱螺（7）仍旧是南淝河的优势种，但黄色羽摇蚊（4.97）的优势地位有所提升。铜锈环棱螺、锯齿新米虾和负子蝽科是大部分水系的优势种，且 IRI 值也相对较大，说明铜锈环棱螺、锯齿新米虾和负子蝽科在巢湖流域各水系均占有优势地位，这与 4 月的结果稍有不同（表7-13）。

表7-13 巢湖流域7月各水系的大型底栖动物相对重要性指数值（IRI）

种	南淝河	杭埠河	白石天河	派河	十五里河	裕溪河	兆河	柘皋河
霍甫水丝蚓 *Limnodrilus hoffmeisteri*	2.18	1.01			0.5			
锯齿新米虾 *Neocaridina denticulata*		3.68	1.89	1.48		5.71	0.91	2.42
黄色羽摇蚊 *Cihronomu fslaviplumus*	4.97						0.65	
扁蜉属 *Heptagenia* sp.		2.54						
负子蝽科 *Belostomatidae* sp.		1.41			1.2	1.25		0.81

种	南淝河	杭埠河	白石天河	派河	十五里河	裕溪河	兆河	柘皋河
合脉石蛾属 *Cheumatopsyche* sp.		0.66						
纹石蛾属 *Hydropsyche* sp.		1.34						
河蚬 *Corbicula fluminea*						0.54		
椭圆背角无齿蚌 *Anodonta woodiana elliptica*						0.73		
圆顶珠蚌 *Unio douglasiae*						0.7		
长角涵螺 *Alocinma longicornis*						0.85	0.67	
铜锈环棱螺 *Bellamya aeruginosa*	7	19.71	5.23	3.73		33.17	12.81	4.92
方格短沟蜷 *Semisulcospira cancelata*		0.98				0.96		
大沼螺 *Parafossarulus eximius*						1.2		
膀胱螺属 *Physa* sp.		0.57						
椭圆萝卜螺 *Radix swinhoei*		1.36						

注：此表仅列出 IRI>0.5 的物种。

7.6　物种多样性

7.6.1　全流域的多样性分布特征

底栖动物物种多样性呈现显著空间差异。4 月，Shannon-Wiener 指数平均值为 1.44，最大值为 2.68，其在西部丘陵区及部分东部平原区河流较高，在巢湖湖体较低。Margalef 指数平均值为 2.06、最大值为 5.46，其空间格局与 Shannon-Wiener 指数基本一致，高值出现在西部丘陵区和平原区南部，低值主要出现在巢湖湖体和平原区北部河流。Simpson 指数的平均值为 0.62，最大值为 0.91。Pielou 指数的平均值为 0.64，最大值为 1.0。Simpson 和 Pielou 指数的分布呈现出南高北低的趋势，高值在丘陵区的西南部、南部平原区南部和巢湖湖体均有出现（图 7-15）。

7 月，巢湖流域的多样性跟 4 月相比稍有变化。Shannon-Wiener 指数平均值为 1.20，最大值为 2.68，其在西部丘陵区及南部平原区河流较高，部分东部平原区河流居中，而巢湖湖体最低。Simpson 指数平均值为 1.52、最大值为 4.85，其平均值相对于 4 月明显减小，Simpson 指数的平均值在西部丘陵区最高、巢湖湖体次之、东部平原区最低。Margalef 指数的平均值为 1.52，最大值为 4.85，比 4 月明显减小。Pielou 指数的平均值为 0.66，最大值为 1.0，相对于 4 月份变化很小，但其分布特征变化很大，高值在巢湖湖体、西部丘陵区及东部平原区均有出现（图 7-16）。

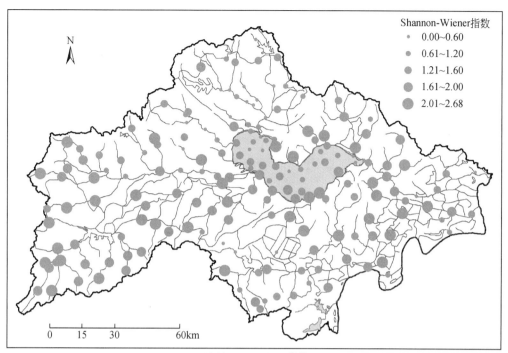

(a) Shannon-Wiener指数

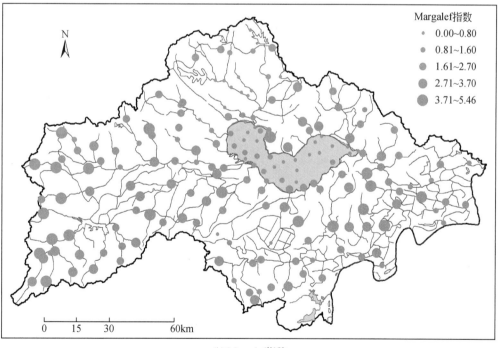

(b) Margalef指数

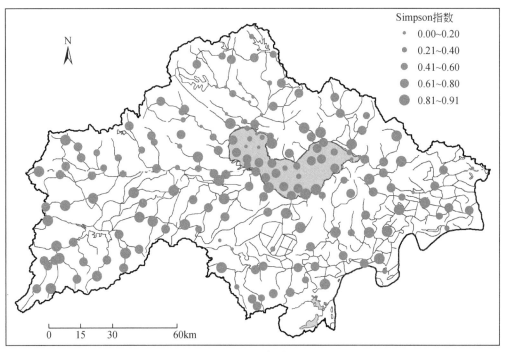

(c) Simpson指数

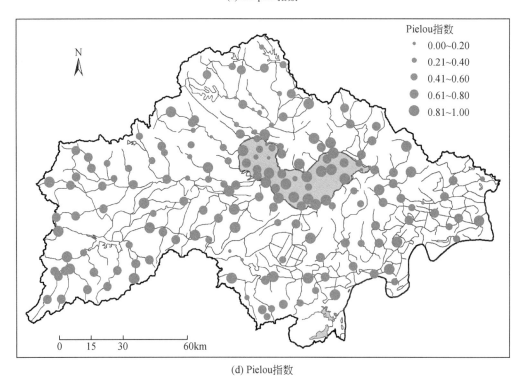

(d) Pielou指数

图 7-15　巢湖流域 4 月底栖动物多样性指数空间分布

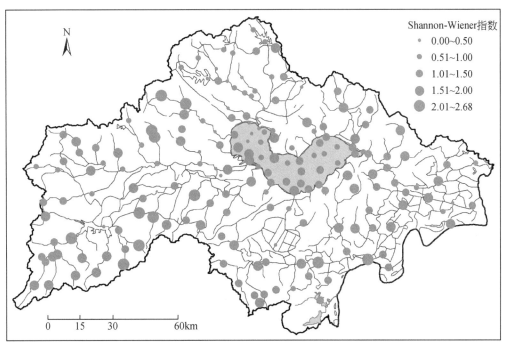

(a) Shannon-Wiener指数

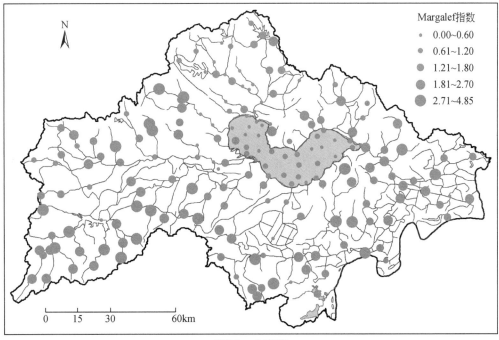

(b) Margalef指数

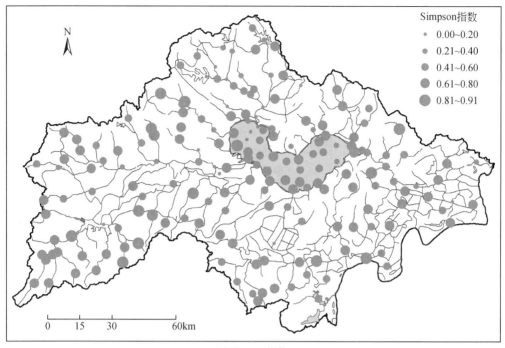

(c) Simpson指数

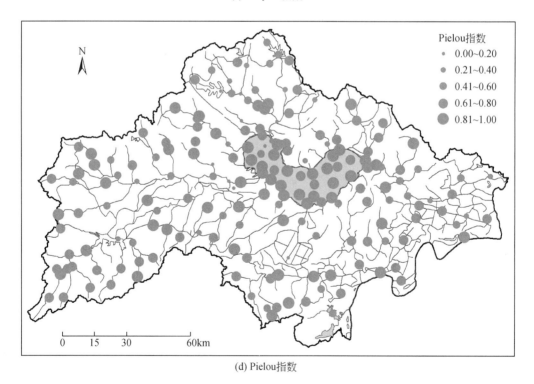

(d) Pielou指数

图7-16 巢湖流域7月底栖动物多样性指数空间分布

7.6.2 不同生态区的多样性特征

巢湖流域不同生态区的多样性特征存在差异。

4 月，西部丘陵区的 Shannon-Wiener 指数平均值最高，为 1.72，而东部平原区（1.41）和巢湖湖体（1.1）的 Shannon-Wiener 指数平均值平均低于巢湖全流域的平均值（1.44）（表 7-14）。西部丘陵区的 Simpson 指数平均值最大，为 0.71，东部平原区（0.6）次之，巢湖湖体（0.53）最低。西部丘陵区 Margalef 指数（2.74）和 Pielou 指数（0.67）的平均值最大，东部平原区的 Magalef 指数高于巢湖湖体，而巢湖湖体的 Pielou 指数高于东部平原区。统计分析结果表明，Shannon-Wiener 指数、Simpson 指数及 Margalef 指数在 3 个区域间具有显著差异，从平均值上看，Shannon-Wiener 指数、Simpson 指数及 Margalef 指数在西部丘陵区最高，东部平原区次之，巢湖湖体最低。Pielou 指数在 3 个生态区间差异不明显，西部丘陵水生态区最高，巢湖湖体水生态区次之，东部平原水生态区最低（表 7-14、图 7-17）。

表 7-14 巢湖流域各生态区的底栖动物多样性

月份	多样性指数	项目	西部丘陵区	东部平原区	巢湖湖体	巢湖流域
4 月	Shannon-Wiener	平均值	1.72	1.41	1.1	1.44
		最小值	0.29	<0.01	0.04	<0.01
		最大值	2.68	2.56	2.13	2.68
		标准差	0.51	0.65	0.57	0.63
	Simpson	平均值	0.71	0.6	0.53	0.62
		最小值	0.15	<0.01	0.01	<0.01
		最大值	0.91	0.89	0.86	0.91
		标准差	0.15	0.25	0.26	0.24
	Margalef	平均值	2.74	2.13	0.78	2.07
		最小值	0.39	<0.01	0.15	<0.01
		最大值	5.46	5.02	1.8	5.46
		标准差	1.21	1.07	0.43	1.22
	Pielou	平均值	0.67	0.61	0.65	0.64
		最小值	0.37	<0.01	0.06	<0.01
		最大值	0.93	1	0.98	1
		标准差	0.13	0.23	0.27	0.22
7 月	Shannon-Wiener	平均值	1.42	1.15	1.02	1.2
		最小值	0.32	<0.01	<0.01	<0.01
		最大值	2.68	2.34	1.77	2.68
		标准差	0.55	0.56	0.43	0.55

续表

月份	多样性指数	项目	西部丘陵区	东部平原区	巢湖湖体	巢湖流域
7月	Simpson	平均值	0.63	0.54	0.56	0.56
		最小值	0.15	<0.01	<0.01	<0.01
		最大值	0.91	0.9	0.81	0.91
		标准差	0.18	0.24	0.2	0.22
	Margalef	平均值	2.03	1.57	0.63	1.52
		最小值	0.32	<0.01	<0.01	<0.01
		最大值	4.85	3.48	1.32	4.85
		标准差	1.03	0.88	0.31	0.97
	Pielou	平均值	0.69	0.60	0.80	0.66
		最小值	0.29	<0.01	<0.01	<0.01
		最大值	0.96	1	1	1
		标准差	0.16	0.25	0.2	0.23

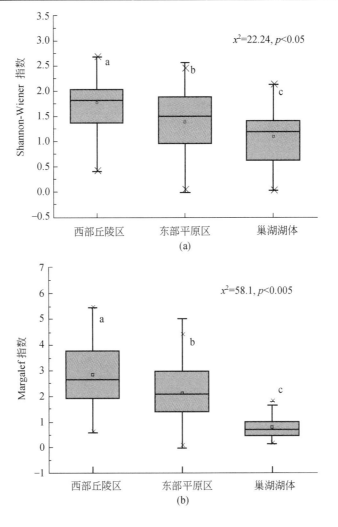

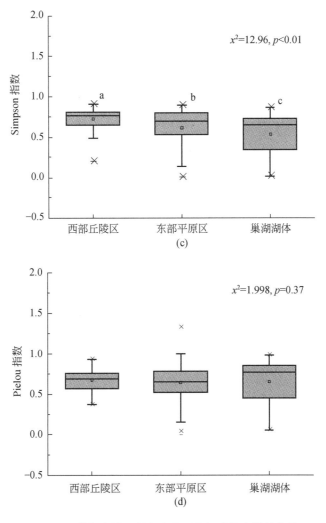

图 7-17　巢湖流域 4 月各生态区底栖动物多样性差异

　　7 月，各区的 Shannon-Wiener 指数平均值均低于 4 月。西部丘陵区的 Shannon-Wiener 指数平均值仍是最高，为 1.42，东部平原区（1.15）次之，巢湖湖体（1.02）最低。西部丘陵区的 Simpson 指数（0.63）和 Margalef 指数（2.03）最大，东部平原区的 Margalef 指数高于巢湖湖体，但巢湖湖体的 Simpson 指数高于东部平原区。Pielou 指数的分布较 4 月变化很大，巢湖湖体的 Pielou 指数平均值（0.80）最大，西部丘陵区（0.69）次之，东部平原区（0.60）最低。统计分析结果表明，Shannon- Wiener 指数、Margalef 指数及 Pielou 指数在 3 个区域间具有显著差异，从均值上看，Shannon-Wiener 指数和 Margalef 指数在西部丘陵区最高，东部平原区次之，巢湖湖体水生态区最低；而 Pielou 指数在巢湖湖体最高，西部丘陵区次之，东部平原区最低。Simpson 指数在 3 个生态区间差异不明显（表 7-14、图 7-18）。

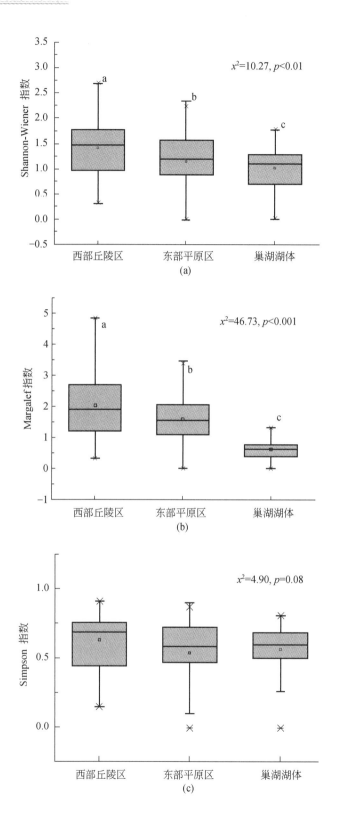

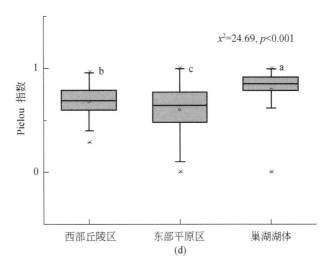

图 7-18　巢湖流域 7 月各生态区底栖动物多样性差异

7.6.3　主要子流域的多样性

底栖动物物种多样性在不同水系间也呈现显著的空间差异。

4 月，杭埠河的 Shannon-Wiener 指数平均值最高，达 1.79，其次是白石天河（1.76）、柘皋河（1.76）和裕溪河（1.61）（表 7-15）。柘皋河（0.74）、白石天河（0.74）和杭埠河（0.73）的 Simpson 指数平均值较大。杭埠河（2.88）和白石天河（2.77）的 Margelef 指数平均值最大。Shannon-Wiener 指数、Margelef 指数、Simpson 指数和 Pielou 指数的平均值最小值均为十五里河，4 个生物多样性指数的最小值均出现在南淝河水系。

表 7-15　巢湖流域 4 月各水系的底栖动物多样性

多样性指数	水系	南淝河	杭埠河	白石天河	派河	十五里河	裕溪河	兆河	柘皋河
Shannon-Wiener	平均值	1.00	1.79	1.76	0.97	0.39	1.61	1.32	1.76
	最小值	0.00	0.52	1.41	0.18	0.16	0.36	0.03	1.20
	最大值	2.34	2.68	2.37	1.53	0.61	2.46	2.56	2.10
	标准差	0.63	0.47	0.32	0.48	0.23	0.50	0.71	0.31
Simpson	平均值	0.47	0.73	0.74	0.47	0.16	0.68	0.57	0.74
	最小值	0.00	0.21	0.63	0.07	0.07	0.13	0.01	0.54
	最大值	0.84	0.91	0.88	0.75	0.24	0.89	0.89	0.84
	标准差	0.28	0.14	0.08	0.25	0.08	0.18	0.27	0.10
Margalef	平均值	1.39	2.88	2.77	1.44	0.71	2.51	2.07	2.35
	最小值	0.00	0.95	1.87	0.43	0.10	1.15	0.10	1.12
	最大值	4.07	5.46	3.96	2.32	1.33	5.02	4.43	3.12
	标准差	1.03	1.08	0.80	0.59	0.61	0.92	1.15	0.62

续表

多样性指数	水系	南淝河	杭埠河	白石天河	派河	十五里河	裕溪河	兆河	柘皋河
Pielou	平均值	0.53	0.67	0.73	0.53	0.26	0.67	0.58	0.73
	最小值	0.00	0.27	0.64	0.13	0.23	0.16	0.04	0.62
	最大值	1.00	0.93	0.90	0.93	0.28	0.99	0.87	0.84
	标准差	0.29	0.13	0.11	0.28	0.02	0.18	0.24	0.08

7月，杭埠河的Shannon-Wiener指数平均值最大，达1.39，其次是派河（1.36）和柘皋河（1.32）（表7-16）。杭埠河（0.61）、裕溪河（0.61）和柘皋河（0.61）的Simpson指数平均值最大。杭埠河（1.99）和裕溪河（1.99）的Margelef指数平均值最大，兆河（1.88）和派河（1.85）次之。相对于4月白石天河的各多样性指数下降最多。Shannon-Wiener指数、Margelef指数、Simpson指数和Pielou指数平均值的最小值都是十五里河，派河和兆河的4个多样性指数值也相对较低，说明南淝河、十五里河、派河和兆河的部分点位底栖动物多样性很低。

表7-16　巢湖流域7月各水系的底栖动物多样性

多样性指数	水系	南淝河	杭埠河	白石天河	派河	十五里河	裕溪河	兆河	柘皋河
Shannon-Wiener	平均值	0.74	1.39	1.19	1.36	0.65	1.36	1.26	1.32
	最小值	0.00	0.00	0.94	0.43	0.00	0.24	0.11	0.55
	最大值	1.74	2.68	1.53	2.34	1.29	2.20	1.89	1.71
	标准差	0.49	0.59	0.23	0.74	0.65	0.42	0.42	0.38
Simpson	平均值	0.38	0.61	0.60	0.60	0.33	0.61	0.60	0.61
	最小值	0.00	0.00	0.47	0.21	0.00	0.10	0.05	0.22
	最大值	0.79	0.91	0.75	0.90	0.65	0.87	0.78	0.77
	标准差	0.24	0.22	0.12	0.25	0.33	0.16	0.18	0.17
Margalef	平均值	0.80	1.99	1.64	1.85	0.68	1.99	1.88	1.64
	最小值	0.00	0.00	1.33	0.38	0.00	0.51	0.27	1.11
	最大值	1.96	4.85	1.79	3.52	1.37	3.39	3.22	2.50
	标准差	0.60	1.02	0.17	1.28	0.68	0.71	0.82	0.51
Pielou	平均值	0.49	0.67	0.67	0.75	0.31	0.64	0.67	0.65
	最小值	0.00	0.00	0.43	0.39	0.00	0.22	0.16	0.26
	最大值	1.00	0.97	1.00	0.99	0.62	0.92	1.00	0.85
	标准差	0.27	0.21	0.22	0.23	0.31	0.16	0.21	0.16

7.7 功能摄食类群

按照功能摄食类群分，底栖动物可分为滤食者（filtering collectors，FC）、直接收集者（gathering collectors，GC）、捕食者（predators，PR）、刮食者（scrapers，SC）和撕食者（shredders，SH）5 类（Compin and Céréghino，2007；Merritt and Cummins，2008）。

4 月巢湖流域的 215 种底栖动物共有滤食者 31 种、直接收集者 54 种、捕食者 75 种、刮食者 33 种、撕食者 22 种。此时大型底栖动物功能摄食类群以直接收集者占绝对优势，相对丰度达 91.4%。刮食者、滤食者、捕食者和撕食者的相对丰度较小，分别为 5.1%、2.2%、1.0% 和 0.3%。上游地区刮食者相对丰度较高，下游及巢湖湖体中直接收集者占绝对主导地位（图 7-19）。

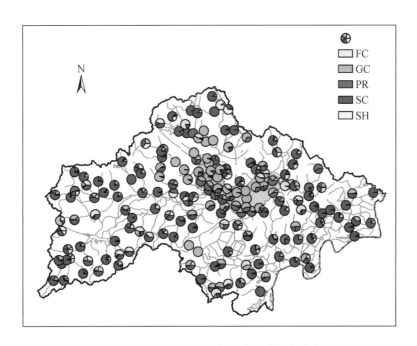

图 7-19　巢湖流域 4 月功能摄食类群密度分布图

7 月巢湖流域的 136 种底栖动物共有滤食者 21 种、直接收集者 33 种、捕食者 42 种、刮食者 23 种、撕食者 17 种。大型底栖动物功能摄食类群以直接收集者和刮食者占较大优势，相对丰度分别为 36.1% 和 33.2%，撕食者和捕食者次之，其相对丰度较低，分别为 14.9% 和 11.4%，滤食者相对丰度更低，为 5.1%。上游地区的刮食者和撕食者的相对丰度较高，但下游及巢湖湖体中直接收集者仍占绝对主导地位（图 7-20）。

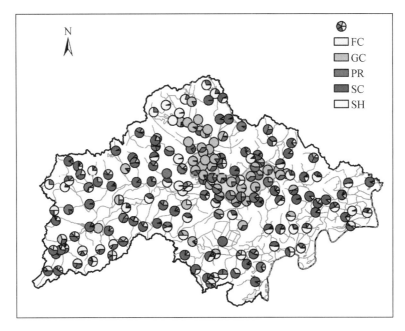

图 7-20　巢湖流域 7 月功能摄食类群密度分布图

7.8　与环境因子的关系

采用典范对应分析（canonical correspondence analysis，CCA）研究巢湖流域底栖动物群落结构与环境因子的关系。因湖泊与河流测定的环境因子参数不完全一致，所以分别对湖泊与河流进行 CCA 分析。

湖泊典范对应分析筛选出水体的浊度（turbidity）、总磷（TP）、总氮（TN）、硝氮（NO_3^--N）、叶绿素 a（Chla）和沉积物总磷（Sed–TP）与巢湖底栖动物群落关系最显著（图 7-21）。第一轴和第二轴的特征值较大，分别为 0.229 和 0.165，分别解释了 9.9% 和 7.1% 的物种数据方差变异，以及 33.2% 和 24.0% 的物种–环境关系变异（表 7-17）。第三轴和第四轴分别解释了 5.2% 和 3.0% 的物种数据方差变异，以及 17.8% 和 9.9% 的物种–环境关系变异。第一轴与总磷、浊度和叶绿素 a 的相关性较高，第二轴与硝氮的相关性较高，表明湖泊水体营养盐及沉积物营养盐含量是影响底栖动物群落结构的主要因子。巢湖湖体的总磷和硝氮含量较高，主要是受流域人类活动的强烈影响。叶绿素 a 主要反映浮游植物的生物量，但其也在一定程度上反映水体的营养水平。水体营养状态升高，会改变底栖动物的生境条件和食物质量，从而影响其群落结构状态。从典范对应分析排序图可以看出，巢湖湖体的营养盐浓度自西向东有逐渐减小的趋势。

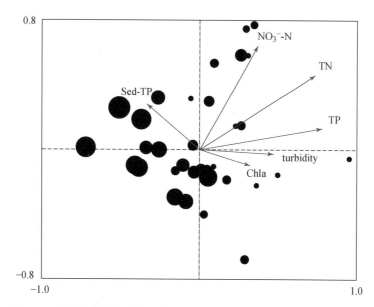

图 7-21　巢湖湖体底栖动物群落结构与环境因子的典范对应分析排序图

饼的大小代表样点的经度值大小

表 7-17　湖泊的底栖动物群落结构与环境因子的典范对应分析结果

项目	轴 1	轴 2	轴 3	轴 4	总惯量
特征值	0.229	0.165	0.122	0.068	2.322
物种-环境关系	0.872	0.731	0.718	0.679	
物种数据方差变异累计百分比	9.9	17.0	22.2	25.2	
物种-环境关系变异累计百分比	33.2	57.2	75.0	84.9	
turbidity	0.48	−0.03	−0.50	−0.66	
TP	0.79	0.13	−0.01	0.38	
TN	0.74	0.46	0.19	0.08	
NO_3^--N	0.37	0.65	0.22	−0.43	
Chla	0.33	−0.10	0.68	−0.51	
Sed-TP	−0.34	0.28	−0.26	−0.22	

河流的典范对应分析筛选出电导率（COND）、总氮（TN）、氨氮（NH_3-N）、硝氮（NO_3^--N）、叶绿素 a（Chla）、底质（substrate）与巢湖流域河流底栖动物群落关系最显著（图 7-22）。第一轴和第二轴的特征值较大，分别为 0.610 和 0.297，各解释了 4.7% 和 2.3% 的物种数据方差变异，以及 37.4% 和 12.3% 的物种-环境关系变异（表 7-18）。第三轴和第四轴分别解释了 1.6% 和 1.6% 的物种数据方差变异，以及 12.6% 和 12.6% 的物种-环境关系变异。第一轴与底质、硝氮和叶绿素 a 的相关性较高，第二轴与氨氮、总氮的相关性较高。从各因子进入 CCA 分析的顺序及其解释量可以看出，底质、氨氮和总氮的解释量相对较高，而电导率、硝氮和叶绿素 a 的解释量相对较低。从排序图上可以看出，杭埠河、兆河和裕溪河的样点主要沿底质分布，而南淝河、派河和十五里河的点位主要沿

氨氮和总氮分布，这说明了底质和营养盐两类因子决定了巢湖流域底栖动物的空间差异：南淝河、派河和十五里河是高营养盐，杭埠河、兆河和裕溪河则是部分点位底质高。底质在很大程度上决定了底栖动物的群落组成和多样性。这是因为底质是底栖动物赖以生存的环境，可提供栖息、摄食、繁殖和躲避捕食的场所。关于底质状态对底栖动物群落结构影响的研究很多，不同底栖动物类群对底质的喜好差异很大，如颤蚓类和摇蚊幼虫偏好淤泥类底质，而双壳纲喜好砂质底质。研究还表明，底质的粒径大小对底栖动物的影响较大，一般而言，底质粒径可以通过影响沉积物孔隙度、溶解氧含量和侵蚀深度，来影响底栖动物的摄食和生长率。

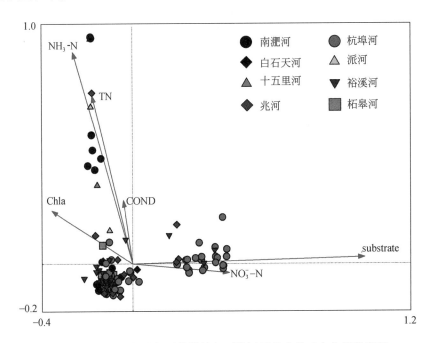

图 7-22　河流底栖动物群落结构与环境因子的典范对应分析排序图

表 7-18　河流的底栖动物群落结构与环境因子的典范对应分析结果

项目	轴 1	轴 2	轴 3	轴 4	总惯量
特征值	0.610	0.297	0.206	0.205	12.862
物种–环境关系	0.924	0.838	0.899	0.918	
物种数据方差变异累计百分比	4.7	7.0	8.6	10.2	
物种–环境关系变异累计百分比	37.4	55.7	68.3	80.9	
COND	−0.04	0.22	0.37	0.76	
TN	−0.16	0.59	0.50	0.04	
NH_3-N	−0.24	0.74	0.22	0.004	
NO_3^--N	0.38	−0.03	0.18	0.20	
Chla	−0.33	0.19	0.60	−0.21	
substrate	0.92	0.02	0.002	−0.07	

参 考 文 献

韩洁，张志南，于子山. 2004. 渤海中、南部大型底栖动物的群落结构. 生态学报, 24 (03)：531-537.

刘月英，张文珍，王跃先，等. 1979. 中国经济动物志–淡水软体动物. 北京：科学出版社.

唐红渠. 2006 中国摇蚊科幼虫生物系统学研究. 天津：南开大学博士学位论文.

王洪铸. 2002. 中国小蚓类研究（附中国南极长城站附近地区两新种）. 北京：高等教育出版社.

Compin A, Céréghino R. 2007. Spatial patterns of macroinvertebrate functional feeding groups in streams in relation to physical variables and land-cover in southwestern France. Landscape Ecology, 22：1215-1225.

Merritt R W, Cummins K W. 2008. An Introduction to the Aquatic Insects of North America, 4th edn. Kendall Hunt, Dubuque, IOWA, USA.

Morse JC, Yang L F, Tian L X. 1994. Aquatic Insects of China Useful for Monitoring Water Quality. Nanjing：Hohai University Press.

Pinkas L, Oliphant M S, Iverson I L. 1971. Food habits of albacore, bluefin tuna, and bonito in California waters. Fish Bulletin, (152)：1-105.

第8章 水生植物[①]

巢湖流域调查共发现水生植物 123 种，隶属于 43 科 85 属，其中蕨类植物有 5 科 6 种，双子叶植物 25 科 63 种，单子叶植物 13 科 54 种。以喜旱莲子草（*Alternanthera philoxeroides*）、芦苇（*Phragmites australis*）、菹草（*Potamogeton crispus*）、菱（*Trapa* sp.）、金鱼藻（*Ceratophyllum demersum*）、黑藻（*Hydrilla verticillata*）、䕮草（*Phalaris arundinacea*）等为优势种。巢湖流域水生植物物种数、Shannon-Wiener 多样性指数、Simpson 优势度指数和 Pielou 均匀度指数在各样点间均存在一定差异，表现为西部丘陵区>东部平原区>巢湖湖滨带；从不同流域来看，物种多样性指数以白石天河流域最高，南淝河最低。巢湖流域水生植被群落的主要类型可划分为 2 个植被型组、4 个植被型、2 个植被亚型和 23 个群系。相关性分析表明，物种多样性指数均与高锰酸盐指数、总氮、总磷和叶绿素 a 浓度呈现出显著的负相关性，与溶解氧呈现出正相关性，说明物种多样性水平在一定程度上也能反映出水质的好坏。

8.1 样点设置与样品采集

巢湖流域共布设了 189 个水生植物样点，分别于 2013 年 4 月和 7 月进行了两次样品采集。由于部分样点未能获得样品，4 月实际采集样点 171 个，7 月实际采集样点 182 个（图 8-1）。在调查点位或河段内最有代表性和典型性的水生植被分布区域设置样地，在样地内设置一条样带，样带长度为 50m。每条样带上通过等距离机械布点法，布设 5 个 1m×1m 的样方。在设定的样方中，分别记录种名，物种的高度、盖度、株数、多度及生物量等，并记录样方的经纬度、海拔等生境因子。对于可涉水域，由调查人员穿下水裤进行样方设置，并将样方内的植株全株连根拔起或挖取，有地下茎的对其地下茎采集。对不可涉水型或较深的水域，调查人员乘船通过植物采集铗或耙草器将样方内的植物全部采集。在野外将样方内采集的水生植物样品立即洗净，分种类测定鲜重。

---

① 本章由刘坤（安徽师范大学生命科学学院）撰写，高俊峰统稿、定稿。

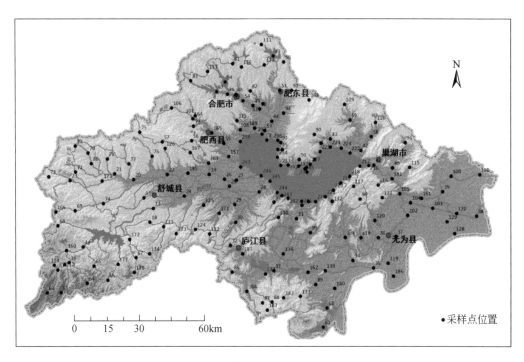

图 8-1　巢湖流域水生植物采样点位置图

8.2　鉴 定 方 法

　　水生植物物种鉴定采用野外专家直接鉴定法。基本的目标是确认到形态种,对于野外不能准确鉴定的植物种,采集凭证标本,详细记录野外登记标签,然后进行室内鉴定,必要时请相关科属专家鉴定。在野外将样方内采集的水生植物样品立即洗净,分种类测定鲜重。如果在野外不易分种类取样测定的,将样品全部带回室内再分。

　　水生植物种类鉴定工具书主要有《中国高等植物》(傅立国等,2012)、《中国水生植物》(陈耀东等,2012)、《中国水生维管束植物图谱》(王宁珠等,1983)、《安徽植物志(第五卷)》(安徽植物志协作组,1992)。

8.3　种类组成及区系特征

8.3.1　种类组成

8.3.1.1　全流域水生植物种类组成

经 2013 年 4 月和 7 月两次野外调查,共发现巢湖流域水生植物 43 科 85 属 123 种(含种下分类阶元），其中蕨类植物有 5 科 6 属 6 种，被子植物有 38 科 79 属 117 种。在被子植物中，双子叶植物有 25 科 39 属 63 种，单子叶植物有 13 科 40 属 54 种（表 8-1）。

表 8-1　巢湖流域水生植物种类统计

分类阶元	科	属	种
蕨类植物	5	6	6
被子植物	38	79	117
双子叶植物	25	39	63
单子叶植物	13	40	54
合计	43	85	123

在巢湖流域 43 科水生植物中，各科含属数差异悬殊，含 4 属以上的科有 4 个，占总科数的 9.3%，属数为 32 个，占总属数的 37.6%，在植物区系的组成中占重要位置，如禾本科（Poaceae）18 属、菊科（Compositae）5 属、莎草科（Cyperaceae）5 属、水鳖科（Hydrocbadtaceae）4 属等。含 2~3 属的科有 12 个，占总科数的 27.9%，属数为 26 个，占总属数的 30.6%。含 1 属的科有 27 个，占总科数的 62.8%，属数为 27 个，占总属数的 31.8%（表 8-2）。

表 8-2　巢湖流域水生植物科内属的组成

科内含属数	科数	占总科数/%	属数	占总属数/%
≥4	4	9.3	32	37.6
2~3	12	27.9	26	30.6
1	27	62.8	27	31.8
合计	43	100	85	100

在巢湖流域 43 科水生植物中，含 10 种以上的水生植物大科有 3 个，即禾本科 18 属 19 种、蓼科（Polygonaceae）2 属 12 种、莎草科 5 属 10 种；含 5~9 种的较大科有 5 个，即十字花科 6 种、毛茛科 5 种、菱科 5 种、菊科 5 种、眼子菜科 5 种。以上 8 科仅占总科数的 18.6%，但含种数高达 67 种，占总种数的 54.4%，大多数种类是水生植被的优势种或建群种，其在巢湖流域水生植物区系中起主导作用（表 8-3）。

表 8-3　巢湖流域水生植物科内种的组成

科内含种数	科数	占总科数/%	种数	占总种数/%
≥10	3	7.0	41	33.3
5~9	5	11.6	26	21.1
2~4	15	34.9	36	29.3
1	20	46.5	20	16.3
合计	43	100	123	100

含 2~4 种的小型科共有 15 个，占总科数的 34.9%；单种科共有 20 个，占总科数的

46.5%；小型科和单种科共有 35 个，占总科数的 81.4%，但含种数仅为 56 种，只占总种数的 45.6%（表 8-3）。

在巢湖流域 85 属水生植物中，含 5 种以上的属有 3 个，占总属数的 3.5%，共有 20 种，占总种数的 16.3%，分别为蓼属（*Polygonum*）10 种、眼子菜属（*Potamogeton*）5 种、菱属（*Trapa*）5 种。含 2~4 种的属有 15 个，单种属有 67 个。寡种属（2~4 种）和单种属共 82 个，含 103 种，占总属数的 96.5% 和总种数的 83.8%（表 8-4）。

表 8-4　巢湖流域水生植物属内种的组成

属内含种数	属数	占总属数/%	种数	占总种数/%
≥5	3	3.5	20	16.3
2~4	15	17.6	36	29.3
1	67	78.9	67	54.4
合计	85	100	123	100

8.3.1.2　不同生态区水生植物种类组成

从巢湖流域水生植物种类组成的空间分布格局来看（表 8-5），巢湖流域的东部平原区水生植物种类最多，其中 4 月调查共发现 30 科 51 属 63 种，7 月调查共发现 35 科 54 属 72 种；巢湖湖滨带水生植物种类最少，其中 4 月调查共发现 16 科 25 属 31 种，7 月调查共发现 19 科 29 属 35 种。从 7 月调查情况来看，东部平原区、西部丘陵区和巢湖湖滨带分别有水生植物 72 种、58 种和 35 种。

表 8-5　巢湖湖滨带、西部丘陵区和东部平原区水生植物种类组成

主要区域	科数		属数		种数	
	4 月	7 月	4 月	7 月	4 月	7 月
巢湖湖滨带	16	19	25	29	31	35
西部丘陵区	28	27	52	46	64	58
东部平原区	30	35	51	54	63	72

8.3.1.3　巢湖湖滨带及主要子流域水生植物种类组成

从巢湖湖滨带及主要子流域水生植物种类组成来看（表 8-6），杭埠河流域水生植物种类最多，共 94 种，隶属于 38 科 71 属；其次是裕溪河流域，共有 70 种，隶属于 31 科 51 属；派河流域种类最少，仅 13 科 23 属 24 种。

表 8-6　巢湖湖滨带及主要子流域水生植物种类组成

主要流域（编号）	科数	属数	种数
白石天河流域（Ⅰ）	21	28	33
巢湖湖滨带（Ⅱ）	27	42	53

主要流域（编号）	科数	属数	种数
南淝河流域（Ⅲ）	25	42	58
杭埠河流域（Ⅳ）	38	71	94
派河流域（Ⅴ）	13	23	24
裕溪河流域（Ⅵ）	31	51	70
兆河流域（Ⅶ）	24	39	52
柘皋河流域（Ⅷ）	19	27	34

从巢湖湖滨带及主要子流域水生植物 4 月和 7 月种类组成来看（表 8-7），杭埠河流域 4 月和 7 月水生植物种类最多，其中 4 月调查共发现水生植物 29 科 51 属 64 种，7 月调查共发现水生植物 29 科 49 属 59 种。从总体上来看，7 月调查发现的水生植物物种数较 4 月略有增加，柘皋河流域增加最多，共增加 15 种，但在少数流域 7 月调查发现的水生植物物种数较 4 月略有减少，如在杭埠河流域、裕溪河流域和派河流域，7 月调查发现的物种数分别较 4 月较少 5 种、1 种和 3 种。

表 8-7　巢湖湖滨带及主要子流域 4 月和 7 月水生植物种类组成

主要流域	科数		属数		种数	
	4 月	7 月	4 月	7 月	4 月	7 月
白石天河流域（Ⅰ）	15	14	18	19	19	21
巢湖湖滨带（Ⅱ）	16	19	25	29	31	35
南淝河流域（Ⅲ）	17	20	28	32	33	41
杭埠河流域（Ⅳ）	29	29	51	49	64	59
派河流域（Ⅴ）	11	8	15	14	17	14
裕溪河流域（Ⅵ）	27	24	41	36	48	47
兆河流域（Ⅶ）	17	21	24	31	28	40
柘皋河流域（Ⅷ）	11	17	13	24	15	30

8.3.1.4　巢湖流域水生植物优势种

表 8-8 为巢湖流域 4 月和 7 月水生植物优势种列表。无论是 4 月还是 7 月，喜旱莲子草（*Alternanthera philoxeroides*）均为巢湖流域最具优势的水生植物，4 月共有 52 个样点的水生植物优势种为喜旱莲子草，占总样点数的 31.3%；7 月共有 59 个样点的水生植物优势种为喜旱莲子草，占样点总数的 33.5%。

表 8-8　巢湖流域 4 月和 7 月水生植物优势种

序号	4 月			7 月		
	优势种	样点数	占样点总数百分比/%	优势种	样点数	占样点总数百分比/%
1	喜旱莲子草	52	31.3	喜旱莲子草	59	33.5
2	菹草	34	20.5	芦苇	28	15.9

续表

序号	4 月			7 月		
	优势种	样点数	占样点总数百分比/%	优势种	样点数	占样点总数百分比/%
3	芦苇	23	13.9	菱	15	8.5
4	虉草	9	5.4	金鱼藻	10	5.7
5	微齿眼子菜	6	3.6	虉草	7	4.0
6	石菖蒲	4	2.4	黑藻	6	3.4
7	菖蒲	3	1.8	双穗雀稗	6	3.4
8	齿果酸模	3	1.8	竹叶眼子菜	6	3.4
9	穗花狐尾藻	3	1.8	水鳖	5	2.8
10	香蒲	3	1.8	穗花狐尾藻	5	2.8

在 4 月，菹草（*Potamogeton crispus*）也是巢湖流域具有优势的水生植物，仅次于喜旱莲子草，共有 34 个样点的优势种为该物种，占样点总数的 20.5%；其次是芦苇，共有 23 个样点的优势种为该物种，占样点总数的 13.9%；其他优势物种包括虉草（*Phalaris arundinacea*）、微齿眼子菜（*Potamogeton maackianus*）、菖蒲（*Acorus calamus*）、穗花狐尾藻（*Myriophllum spicatum*）、香蒲（*Typha orientalis*）等。

在 7 月，菹草一般已经腐烂分解，芦苇取代菹草成为仅次于喜旱莲子草的优势物种，共有 28 个样点的优势种为该物种，占样点总数的 15.9%；其次是菱（*Trapa* sp.），是 15 个样点的优势物种，占样点总数的 13.9%；其他优势物种包括金鱼藻（*Ceratophyllum demersum*）、虉草、黑藻（*Hydrilla verticillata*）、双穗雀稗（*Paspalum paspaloides*）、竹叶眼子菜（*Potamogeton malaianus*）、水鳖（*Hydrocharis dubia*）、穗花狐尾藻等。

由此可以看出，巢湖流域的水生植物优势种主要是喜旱莲子草、芦苇、菹草、菱、金鱼藻、虉草、黑藻等。水生植物中，约 60% 的种类为非优势种，有的甚至是偶见种或生态上的狭域种。水生植物中，双子叶植物丰富度较高，单子叶植物在多度上占优势；水生植被中，优势种或建群种多为单子叶植物。

8.3.2　巢湖流域水生植物区系特征

8.3.2.1　科的地理成分统计与分析

参考吴征镒等（2003）的《世界种子植物科的分布区类型系统》的划分，可将巢湖流域水生植物 43 科划分为 6 种分布区类型（表 8-9），可归并为世界分布科、热带分布科和温带分布科。

（1）世界分布科

世界分布科共计 24 个，占该区系总科数的 55.81%，蕨类植物，如满江红科（Azollaceae）、萍科（Marsileaceae）、槐叶萍科（Salviniaceae）等；被子植物，如禾本科、莎草科、菊科、蓼科等沼生植物大科；此外，还有眼子菜科（Potamogetonaceae）、睡莲科

（Nymphaeaceae）、茨藻科（Najadaceae）、泽泻科（Alismataceae）、水鳖科（Hydrocharitaceae）和金鱼藻科（Ceratophyllaceae）等均是典型的水生植物科。该世界分布科共包含58属74种，分布占该区系总属数的68.23%和总种数的60.16%。由此可见，世界分布科在该区系占主导地位，也显示了水生植物的隐域性。

（2）热带分布科

热带分布科共有11个，占该总科数的25.58%，其中，绝大多数是泛热带分布科（表8-9）。泛热带分布科共有10个。常见的有天南星科（Araceae）、鸭跖草科（Commelinaceae）、谷精草科（Eriocaulaceae）和雨久花科（Pontederiaceae）等。

（3）温带分布科

温带成分科共有8个，占该区系总科数的18.60%，其中主要是北温带分布科，共有6个。

从科级水平看，热带成分的科数占优势，表明本区系与热带植物区系的亲缘关系，这与吴征镒的中国亚热带地区植物区系有着很大热带亲缘的观点相一致。

8.3.2.2 属的地理成分统计与分析

根据《中国植物志》第一卷（中国科学院中国植物志编辑委员会，2004）有关蕨类植物属的分布区类型和吴征镒等（2006）关于中国种子植物属的分布区类型的划分，可将巢湖流域水生植物划分为13种分布区类型，分别阐述如下（表8-9）。

表 8-9　巢湖流域水生植物科、属的分布区类型

分布区类型	科数	占总科数/%	属数	占总属数/%
热带地理成分				
1. 世界广布 Cosmopolitan	24	55.81	31	36.47
2. 泛热带分布 Pantropic	10	23.26	17	20.00
3. 东亚（热带、亚热带）及热带南美间断 Trop. & Subtr. E. Asia & (S.) Trop. Amer. disjuncted			2	2.35
4. 旧世界热带分布 Old world Trop.			3	3.53
5. 热带亚洲至热带大洋洲分布 Trop. Asia to Trop. Australasia Oceania			2	2.35
6. 热带亚洲至热带非洲分布 Trop. Asia to Trop. Africa	1	2.33	1	1.18
7. 热带亚洲分布 Trop. Asia			2	2.35
温带地理成分				
8. 北温带分布 North Temperate	6	13.95	13	15.29
9. 东亚和北美间断分布 Asia & N. America disjuncted	1	2.33	5	5.88
10. 旧世界温带分布 Old World Temp.	1	2.33	3	3.53
11. 温带亚洲分布 Temp. Asia			1	1.18

续表

分布区类型	科数	占总科数/%	属数	占总属数/%
12. 地中海区、西亚至中亚分布 Mediterranean，W. Asia to Central Asia				
13. 中亚分布 Central Asia				
14. 东亚分布 East Asia			4	4.71
15. 中国特有分布 Endemic to China			1	1.18
合计	43	100	85	100

（1）世界分布：在巢湖流域共有31属，占总属数的36.47%，该类型以温带分布的草本植物为主，水生或沼生的有槐叶萍属（*Salvinia*）、满江红属（*Azolla*）、眼子菜属（*Potamogeton*）、浮萍属（*Lemna*）、茨藻属（*Najas*）、芦苇属（*Phragmites*）、香蒲属（*Typha*）、荸荠属（*Eleocharis*）、灯心草属（*Juncus*）、藨草属（*Scirpus*）等；湿生的有蓼属（*Polygonum*）、酸模属（*Rumex*）等。

（2）泛热带分布：本类型有17属，占总属数的20.00%，常见的有莲子草属（*Alternanthera*）、苦草（*Vallisneria*）、假稻属（*Leersia*）、雀稗属（*Paspalum*）、狗牙根属（*Cynodon*）等属。

（3）东亚（热带、亚热带）及热带美洲间断分布：本类型在巢湖流域仅有过江藤属（*Phyla*）、凤眼莲属（*Eichhornia*）2属。

（4）旧世界热带分布：本类型有3属，常见的有水竹叶属（*Murdannia*）、香茶菜属（*Isodon*）和水鳖属（*Hydrocharis*）。

（5）热带亚洲至热带大洋洲分布：本类型有2属，它们是黑藻属（*Hydrilla*）和通泉草属（*Mazus*）。

（6）热带亚洲至热带非洲分布：本类型在巢湖流域有1属，即荩草属（*Arthraxon*）。

（7）热带亚洲分布：本类型在巢湖流域有2属，它们是水禾属（*Hygroryza*）和芋属（*Colocasia*）。

（8）北温带分布：在巢湖流域有13属，占总属数的15.29%。常见的有虉草属（*Phalaris*）、稗属（*Echinochloa*）、水毛茛属（*Batrachium*）、蒿属（*Artemisia*）等属。

（9）东亚和北美间断分布：这一类型在巢湖流域水生植物区系中有菰属（*Zizania*）、菖蒲属（*Acorus*）、扯根菜属（*Penthorum*）、鹅肠菜属（*Myosoton*）、莲属（*Nelumbo*）5属。

（10）旧世界温带分布：本类型在巢湖流域有3属，它们是菱属（*Trapa*）、水芹属（*Oenanthe*）、鹅观草属（*Roegneria*）。

（11）温带亚洲分布：本类型在巢湖流域较贫乏，仅马兰属（*Kalimeris*）。

（12）东亚分布：本类型有芡属（*Euryale*）、茶菱属（*Trapella*）、盒子草属（*Actinostemma*）和荻属（*Triarrhena*）4属。

（13）中国特有分布：本类型在巢湖流域水生植物中有虾须草属（*Sheareria*）1属。

表8-9可看出，水生植物15个分布类型中，巢湖流域有13个，仅缺地中海区、西亚至中亚分布型（12型）和中亚分布型（13型），说明巢湖流域水生植物区系类型较为复

杂、多样。属数最多的为世界广布型,共 31 属,占总属数的 36.47%,所占比重较大的另两个分布类型分别是泛热带分布和北温带分布,分别有 17 属(占总属数 20.0%)和 13 属(占 15.29%),这两类分布型也是广域性分布。这 3 个广域性分布型所占属数共 61 属,占总属数的 71.76%,所占比重非常大,这充分说明了水生植物的隐域性特征。巢湖流域水生植物中,热带分布属(2~7 型)共有 27 属,具有温带性质的温带分布属(8~15 型)也共有 27 属,温带类型与热带类型一样多,说明了巢湖流域水生植物具有亚热带和暖温带的双重性质。

8.4 数 量 特 征

8.4.1 全流域水生植物生物量

从巢湖湖滨带及主要子流域每个样点水生植物的生物量来看(表 8-10),4 月各样点水生植物生物量差异较大(0~3043g/m^2),各样点水生植物平均生物量为 640.4g/m^2,其中生物量大于 2000g/m^2 的样点有 4 个,占总样点数的 2.38%;大多数样点的生物量小于 500g/m^2,这样的样点共有 89 个,占总数的 52.98%。从 4 月水生植物生物量空间分布来看(图 8-2),西部丘陵区内海拔较高的样点的生物量相对小,这些样点主要分布在一些山区的溪流,较大的挺水植物,如芦苇、藕草等相对很少,因此其生物量也较小。东部平原区的一些溪流内水生植物生物量也相对较小。总体上,巢湖湖滨带各样点的水生植物生物量较高,很多区域分布有生物量较高的芦苇等挺水植物。

表 8-10 巢湖流域各样点水生植物生物量

各样点生物量/(g/m^2)	4 月		7 月	
	样点数	占总样点数/%	样点数	占总样点数/%
>2000	4	2.38	39	21.67
1500~2000	16	9.52	19	10.56
1000~1500	22	13.10	23	12.78
500~1000	37	22.02	41	22.78
<500	89	52.98	58	32.22

7 月各样点水生植物生物量差异更大(0~6613.5g/m^2),其中生物量大于 2000g/m^2 的样点有 39 个,占总样点数的 21.67%;生物量小于 500g/m^2 的样点共有 58 个,占总数的 32.22%。7 月各样点水生植物平均生物量是 1284.3g/m^2,较 4 月各样点水生植物平均生物量多一倍,这与水生植物在 7 月处于生长旺盛期有关,各种水生植物生物量一般在 7 月达到最大值。从 7 月水生植物生物量空间分布来看(图 8-2),与 4 月调查结果相似,西部丘陵区内山区溪流采样点的生物量相对小一些。生物量处于前 10 位的调查样点中,有 5 个样点在巢湖湖滨带,4 个样点分布在东部平原区,仅 1 个样点分布在西部丘陵区,且该样点海拔较低,靠近平原区域。在这些生物量较高的样点中,一般都分布有芦苇、香蒲、

菰等大型挺水植物。与 4 月相比，7 月水生植物生长比较旺盛，总体上 7 月各样点的生物量要高于 4 月。

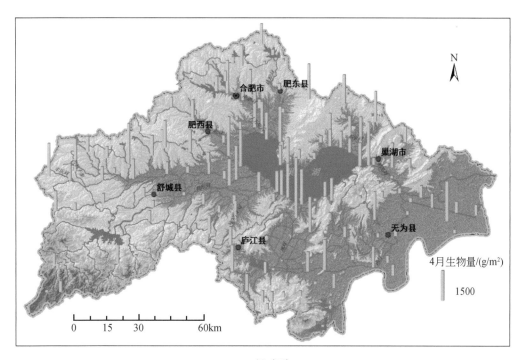

(a) 4月(春季)

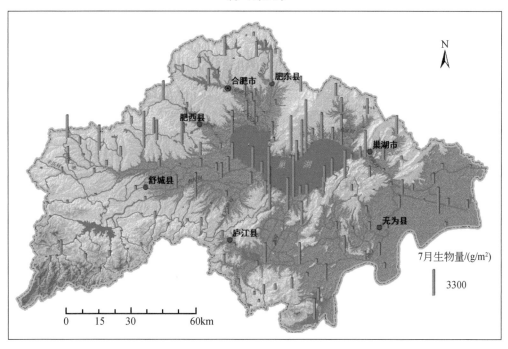

(b) 7月(夏季)

图 8-2 巢湖流域水生植物生物量空间分布

8.4.2 不同生态区水生植物生物量

从 4 月巢湖湖滨带、东部平原区和西部丘陵区内各样点水生植物平均生物量来看[图 8-3（a）]，3 个主要区域内各样点平均生物量差异较大，其中巢湖湖滨带各样点平均生物量最大，为 1046.3g/m²，其次是东部平原区，为 627.7g/m²，西部丘陵区内各样点平均生物量最小，为 494.9g/m²，巢湖湖滨带内各样点平均生物量显著高于东部平原区和西部丘陵区（$p<0.05$）。

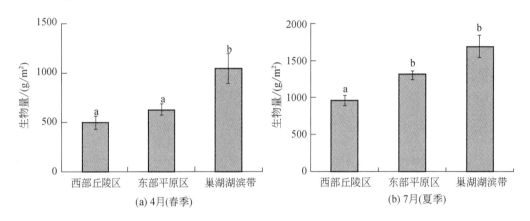

图 8-3 西部丘陵区、东部平原区和巢湖湖滨带水生植物生物量

从 7 月各样点水生植物平均生物量来看，3 个主要区域差异也较大[图 7-3（b）]，其中巢湖湖滨带各样点平均生物量最大，为 1697.5 g/m²，其次是东部平原区，为 1304.4g/m²，西部丘陵区内各样点平均生物量最小，为 959.8g/m²。巢湖湖滨带和东部平原区内各样点平均生物量显著高于西部丘陵区（$p<0.05$），虽然巢湖湖滨带内各样点平均生物量大于东部平原区，但差异不显著（$p>0.05$）。总体上，4 月和 7 月巢湖湖滨带和东部平原区各样点平均生物量都要高于西部丘陵区，与该两个区域内分布有较多的芦苇、香蒲、喜旱莲子草等大型挺水植物有关。

8.4.3 巢湖湖滨带及主要子流域水生植物生物量

从 4 月巢湖湖滨带及主要子流域内各样点水生植物平均生物量来看，8 个主要区域内各样点平均生物量存在一定差异，平均生物量为 491.6~1046.3g/m²[图 8-4（a）]，其中巢湖湖滨带各样点平均生物量最大，为 1046.3g/m²，其次是柘皋河夏阁河流域为 921.7g/m²，西河裕溪河流域内各样点平均生物量最小，为 491.6g/m²，但各主要区域间平均生物量没有显著性差异（$p>0.05$）。

7 月 8 个主要区域各样点水生植物平均生物量为 795.1~1697.5g/m²[图 8-4（b）]，其中巢湖湖滨带各样点平均生物量最大，为 1697.5g/m²，其次是兆河流域，为 1486.3g/m²，派河流域内各样点平均生物量最小，为 795.1g/m²，各主要流域间平均生物量也没有显著性差异（$p>0.05$）。与 4 月相比，7 月 8 个主要区域各样点水生植物平均生物量相对要高一些。

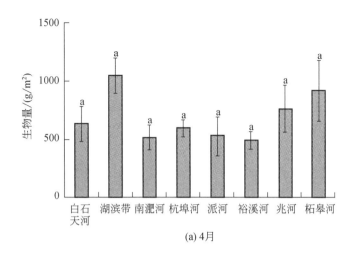

(a) 4 月

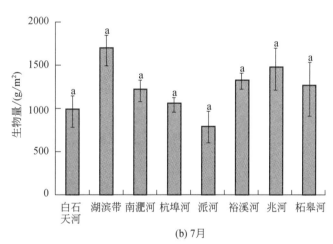

(b) 7 月

图 8-4　巢湖湖滨带及主要子流域水生植物平均生物量

8.5　物种多样性

8.5.1　全流域水生植物物种多样性

巢湖流域各样点 4 月和 7 月水生植物物种多样性统计分析，见表 8-11。由表 8-11 可以看出，各样点的水生植物物种多样性并不丰富。4 月和 7 月物种数平均值分别为 5.940 和 6.527；Shannon-Wiener 多样性指数的平均值分别为 1.486 和 1.523，与 4 月相比，7 月各样点和 Shannon-Wiener 多样性指数的平均值略高一些，但 Simpson 优势度指数和 Pielou 均匀度指数的平均值要比 4 月略低一点，从总体上看，7 月各样点水生植物物种多样性要高一些。

表 8-11　巢湖流域各样点 4 月和 7 月水生植物物种多样性统计分析

物种多样性指数	平均值±标准差		最大值	
	4 月	7 月	4 月	7 月
物种数	5.940±2.726	6.527±3.401	13	15
Shannon-Wiener 多样性指数	1.486±0.571	1.523±0.651	2.436	2.523
Simpson 优势度指数	0.693±0.223	0.691±0.246	0.902	0.913
Pielou 均匀度指数	0.834±0.238	0.819±0.261	1.000	0.993

从巢湖流域各样点水生植物物种多样性的空间分布格局来看（图 8-5 ~ 图 8-8），西部丘陵区各样点的物种多样性在 4 月和 7 月相对高一些，南淝河流域和巢湖湖滨带的物种多样性相对低一些，在南淝河的部分采样点位没有发现水生植物或仅有喜旱莲子草，其物种多样性很低。

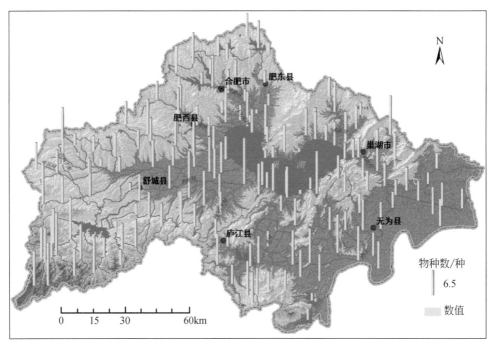

(a) 4月

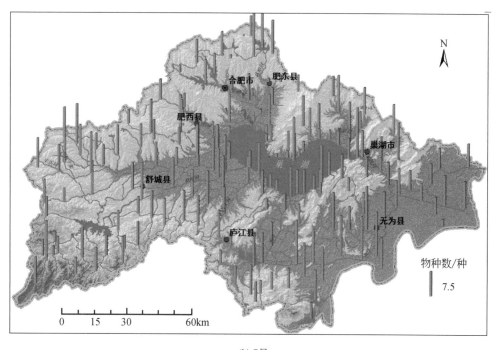

(b) 7月

图 8-5 水生植物物种数

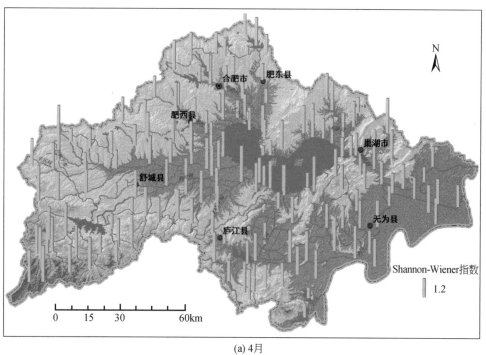

(a) 4月

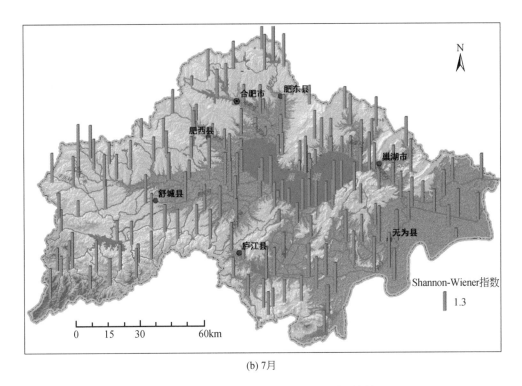

(b) 7月

图 8-6　水生植物 Shannon-Wiener 多样性指数

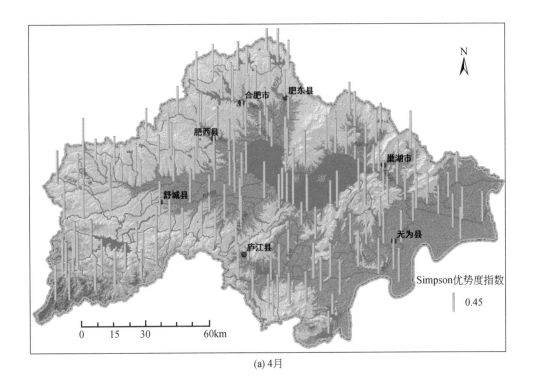

(a) 4月

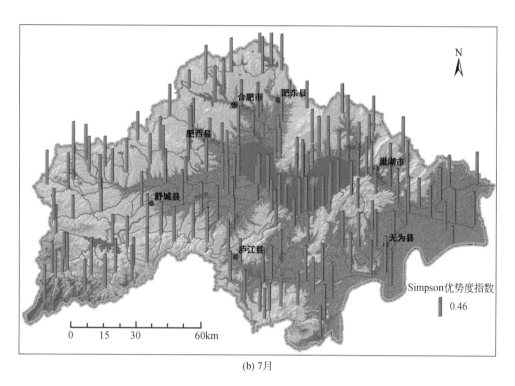

(b) 7月

图 8-7 水生植物 Simpson 优势度指数

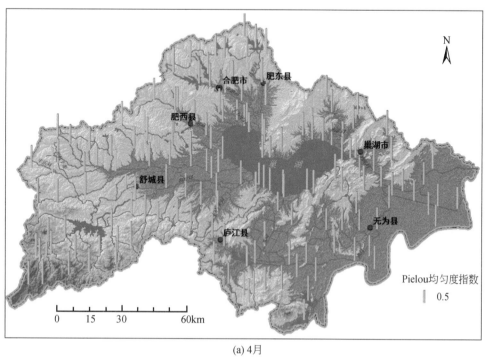

(a) 4月

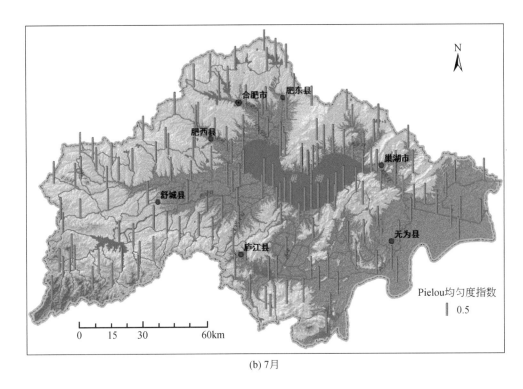

(b) 7月

图 8-8　水生植物 Pielou 均匀度指数

　　统计表明，4 月各样点调查发现的水生植物物种数为 0～13 种，分布有 5～9 种的样点有 108 个，占总样点数的 63.16%，共有 18 个采样点的物种数小于或等于 2 种，其物种多样性极低，其中南淝河流域有 8 个样点，占该流域调查总样点数的 30.77%；巢湖湖滨带有 5 个样点，占该区域调查总样点数的 25%。

　　7 月各样点调查发现的水生植物物种数为 0～15 种，分布有 5～9 种的样点有 99 个，占总样点数的 54.40%，共有 27 个采样点的水生植物物种数小于或等于 2 种，其中巢湖湖滨带有 13 个样点，占该区域调查总样点数的 40.63%；南淝河流域共有 10 个样点，占该流域调查总样点数的 41.67%。

　　与物种数相似，南淝河流域和巢湖湖滨带部分采样点的 Shannon-Wiener 多样性指数、Simpson 优势度指数和 Pielou 均匀度指数也很低。这 3 种指数值在 4 月和 7 月分别有 12 个和 16 个采样点为 0。

8.5.2　不同生态区水生植物物种多样性

　　通过对 4 月西部丘陵区、东部平原区和巢湖湖滨带水生植物物种多样性进行分析表明，各生态区内采样点水生植物物种数平均值分别为 6.660、5.911 和 4.400；Shannon-Wiener 多样性指数平均值分别为 1.624、1.490 和 1.139；Simpson 优势度指数平均值分别为 0.738、0.699 和 0.559；Pielou 均匀度指数平均值分别为 0.882、0.838 和 0.704，均表现为西部丘陵区>东部平原区>巢湖湖滨带，且西部丘陵区和东部平原区之间没有显著性差异，但两者均显著性大于巢湖湖滨带（$p<0.05$）（图 8-9）。

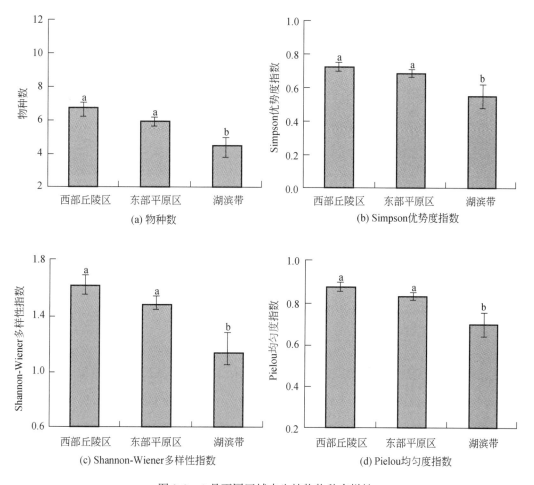

图 8-9　4 月不同区域水生植物物种多样性

　　巢湖流域西部丘陵区、东部平原区和巢湖湖滨带 7 月水生植物物种多样性与 4 月相比略有增加，但都没有达到显著性水平。统计分析表明，各生态区内采样点水生植物物种数平均值分别为 7.170、6.980 和 4.438；Shannon-Wiener 多样性指数平均值分别为 1.675、1.607 和 1.096；Simpson 优势度指数平均值分别为 0.748、0.722 和 0.533；Pielou 均匀度指数平均值分别为 0.866、0.837 和 0.717。与 4 月调查结果相似，7 月水生植物物种数、Shannon-Wiener 多样性指数、Simpson 优势度指数和 Pielou 均匀度指数均表现为西部丘陵区>东部平原区>巢湖湖滨带，西部丘陵区和东部平原区之间没有显著性差异，但两者均显著大于巢湖湖滨带（$p<0.05$）（图 8-10）。

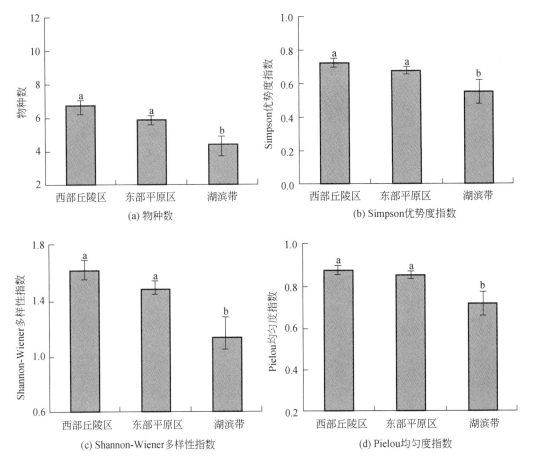

图 8-10　7 月不同区域水生植物物种多样性

8.5.3　巢湖湖滨带及主要子流域水生植物物种多样性

通过统计发现, 巢湖湖滨带和 7 个主要流域 4 月水生植物物种多样性差异比较明显 (图 8-11), 水生植物物种数在不同流域中变化较大, 8 个主要区域内样点水生植物物种数平均值为 3.962 ~ 8.200, 以白石天河流域 (Ⅰ) 内水生植物物种丰富度指数最高, 为 8.200, 其次是杭埠河流域 (Ⅳ), 为 7.098, 巢湖湖滨带 (Ⅱ) 和店埠河南淝河流域 (Ⅲ) 水生植物物种数相对较低, 分别是 4.400 和 3.962, 均显著低于白石天河流域的物种数 ($p<0.05$)。

巢湖湖滨带和 7 个主要子流域内水生植物 Shannon-Wiener 多样性指数为 1.041 ~ 1.927, Simpson 优势度指数为 0.526 ~ 0.832, Shannon-Wiener 多样性指数和 Simpson 优势度指数在巢湖湖滨带和 7 个主要子流域之间的差异性与物种数比较相似, 都是白石天河流域 Shannon-Wiener 多样性指数和 Simpson 优势度指数最大, 分别是 1.927 和 0.832, 杭埠河流域 (Ⅳ) Shannon-Wiener 多样性指数次之, 为 1.689, 兆河流域 (Ⅶ) Simpson 优势

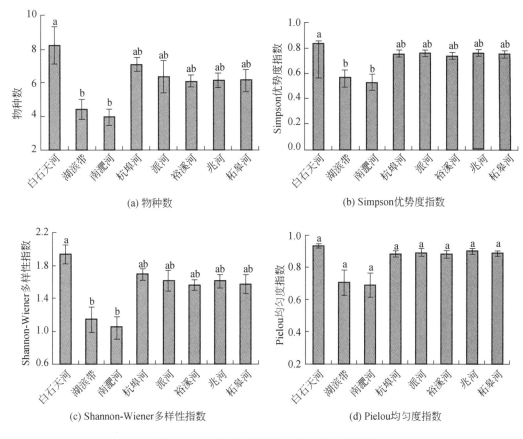

(a) 物种数

(b) Simpson优势度指数

(c) Shannon-Wiener多样性指数

(d) Pielou均匀度指数

图 8-11　4 月不同流域水生植物物种多样性

度指数次之, 为 0.758, 南淝河流域 (Ⅲ) Shannon-Wiener 多样性指数和 Simpson 优势度指数最小, 分别为 1.041 和 0.526; 白石天河流域的 Shannon-Wiener 多样性指数和 Simpson 优势度指数显著大于巢湖湖滨带 (Ⅱ) 和南淝河流域 (Ⅲ) 的 Shannon-Wiener 多样性指数和 Simpson 优势度指数 ($p<0.05$)。

Pielou 均匀度指数在 8 个主要区域之间没有显著性差异 ($p>0.05$), 但也是以白石天河流域 (Ⅰ) Pielou 均匀度指数最高, 为 0.931, 兆河流域 (Ⅶ) 次之, 为 0.904, 巢湖湖滨带 (Ⅱ) 和南淝河流域 (Ⅲ) 相对较低, 分别为 0.705 和 0.688。

调查发现, 巢湖流域 8 个主要区域 7 月水生植物种多样性差异非常明显 (图 8-12), 水生植物物种数在不同流域中变化较大, 8 个主要区域内样点水生植物物种数平均值为 4.333 ~ 9.000, 以白石天河流域 (Ⅰ) 内水生植物物种数最高, 为 9.000, 其次是柘皋河流域 (Ⅷ), 为 8.375, 巢湖湖滨带 (Ⅱ) 和派河流域 (Ⅴ) 水生植物物种数相对较低, 分别为 4.438 和 4.333, 均显著低于白石天河和柘皋河流域的物种数 ($p<0.05$)。

巢湖流域 8 个主要区域内水生植物 Shannon-Wiener 多样性指数为 1.096 ~ 1.974, Simpson 优势度指数为 0.533 ~ 0.833。与 4 月调查结果相似, 7 月 Shannon-Wiener 多样性指数以白石天河流域最高, 为 1.974, 其次是柘皋河流域, 为 1.846, 巢湖湖滨带、南淝

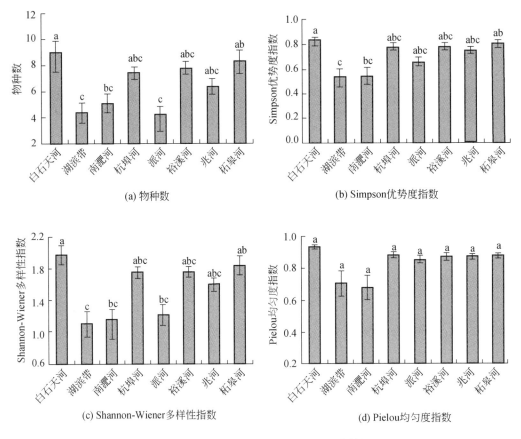

(a) 物种数

(b) Simpson优势度指数

(c) Shannon-Wiener多样性指数

(d) Pielou均匀度指数

图 8-12　7 月不同流域水生植物物种多样性

河流域和派河流域 Shannon-Wiener 多样性指数值相对较低，分别为 1.096、1.168 和 1.222，均显著低于白石天河流域 Shannon-Wiener 多样性指数值（$p<0.05$）；7 月 Simpson 优势度指数也是以白石天河流域最高，为 0.833，显著高于巢湖湖滨带 Simpson 优势度指数值（0.533）（$p<0.05$）和南淝河流域 Simpson 优势度指数值（0.544）（$p<0.05$）。

Pielou 均匀度指数在 8 个主要区域之间没有显著性差异（$p>0.05$），但以白石天河流域（Ⅰ）均匀度指数最高，为 0.905，柘皋河流域（Ⅷ）次之，为 0.883，巢湖湖滨带（Ⅱ）和南淝河流域（Ⅲ）相对较低，分别为 0.717 和 0.682。

8.6　群落特征分析

8.6.1　水生植物群落分类

根据实地调查，采用双向指示种分析法（TWINSPAN），对所调查样方进行分类，并依据《中国湿地植被》的分类原则（郎惠卿等，1999），根据植被型组–植被型–植被亚型

–群系的分类系统，将巢湖流域省水生植被群落的主要类型划分为 2 个植被型组、4 个植被型、2 个植被亚型和 23 个群系，划分结果如下。

沼泽型组

Ⅰ 草丛沼泽型

（1）禾草沼泽亚型

1）芦竹群系（Form. *Arundo donax*）

2）双穗雀稗群系（Form. *Paspalum paspaloides*）

3）芦苇群系（Form. *Phragmites australis*）

4）虉草群系（Form. *Phalaris arundinacea*）

5）荻群系（Form. *Triarrhena sacchariflora*）

6）菰群系（Form. *Zizania latifolia*）

（2）杂类草沼泽亚型

1）酸模叶蓼群系（Form. *Polygoinum lapathifolium*）

2）蒌蒿群系（Form. *Artemisia selengensis*）

3）菖蒲群系（Form. *Acorus calamus*）

4）石菖蒲群系（Form. *Acorus tatarinowii*）

5）香蒲群系（Form. *Typha orientalis*）

浅水植物水生型组

Ⅰ 漂浮植物型

1）喜旱莲子草群系（Form. *Alternanthera philoxeroides*）

2）水鳖群系（Form. *Hydrocharis dubia*）

3）紫萍群系（Form. *Spirodela polyrhiza*）

Ⅱ 浮叶植物型

1）菱群系（Form. *Trapa* sp.）

2）眼子菜群系（Form. *Potamogeton distinctus*）

Ⅲ 沉水植物型

1）金鱼藻群系（Form. *Ceratophyllum demersum*）

2）穗花狐尾藻群系（Form. *Myriophllum spicatum*）

3）黑藻群系（Form. *Hydrilla verticillata*）

4）苦草群系（Form. *Vallissineria spiralis*）

5）菹草群系（Form. *Potamogeton crispus*）

6）微齿眼子菜群系（Form. *Potamogeton maackianus*）

7）竹叶眼子菜群系（Form. *Potamogeton malaianus*）

8.6.2　水生植物物种多样性与环境因子的关系

表 8-12 为巢湖流域各样点 4 月水生植物物种多样性与水质因子的相关性分析，可以看出水生植物物种数、Shannon-Wiener 多样性指数、Simpson 优势度指数和 Pielou 均匀度

指数均与高锰酸盐指数、总氮、总磷和叶绿素 a 浓度呈现出显著的负相关性（$p<0.01$）；除 Pielou 均匀度指数外，其他指数与电导率也呈现出极显著的负相关性；各指数与溶解氧呈现正相关性。因此，水生植物物种多样性在一定程度上也能反映出水质的好坏。

表 8-12　巢湖流域 4 月水生植物物种多样性与水质参数的相关性分析

物种多样性	pH	电导率	溶解氧	高锰酸盐指数	总氮	总磷	叶绿素 a
物种数	−0.136	−0.266**	0.140	−0.252**	−0.333**	−0.305**	−0.221**
Shannon-Wiener 多样性指数	−0.160	−0.273**	0.159	−0.307**	−0.362**	−0.356**	−0.262**
Simpson 优势度指数	−0.157	−0.228**	0.160	−0.334**	−0.344**	−0.363**	−0.276**
Pielou 均匀度指数	−0.058	−0.133	0.152	−0.343**	−0.272**	−0.336**	−0.285**

** 表示在 0.01 水平（双侧）上显著相关。

8.7　历 史 变 化

4 月和 7 月通过对巢湖水生植物的调查发现，巢湖湖体共有水生植物 53 种，隶属于 27 科 42 属，其中沉水植物共 7 种，分别为竹叶眼子菜、菹草、穗花狐尾藻、金鱼藻、黑藻、苦草和小茨藻。较 20 世纪 80 年代和 2010 年调查发现的 6 种沉水植物增加了一种——小茨藻（卢心固，1984；任艳芹和陈开宁，2011），但该种仅在一个点位发现。目前，巢湖沉水植物的面积极小，湖心地带几乎无沉水植物分布，沉水植被仅分布于沿岸带。竹叶眼子菜是巢湖沉水植物的优势种，在其生长区域伴有少量其他沉水植物或浮叶植物生长，如穗花狐尾藻、金鱼藻、菱和荇菜等，巢湖湖滨带外围有较大面积的挺水植物出现，如芦苇和香蒲等。20 世纪 80 年代调查发现的巢湖沉水植物中以菹草和竹叶眼子菜为优势种，2010 年调查发现巢湖沉水植物中竹叶眼子菜为巢湖沉水植被的单一优势种，此次调查也发现竹叶眼子菜已经取代菹草成为巢湖沉水植被的主要优势种，且菹草在 4 月巢湖湖体中分布很少。随着巢湖湖体富营养化的日益严重，马来眼子菜作为巢湖沉水植被单一优势种的现状可能还会存在一段时间，沉水植物的种类和生物量也会逐渐减少，直至消失。

本书调查发现，巢湖流域水体中外来入侵植物的影响比较严重，并且有逐步加大的趋势。本书调查显示，喜旱莲子草在东部平原区流域内的很多水体中都有分布，在部分水体中甚至成为单一优势种，严重影响本土水生植物的生存空间。此外，小飞蓬（*Conyza canadensis*）、钻叶紫菀（*Aster subulatus*）、一年蓬（*Erigeron annuus*）等外来入侵植物在局部水域也已严重影响其他物种的生存，虽未大规模爆发，但在当地形成了优势群落，减小了水生植物的多样性。

参 考 文 献

安徽植物志协作组. 1992. 安徽植物志（第五卷）. 合肥：安徽科学技术出版社.

陈耀东，马欣堂，杜玉芬，等. 2012. 中国水生植物. 郑州：河南科学技术出版社.

傅立国，陈谭清，郎楷永，等. 2012. 中国高等植物（共十三卷）. 青岛：青岛出版社.

郎惠卿，赵魁义，陈克林. 1999. 中国湿地植被. 北京：科学出版社.

卢心固. 1984. 巢湖水生植被调查. 安徽农学院学报, 11 (2)：95-102.

任艳芹, 陈开宁. 2011. 巢湖沉水植物现状 (2010 年) 及其与环境因子的关系. 湖泊科学, 23 (3)：409-416.

王宁珠, 张树藩, 黄仁煌, 等. 1983. 中国水生维管束植物图谱. 武汉：湖北人民出版社.

吴征镒, 周浙昆, 李德铢, 等. 2003, 世界种子植物科的分布区类型系统. 云南植物研究, 25 (3)：245-257.

吴征镒, 周浙昆, 孙航, 等. 2006. 种子植物分布区类型及其起源与分化. 昆明：云南科技出版社.

中国科学院中国植物志编辑委员会. 2004. 中国植物志 (第一卷). 北京：科学出版社.

第 9 章 鱼 类①

2013 年 4 月和 10 月的调查，巢湖流域共发现鱼类 60 种，隶属于 17 科 8 目，其中湖泊、河流鱼类分别有 41 种和 47 种。鲤科鱼类有 35 种，占全部物种数的 58.3%。同历史数据相比，区域内鱼类多样性明显下降，洄游鱼类局域性灭绝。就河流鱼类而言，因其主要由定居性物种组成，其物种数和物种组成的季节变化不明显，但鱼类的个体数量特征季节差异显著。整体上，鱼类群落的空间变化较小：考虑河流级别大小时，仅 2 级河流的鱼类多样性高于其他 3 个等级河流；西南森林水生态亚区的群落结构显著区别于其他 5 个生态亚区间。区域内的鱼类群落结构主要受集水区大小、距河口距离、农田和草地面积等因子的影响，与水化学条件无显著相关性。

9.1 样 品 采 集

巢湖流域鱼类调查样点共 80 个，其中 12 个样点分布于静水系统（包括水库和湖泊），68 个样点位于流水系统（河流）（图 9-1）。12 个静水系统样点的渔获物采用周边鱼市场调查的方法，收集当地野生鱼类标本并记录其物种组成。68 个流水系统样点的

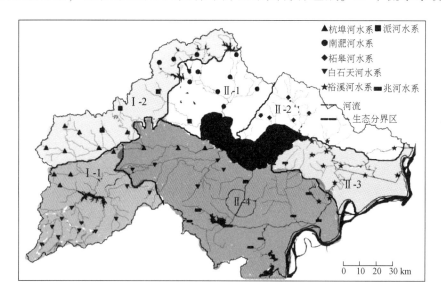

图 9-1　巢湖流域河流鱼类调查样点示意图

---

① 本章由严云志（安徽师范大学生命科学学院）撰写，高俊峰统稿、定稿。

渔获物采用现场调查方法进行取样，这些样点散布于全流域水系的各级支流及干流；使用电捕法进行采集，视水深选择具体渔具类型：①在水深不足1m的可涉水水域，以背式电鱼器（电瓶：20A12V；电鱼器：4000W）直接涉水取样；②在水深超过1m的不可涉水水域，以船运电捕器（电瓶：100A12V；电鱼器：30000W）并借助皮划艇进行取样。每样点取样时间约为30min，采样河长约为100m，以尽可能确保不同样点数据之间的可比性。

9.2 样 品 鉴 定

以朱松泉（1995）、陈宜瑜（1998）、褚新洛等（1999）、乐佩琦（2000）、伍汉霖和钟俊生（2008）等的有关鱼类志为检索工具书，根据采集标本的基本构造、可数性状和可量性状等，在新鲜状态下进行分类，鉴定至种（因检索工具的限制，吻虾虎鱼仅鉴定至属），统计并记录渔获物的物种组成、物种数和个体数。

9.3 种类组成及分布特征

9.3.1 全流域种类组成

巢湖流域共调查发现鱼类60种，隶属于17科8目，其中湖泊和河流鱼类分别为41种和47种。鲤科鱼类有35种，占全部物种数的58.3%（表9-1）。鱼（*Hemiculter leucisculus*）、斑条鱊（*Acheilognathu staenianalis*）和鲫（*Carassius auratus*）等为研究区域内的优势物种。

就河流鱼类而言，每样点的平均物种数为（5.64±2.83）种，个体数为（44.96±53.42）尾。鱼（*Hemiculter leucisculus*）、斑条鱊（*Acheilognathus taenianalis*）和鲫（*Carassius auratus*）的出现频率均大于40%，且重要值指数也均大于100%，属常见种及优势种。宽鳍鱲（*Zacco platypus*）、红鳍原鲌（*Cultrichthys erythropterus*）、彩石鳑鲏（*Rhodeus lighti*）、麦穗鱼（*Pseudorasbora parva*）、黑鳍鳈（*Sarcocheilichthys nigripinnis*）、亮银鮈（*Squalidus nitens*）、棒花鱼（*Abbottina rivularis*）、鲤（*Cyprinus carpio*）、中华花鳅（*Cobitis sinensis*）、泥鳅（*Misgurnus anguillicaudatus*）、切尾拟鲿（*Pseudobagrus truncatus*）、中华沙塘鳢（*Odontobutis sinensis*）、黄鲫（*Hypseleotris swinhonis*）、吻虾虎鱼（*Ctenogobius* spp.）和乌鳢（*Ophicephalus argus*）15种鱼类的出现频率为10%～40%，属于偶见种；其中，宽鳍鱲、红鳍原鲌、彩石鳑鲏、麦穗鱼、黑鳍鳈、亮银鮈、棒花鱼、鲤、中华花鳅、泥鳅、中华沙塘鳢、黄鲫和吻虾虎鱼的重要值指数较高（IVI>10%），属相对重要种；另外，切尾拟鲿和乌鳢这两种的重要值指数较低（IVI<10%），属不重要种。其余29种的出现频率均小于10%，属稀有种，且重要值指数也极低，除短须鱊和福建小鳔鮈（IVI>10%，属相对重要种）外，其他种类的重要值指数均小于10%，属不重要种（表9-1）。

表 9-1　巢湖鱼类的物种组成、出现频率、相对多度与重要值指数

目/科/种	代码	河流			湖泊
		出现频率/%	相对多度	重要值指数	
鲱形目 Clupeiformes					
鳀科 Engraulidae					
短颌鲚 *Coilia barchygnathus*	COB	0.85	0.49	0.42	+
鲑形目 Salmoniformes					
银鱼科 Salangidae					
大银鱼 *Protosalanx hyalocranius*	PRH				+
鲤形目 Cypriniformes					
鲤科 Cyprinidae					
宽鳍鱲 *Zacco platypus*	ZAP	18.80	2.10	39.56	+
马口鱼 *Opsarrichthys bidens*	OPB	7.69	0.38	2.89	+
中华细鲫 *Aphyocypris chinensis*	APC	1.71	0.32	0.55	−
青鱼 *Mylopharyngodon piceus*	MYP	0.85	0.02	0.02	+
草鱼 *Ctenopharyngodon idellus*	CTI	0.85	0.08	0.06	+
鲢 *Hypophthalmichehys molitrix*	HYM				+
鳙 *Hypophthalmichehys nobilis*	HYN				+
尖头鱥 *Phoxinus oxycephalus*	PHO	1.71	0.38	0.64	−
鰲 *Hemiculter leucisculus*	HEL	43.59	14.58	635.34	+
红鳍原鲌 *Cultrichthys erythropterus*	CUE	19.66	1.48	29.17	+
翘嘴鲌 *Erythroculter ilishaeformis*	ERI	1.71	0.04	0.06	+
蒙古鲌 *Erythroculter mongolicus*	CUM	0.85	0.02	0.02	+
鳊 *Parabramis pekinensis*	PAP	1.71	0.36	0.61	+
团头鲂 *Megalobrama amblycephala*	MEA				+
细鳞鲴 *Xenocyprismicrolepis*	XEM	1.71	0.09	0.16	−
黄尾鲴 *Xenocypris davidi*	XED				+
似鳊 *Pseudobramasimoni*	PSS	9.40	0.90	8.48	+
斑条鱊 *Acheilognathus taenianalis*	ACT	40.17	11.38	457.24	+
短须鱊 *Acheilognathus barbatulus*	ACB	8.55	3.36	28.74	+
彩石鳑鲏 *Rhodeus lighti*	RHL	25.64	5.33	136.78	−
光唇鱼 *Acrossocheilus fascitus*	ACF	0.85	0.06	0.05	−
花鲭 *Hemibarbus maculatus*	HEM	1.71	0.09	0.16	+
唇鲭 *Hemibarbus labeo*	HEL				+
麦穗鱼 *Pseudorasbora parva*	PSP	38.46	2.39	91.75	+
黑鳍鳈 *Sarcocheilichthys nigripinnis*	SAN	17.95	1.56	27.98	+

续表

目/科/种	代码	河流			湖泊
		出现频率/%	相对多度	重要值指数	
华鳈 Sarcocheilichthys sinensis	SAS				+
亮银鮈 Squalidus nitens	SQN	10.26	1.84	18.88	−
银鮈 Squalidus argentatus	SQA	5.13	0.39	2.02	−
嵊县小鳔鮈 Microphysogobio chengsiensis	MIC	5.13	1.00	5.11	−
蛇鮈 Saurogobio dabryi	SAD				+
棒花鱼 Abbottina rivularis	ABR	24.79	2.29	56.80	+
福建小鳔鮈 Microphysogobio fukiensis	MIF	8.55	2.10	17.98	−
鲤 Cyprinus carpio	CYC	21.37	1.15	24.48	+
德国锦鲤 Cyprinus carpio	CYC	0.85	0.04	0.03	−
鲫 Carassius auratus	CAA	71.79	22.20	1593.94	+
鳅科 Cobitidae					
紫薄鳅 Leptobotia taeniaps	LET	1.71	0.08	0.13	+
武昌副沙鳅 Parabotia banarescui	PAB				+
中华花鳅 Cobitis sinensis	COS	10.26	1.24	12.71	−
泥鳅 Misgurnus anguillicaudatus	MIA	27.35	1.97	53.94	+
大鳞副泥鳅 Paramisgurnus dabryanus	PAD				+
鲇形目 Siluriformes					
鲇科 Siluridae					
鲇 Silurus asotus	SIA	1.71	0.06	0.10	+
鲿科 Bagridae					
黄颡鱼 Pelteobagrus fulvidraco	PEF	2.56	0.08	0.19	+
切尾拟鲿 Pseudobagrus truncatus	PST	12.82	0.51	6.50	+
白边拟鲿 Pseudobagrus albomarginatus	PSA				+
钝头鮠科 Amblycipitidae					
司氏鉠 Liobagrus styani	LIS	2.56	0.06	0.14	−
鳉形目 Cyprinodontiformes					
鳉科 Cyprinodontidae					
中华青鳉 Oryziaslatipes sinensis	ORL	6.84	0.54	3.72	−
胎鳉科 Poeciliidae					
食蚊鱼 Gambusia affinis	GAA	1.71	2.63	4.50	−
颌针鱼目 Beloniformes					
鱵科 Hemiramphidae					
间下鱵鱼 Hemirhamphodon intermedius	HEI	0.85	0.02	0.02	−
合鳃鱼目 Synbranchiformes					
合鳃鱼科 Synbranchidae					

续表

目/科/种	代码	河流			湖泊
		出现 频率/%	相对 多度	重要值 指数	
黄鳝 *Monopoterus albus*	MOA	1.71	0.04	0.06	+
鲈形目 PERCIFORMES					
鮨科 Serranidae					
波纹鳜 *Siniperca undulata*	SIU	0.85	0.02	0.02	−
鳜 *Siniperca chuatsi*	SIC				+
塘鳢科 Eleotridae					
中华沙塘鳢 *Odontobutis sinensis*	ODS	24.79	1.92	47.49	−
黄黝 *Hypseleotris swinhonis*	HYS	15.38	0.79	12.14	+
虾虎鱼科 Gobiidae					
吻虾虎鱼 *Ctenogobius* spp.	CTS	36.75	13.07	480.46	+
斗鱼科 Belontiidae					
圆尾斗鱼 *Macropodus chinensis*	MAC	3.42	0.09	0.32	+
鳢科 Channidae					
乌鳢 *Channa argus*	CHA	10.26	0.43	4.43	+
刺鳅科 Mastacembelidae					
刺鳅 *Mastacembelus aculeatus*	MAA	2.56	0.06	0.14	+

注："湖泊"纵列中的+和−分别代表该物种出现与否。

9.3.2 不同生态区种类组成特征

巢湖西部丘陵区和东部平原区各调查样点的平均河流鱼类物种数接近，西部丘陵区的平均物种数为（4.6±3.2）种（4月）、（5.8±3.8）种（10月），东部平原区的平均物种数为（4.5±2.1）种（4月）、（6.0±3.0）种（10月）（图9-2）。巢湖全流域的鱼类隶属于8目17科，其中鲤科鱼类隶属于9亚科。

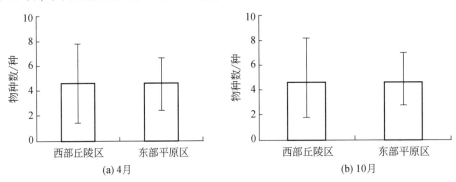

图9-2 巢湖西部丘陵区和东部平原区的河流鱼类物种数

就河流鱼类而言，西部丘陵区鱼类共计28种，隶属于4目10科，其中鲤科鱼类有15种，隶属于7个不同亚科；东部平原区鱼类有33种，隶属于6目13科，其中鲤科鱼类有17种，隶属于6个不同亚科。西部丘陵区和东部平原区的鱼类组成也存在一定差异，鲤科鱼类中的尖头鱥（雅罗鱼亚科）和光唇鱼（鲃亚科）仅分布于西部丘陵区，细鳞斜颌鲴、似鳊（鲴亚科）仅分布于东部平原区；钝头鮠科（司氏䱀）仅分布于西部丘陵区，而斗鱼（斗鱼科）和胎鳉科（食蚊鱼）仅分布于东部平原区（表9-2）。

表 9-2 巢湖西部丘陵区、东部平原区和巢湖湖体各目、科/亚科的鱼类物种数

目	科/亚科		西部丘陵区	东部平原区	巢湖湖体	巢湖流域
鲤形目	鲤科	鲤亚科	2	2	3	3
		鲌亚科	2	2	6	6
		鲢亚科	0	0	2	2
		鮈亚科	6	6	6	11
		鲃亚科	1	0	0	1
		鳑亚科	2	2	2	3
		鲴亚科	0	2	2	3
		鲌亚科	1	3	1	3
		雅罗鱼亚科	1	0	2	3
	鳅科		3	3	4	5
鲈形目	鮨科		0	1	1	2
	塘鳢科		2	2	1	2
	虾虎鱼科		1	1	1	1
	斗鱼科		0	1	1	1
	鳢科		1	1	1	1
	刺鳅科		1	1	1	1
鲇形目	鲇科		1	0	1	1
	鲿科		2	2	3	3
	钝头鮠科		1	0	0	0
鳉形目	鳉科		1	1	0	1
	胎鳉科		0	1	0	1
鲱形目	鳀科		0	0	1	1
鲑形目	银鱼科		0	0	1	1
颌针鱼目	鱵科		0	1	0	1
合鳃目	合鳃科		0	1	1	1
总计			28	33	41	59

巢湖湖体鱼类种类组成存在一定差异，包括：①短颌鲚和大银鱼及其所在的科、目仅分布在巢湖湖体，而青鳉和食蚊鱼及其所在的科、目仅分布在河流；②鲢、鳙及其所在的

鲢亚科仅分布在巢湖湖体，而光唇鱼及其所在的鲃亚科仅分布在河流水域；③除了鳌、红鳍原鲌以外，大多数鲌亚科物种（如翘嘴鲌、蒙古鲌、鳊、团头鲂等）主要分布在巢湖湖体（表9-2）。

9.3.3 子流域物种组成特征

巢湖流域各主要河流的各调查样点的平均鱼类物种数较为接近，杭埠河、南淝河、拓皋河、白石天河、裕溪河和兆河4月平均鱼类物种数分别为（4.4±2.6）种、（5.3±5.0）种、（4.3±2.1）种、（4.5±2.1）种、（4.8±2.2）种、（4.5±2.5）种；10月各河流的平均物种数分别为（6.3±3.8）种、（5.5±1.4）种、（7.0±4.0）种、（4.0±1.4）种、（5.5±2.5）种、（4.7±4.5）种（图9-3）。各河流的总物种数存在差异，由高到低分别为杭埠河（31种）、裕溪河（28种）、南淝河（22种）、柘皋河（17种）、兆河（16种）、白石天河（10种）（表9-3）。

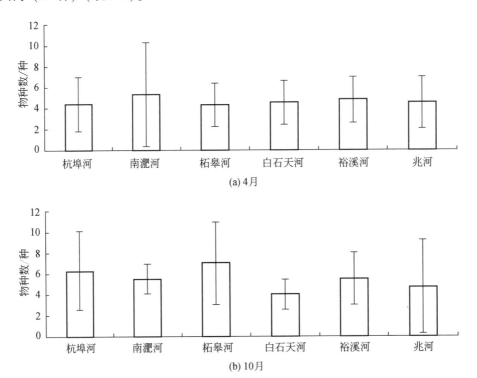

(a) 4月

(b) 10月

图 9-3 巢湖流域各河流的鱼类物种数

表 9-3 巢湖各河流各目、科/亚科的鱼类物种数

目	科/亚科		杭埠河	南淝河	柘皋河	白石天河	裕溪河	兆河
鲤形目	鲤科	鲤亚科	2	2	2	1	2	2
		鲌亚科	2	2	3	2	4	2
		鲢亚科	0	0	0	0	0	2

目	科/亚科		杭埠河	南淝河	柘皋河	白石天河	裕溪河	兆河
鲤形目	鲤科	鲌亚科	8	6	2	2	5	2
		鲃亚科	1	0	0	0	0	1
		鳑亚科	2	2	2	2	2	0
		鮈亚科	1	0	1	0	2	0
		鲌亚科	2	1	0	0	3	0
		雅罗鱼亚科	1	0	0	0	1	0
	鳅科		3	1	1	1	1	2
鲈形目	鮨科		0	0	0	0	0	0
	塘鳢科		2	2	2	0	2	1
	虾虎鱼科		1	1	1	0	1	1
	斗鱼科		0	0	1	1	0	1
	鳢科		1	0	0	1	1	1
	刺鳅科		1	1	0	0	1	0
鲇形目	鲇科		0	1	0	0	0	0
	鲿科		1	1	1	0	1	0
	钝头鮠科		0	0	0	0	0	0
鳉形目	鳉科		1	1	1	0	1	1
	胎鳉科		0	1	0	0	0	0
鲉形目	鰕科		0	0	0	0	1	0
鲑形目	银鱼科		0	0	0	0	0	0
颌针鱼目	鱵科		1	0	0	0	0	0
合鳃目	合鳃科		1	0	0	0	0	0
总计			31	22	17	10	28	16

以物种数最高的杭埠河和物种数最低的白石天河为例，介绍两条河流间物种组成的差异：鲃亚科（光唇鱼）、鮈亚科（似鳊）、雅罗鱼亚科（尖头鱥）、鲌亚科（宽鳍鱲、马口鱼）等鲤科鱼类仅分布于杭埠河，而鲌亚科鱼类物种在杭埠河（8 种）也明显高于白石天河（2 种）。除鲤科鱼类外，刺鳅科（刺鳅）、鳉科（青鳉）、鱵科（间下鱵）等也仅分布于杭埠河，但斗鱼科（圆尾斗鱼）则仅出现于白石天河；杭埠河鳅科鱼类有 3 种，而白石天河仅有 1 种（表9-3）。

9.4 数量特征

巢湖流域河流鱼类每样点的平均密度和生物量分别为 0.0084 尾/m² 和 0.0257g/m²。4 月和 10 月每样点鱼类个体数最多为 348 尾和 455 尾，最小为 2 尾和 1 尾；密度最大为 0.8286 尾/m² 和 0.4643 尾/m²，最小为 0.0001 尾/m² 和 0.0006 尾/m²；生物量最大为

15. $5957g/m^2$ 和 $6.2565g/m^2$，最小为 $0.0005g/m^2$ 和 $0.0019g/m^2$。从整体来看，同东部地区相比，西部地区的鱼类个体数、密度和生物量（10月的生物量在东部地区较高）较大；同河流的上游和中下游及下游相比，河流中上游河段的鱼类个体数和密度较大（图9-4）。

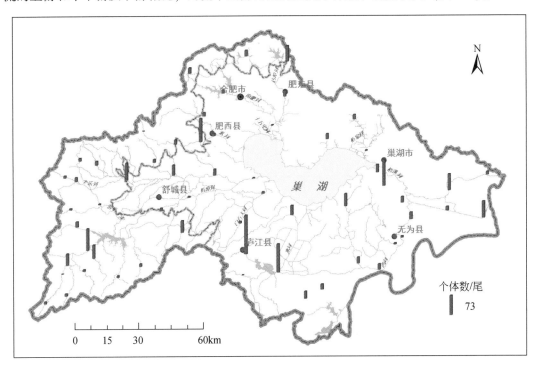

(a) 个体数(4月)

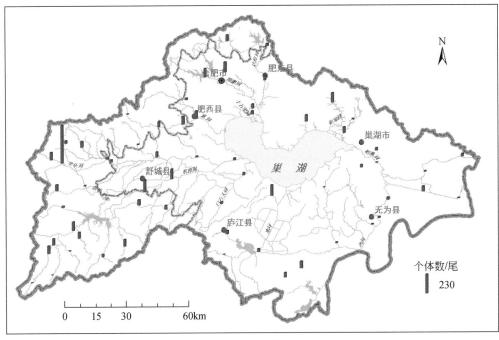

(b) 个体数(10月)

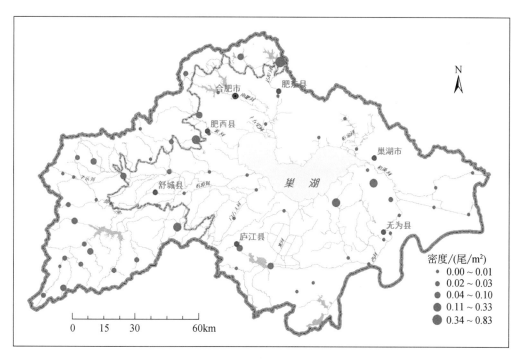

(c) 密度(4月)

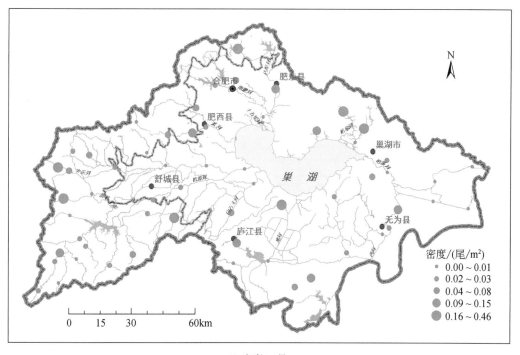

(d) 密度(10月)

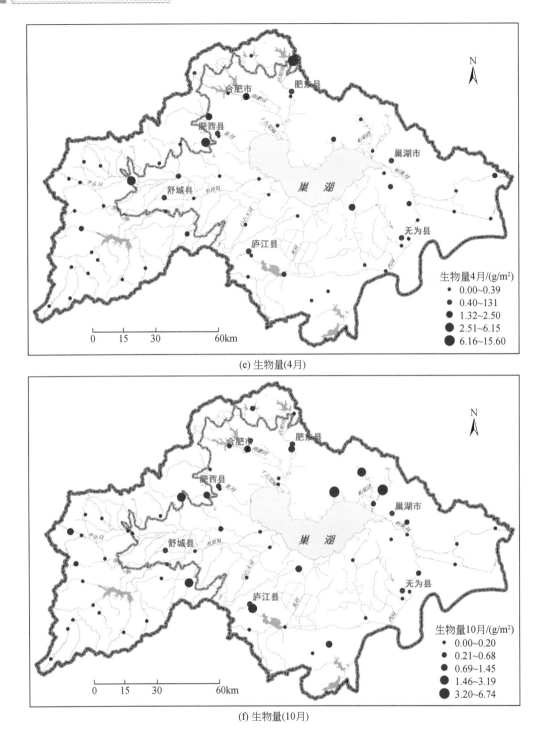

图 9-4　巢湖流域河流鱼类个体数、密度和生物量的空间分布及时间动态

4 月和 10 月，巢湖流域河流鱼类的个体数分别为（31.74±48.97）尾和（60.89±64.82）尾，其密度分别为（0.046±0.121）尾/m² 和（0.064±0.097）尾/m²，生物量分

别为（0.701±2.250）g/m² 和和（0.550±1.179）g/m²（图 9-4）。整体上，10 月的鱼类数量稍高于 4 月；以 SPSS 13.0 为软件，运用 t-检验比较了 4 月和 10 月鱼类数量的季节变化，结果显示，10 月鱼类个体数显著高于 4 月（$P<0.05$）。

巢湖流域分 2 个一级分区和 6 个二级分区，分别为Ⅰ-1、Ⅰ-2、Ⅱ-1、Ⅱ-2、Ⅱ-3、Ⅱ-4。一级分区Ⅰ和Ⅱ鱼类个体数分别为（45.56±70.21）尾和（46.57±51.64）尾，密度分别为（0.120±0.183）ind./m² 和（0.082±0.124）ind./m²，而生物量分别为（1.503±3.364）g/m² 和（0.817±1.394）g/m²。经 t-检验分析发现，两个一级生态分区间鱼类的个体数、密度和生物量均无显著性差异（$P>0.05$）。类似地，6 个二级生态分区间的鱼类个体数、密度和生物量也均无显著性空间差异（One-way ANOVA，$P>0.05$）。

68 个样点所处河流级别的范围为 1~4 级，其鱼类个体数分别为（40.90±50.72）尾（1 级河流）、（70.20±87.99）尾（2 级河流）、（36.92±39.27）尾（3 级河流）和（36.00±27.55）尾（4 级河流），鱼类密度分别为（0.101±0.126）ind./m²（1 级河流）、（0.185±0.237）ind./m²（2 级河流）、（0.021±0.027）ind./m²（3 级河流）和（0.006±0.002）ind./m²（4 级河流），而生物量分别为（0.912±1.513）g/m²（1 级河流）、（2.925±4.458）g/m²（2 级河流）、（0.195±0.246）g/m²（3 级河流）和（0.100±0.092）g/m²（4 级河流）。经单因素方差分析发现，2 级河流的鱼类个体数、密度和生物量均存在显著性差异（$P<0.05$）；S-N-K 多重比较结果显示，2 级河流的鱼类数量显著高于 1 级、3 级、4 级河流（$P<0.05$），而后三者间无显著性差异（$P>0.05$）。

为整体考虑巢湖流域河流鱼类数量的时空变化，运用单变量多因素方差分析解析了季节、河流级别和二级生态分区对鱼类数量的影响，结果显示：①就鱼类个体数而言，存在季节间的显著变化，但不随二级生态分区和河流级别变化；受河流级别/二级生态分区以及季节/二级生态分区的交互影响。②就鱼类密度而言，不受季节、河流级别及二级生态分区的任何显著影响；③就鱼类生物量而言，存在不同二级生态分区间的显著差异，且受二级生态分区与季节或河流级别的交互影响（表 9-4）。

表 9-4　基于多因素方差分析的鱼类数量的时空变化规律

群落参数	类别	F	P
个体数	河流级别	1.081	0.363
	二级分区	1.193	0.322
	季节	8.878	0.004*
	河流级别＊二级分区	2.202	0.045*
	河流级别＊季节	2.055	0.115
	二级分区＊季节	2.864	0.021*
	河流级别＊二级分区＊季节	1.501	0.182
密度	河流级别	0.955	0.418
	二级分区	0.592	0.706
	季节	0.359	0.550
	河流级别＊二级分区	1.338	0.243
	河流级别＊季节	0.222	0.881

续表

群落参数	类别	F	P
密度	二级分区 * 季节	2.519	0.036 *
	河流级别 * 二级分区 * 季节	1.302	0.259
生物量	河流级别	0.195	0.900
	二级分区	4.595	0.001 *
	季节	0.003	0.955
	河流级别 * 二级分区	3.965	0.001 *
	河流级别 * 季节	1.942	0.129
	二级分区 * 季节	5.677	0.000 *
	河流级别 * 二级分区 * 季节	1.827	0.093

注：* 表示显著性（$P<0.05$）。

9.5 物种多样性

4 月和 10 月鱼类的 Shannon-Wiener 指数分别为 1.06±0.48 和 1.16±0.523，Simpson 指数分别为 0.62±0.23 和 0.60±0.23，Pielou 指数分别为 0.74±0.18 和 0.71±0.19，Margalef 指数分别为 1.28±0.63 和 1.38±0.65。配对 T 检验分析结果显示，10 月鱼类的 Shannon-Wiener 指数、Margalef 指数均显著高于 4 月（$P<0.05$），但其 Simpson 指数和 Pielou 指数却显著低于 4 月份（$P<0.05$）。就各多样性指数的空间变化而言，从整体上看，西部地区的鱼类多样性相对较高，东部地区的则相对较低（图 9-5）。

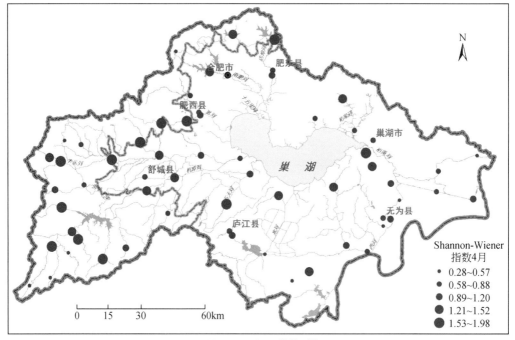

(a) Shannon-Wiener指数(4月)

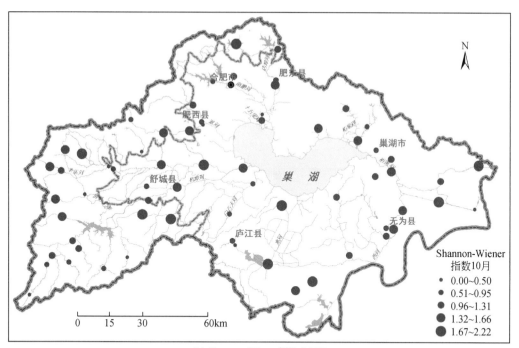

(b) Shannon-Wiener指数(10月)

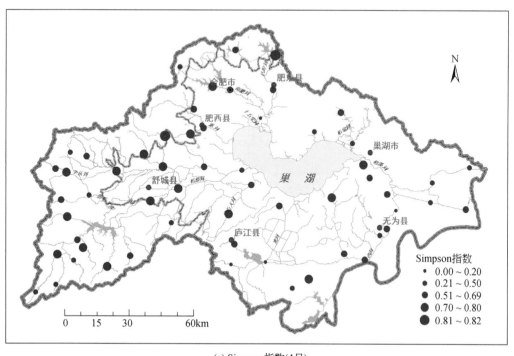

(c) Simpson指数(4月)

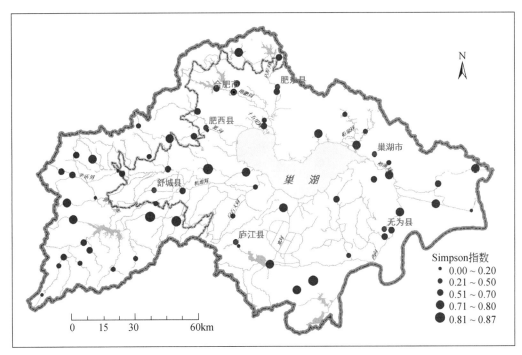

(d) Simpson指数(10月)

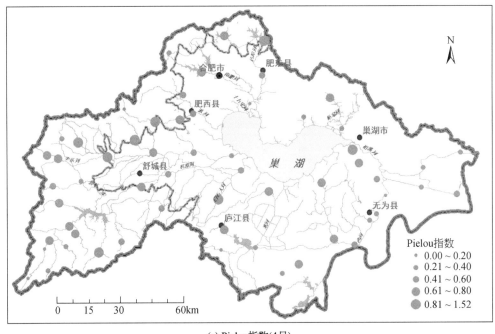

(e) Pielou指数(4月)

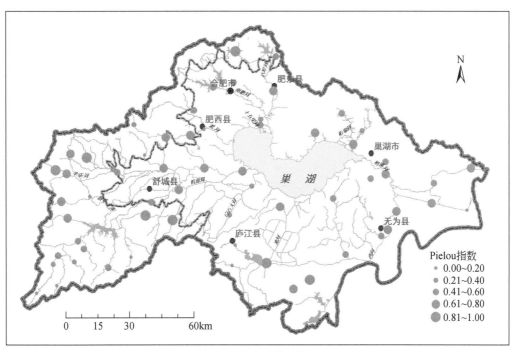

(f) Pielou指数(10月)

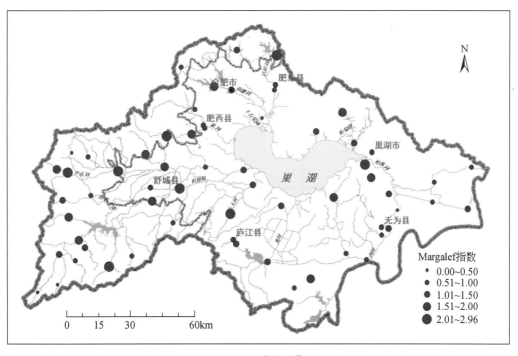

(g) Margalef指数(4月)

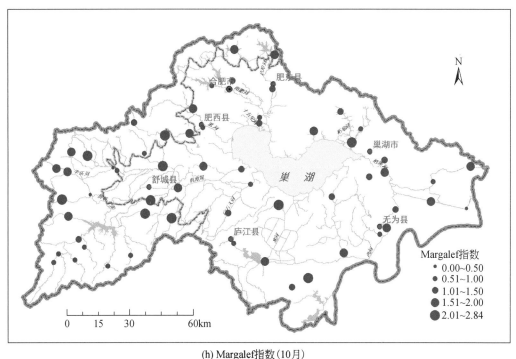

(h) Margalef指数 (10月)

图 9-5　巢湖流域河流不同季节鱼类多样性指数的空间分布

　　6 个二级生态分区的鱼类多样性指数见表 9-5。经单因素方差分析显示，6 个二级生态分区间的鱼类多样性均存在显著性差异（$P<0.05$），S-N-K 多重比较结果表明，这 6 个二级生态分区间鱼类多样性指数呈现出一致的空间变化规律，即 II-2 和 II-3 生态分区的多样性指数最高，显著高于其他 4 个二级生态分区（$P<0.05$）；II-1 和 II-4 生态分区的鱼类多样性最低，显著低于其他 4 个二级生态分区（$P<0.05$）；I-1 和 I-2 生态分区的鱼类多样性指数居中（表 9-5）。

表 9-5　6 个二级生态分区的鱼类生物学指数比较

生物学指数	I-1	I-2	II-1	II-2	II-3	II-4
Shannon-Wiener 指数	0.57±0.17a	0.58±0.16a	0.49±0.18b	0.64±0.06c	0.64±0.13c	0.43±0.20b
Margalef 指数	1.57±0.52a	1.53±0.45a	1.23±0.45b	1.75±0.23c	1.81±0.48c	1.10±0.64b
Pielou 指数	0.78±0.15a	0.79±0.12a	0.68±0.20b	0.84±0.05c	0.86±0.11c	0.66±0.18b
Simpson 指数	0.64±0.17a	0.64±0.14a	0.56±0.21b	0.71±0.05c	0.72±0.08c	0.51±0.18b

注：同行中的不同字母代表差异显著性（$P<0.05$）。

　　1～4 级河流间，鱼类多样性指数的空间变化大致与鱼类物种数和个体数的空间变化相同，其中 Shannon-Wiener 指数、Margalef 指数和 Simpson 指数的最大值均出现于 2 级河流，但均匀度指数则相反（表 9-4）。单因素方差分析结果显示，1～4 级河流间，Shannon-Wiener 指数、Margalef 指数和 Simpson 指数均存在显著差异（$P<0.05$），但均匀度指数无

显著差异（$P>0.05$）。S-N-K 多重比较结果显示，Shannon-Wiener 指数和 Margalef 指数在 2 级河流最高，显著高于其他 3 个级别河流；在 4 级河流最低，显著低于其他 3 个级别河流；在 1 级和 3 级河流居中。就 Simpson 指数而言，其显著性差异仅表现为 2 级河流显著高于其他 3 个级别河流（表 9-6）

表 9-6　1～4 级河流鱼类生物学指数比较

生物学指数	1 级河流	2 级河流	3 级河流	4 级河流
Shannon-Wiener 指数	0.51±0.20a	0.60±0.18b	0.51±0.16a	0.45±0.22c
Margalef 指数	1.31±0.60a	1.66±0.60b	1.46±0.16a	1.01±0.47c
Pielou 指数	0.74±0.18	0.71±0.18	0.78±0.17	0.75±0.13
Simpson 指数	0.58±0.19a	0.64±0.17b	0.61±0.15a	0.54±0.18a

注：同行中的不同字母代表差异显著性（$P<0.05$）。

9.6　典型流域鱼类群落特征

分别以杭埠河和南淝河为例，分析其鱼类生物学指数随季节和河流大小（河流级别）的变化。就杭埠河的鱼类而言，双因素方差分析物种数（Two-way ANOVA）结果显示：①个体数、Pielou 指数季节变化显著（$P<0.05$），Margalef 指数、Shannon-Wiener 指数和 Simpson 指数的季节动态不显著（$P>0.05$）；②仅物种数和个体数随河流级别显著变化（$P<0.05$），其他多样性指数不受河流级别的显著影响（$P>0.05$）；③根据多重比较结果，1 级河流的鱼类物种数和个体数显著低于 2 级、3 级河流（$P<0.05$），但后两者间无显著差异（$P>0.05$）；④季节和河流级别对这些多样性指数均无显著交互影响（$P>0.05$）（表 9-7）。

表 9-7　基于多因素方差分析的杭埠河鱼类群落的时空变化

群落参数	类别	F	P	多重比较
物种数	河流级别	4.41	0.018 *	1 级<2 级=3 级
	季节	1.573	0.216	
	河流级别×季节	1.091	0.345	
个体数	河流级别	4.491	0.017 *	1 级<2 级=3 级
	季节	9.495	0.003 **	
	河流级别×季节	0.026	0.974	
Margalef 指数	河流级别	2.036	0.142	
	季节	0.100	0.753	
	河流级别×季节	1.685	0.197	
Pielou 指数	河流级别	0.135	0.874	
	季节	4.665	0.036 *	
	河流级别×季节	0.250	0.780	

	类别	F	P	多重比较
Shannon-Wiener 指数	河流级别	2.629	0.083	
	季节	0.241	0.626	
	河流级别×季节	1.322	0.277	
Simpson 指数	河流级别	0.824	0.445	
	季节	2.021	0.162	
	河流级别×季节	1.126	0.333	

注：＊和＊＊分别代表显著性（$P<0.05$）和极显著性（$P<0.01$）。

就南淝河的鱼类多样性指数而言，双因素方差分析结果显示，各多样性指数均无显著性季节动态和河流级别间的变化（$P>0.05$），季节和河流级别对各多样性指数无显著性交互影响（$P>0.05$）（表9-8）。

表9-8 基于多因素方差分析的南淝河鱼类数量的时空变化

	类别	F	P
物种数	河流级别	0.701	0.532
	季节	5.034	0.066
	河流级别×季节	1.191	0.136
个体数	河流级别	3.239	0.111
	季节	1.393	0.283
	河流级别×季节	2.970	0.154
Margalef 指数	河流级别	0.326	0.734
	季节	1.633	0.249
	河流级别×季节	2.426	0.159
Pielou 指数	河流级别	0.191	0.831
	季节	1.580	0.256
	河流级别×季节	3.455	0.177
Shannon-Wiener 指数	河流级别	2.834	0.136
	季节	2.523	0.163
	河流级别×季节	3.541	0.127
Simpson 指数	河流级别	0.391	0.693
	季节	1.501	0.266
	河流级别×季节	1.797	0.229

9.7 群落特征的多元分析

9.7.1 季节变化和空间格局

巢湖流域河流鱼类物种组成以定居性鱼类为主，无显著的季节动态变化。1~4级河流间的鱼类区系组成高度重叠、无显著性差异。在不同的二级生态分区之间，仅Ⅰ-1 亚区的鱼类物种组成同其他 5 个生态亚区的存在差异。

基于河流鱼类物种组成（运用 0 和 1 分别代表某物种在某样点的存在与否）的数据矩阵，以 PRIMER 5.0 为软件，运用单因素相似性分析（One-way ANOSIM）检验物种组成的季节变化，结果显示，4 月、10 月间物种组成存在非常严重的重叠现象且无显著性差异（Global $R = 0.03$，$P > 0.05$）。

运用单因素相似性分析检验了物种组成随河流级别、一级和二级生态分区的空间变异性，结果显示，1～4 级河流间物种组成高度重叠且无显著性差异（Global $R = -0.03$，$P > 0.05$）；2 个一级生态分区间，以及 6 个二级生态分区间的物种组成尽管存在一定重叠，但差异显著（Global $R = 0.23$，$P < 0.01$，一级分区；Global $R = 0.19$，$P < 0.01$，二级分区）。针对 6 个二级生态分区间鱼类物种组成的显著差异进行两两分区间的比较，结果显示，仅Ⅰ-1 生态分区与其他 5 个生态区的物种组成明显分离且显著差异（Global $R > 30$，$P < 0.01$），其他 5 个生态区间的物种组成高度重叠且无显著差异（Global $R < 0.05$，$P > 0.05$）。

分别以杭埠河和南淝河为例，研究其鱼类物种组成随季节和河流大小（河流级别）的变化。双因素交叉相似性分析（Two-way crossed ANOSIM）结果显示，就杭埠河而言，季节间（Global $R = 0.02$，$P > 0.05$）及河流级别间（Global $R = 0.01$，$P > 0.05$）的鱼类物种组成严重重叠且无显著性差异；1～3 级河流中，任何两种级别河流间的物种组成均存在严重重叠（$R < 0.05$）并无显著差异（$P > 0.05$）。同杭埠河相似，南淝河的鱼类物种组成也不随季节（Global $R = -0.12$，$P > 0.05$）和河流级别（Global $R = -0.24$，$P > 0.05$）而显著变化。

9.7.2　聚类和排序

利用 PRIMER 5.0 软件，运用单因素相似性分析，分别检验了季节、河流级别、水系、一级和二级生态分区对鱼类群落结构的影响。结果显示，鱼类群落结构在不同季节间存在明显重叠，但仍存在显著差异（Global $R = 0.05$，$P < 0.01$）。在不同河流级别间（Global $R = -0.05$，$P > 0.05$）及不同水系间（Global $R = 0.01$，$P > 0.05$）严重重叠且无显著差异，在 2 个一级生态分区间（Global $R = 0.25$，$P < 0.01$）及 6 个二级生态分区间（Global $R = 0.20$，$P < 0.01$）存在一定分离且差异显著。对 6 个二级生态分区间鱼类群落结构进行两两比较可以发现，二级生态分区间鱼类群落结构的差异仅发生于Ⅰ-1 区与其他 5 个生态区之间（Global $R > 0.25$，$P < 0.01$），而其他 5 个生态区间的群落结构明显重叠且无显著差异（Global $R < 0.10$，$P > 0.05$）（表 9-9）。运用非度量多维标度（NMS）分析将鱼类群落结构的时空动态和空间分布进行直观化，可见研究区域内鱼类群落结构存在季节间与河流级别间的明显重叠，但在不同生态分区间可见一定的分离现象（图 9-6）。

表 9-9　基于相似性分析的 6 个二级生态分区间鱼类群落结构的变化

生态区	Ⅰ-1	Ⅰ-2	Ⅱ-1	Ⅱ-2	Ⅱ-3	Ⅱ-4
Ⅰ-1		0.35	0.34	0.58	0.42	0.54
Ⅰ-2	＊＊		0.03	−0.07	−0.02	0.03
Ⅱ-1	＊＊	ns		−0.05	0.07	0.08
Ⅱ-2	＊＊	ns	ns		−0.11	−0.13
Ⅱ-3	＊＊	ns	ns	ns		0.03
Ⅱ-4	＊＊	ns	ns	ns	ns	

注：右上侧为 R 值，左下角为 P 值；ns、＊和＊＊分别代表 P>0.05、P<0.05 和 P<0.01。

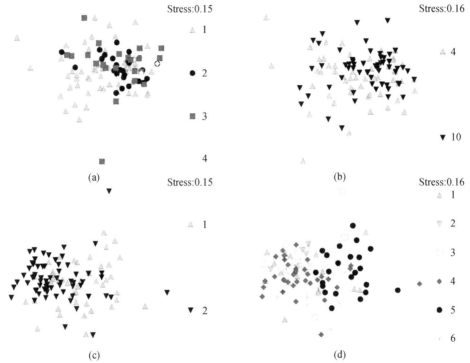

图 9-6　基于非度量多维标度分析的鱼类群落结构时空变化

（a）河流级别（1～4 分别代表 1～4 级河流）；（b）季节（4 和 10 分别代表 4 月和 10 月）；

（c）一级生态分区（1 和 2 分别代表Ⅰ和Ⅱ一级生态区）；（d）二级生态分区

（1～6 分别代表Ⅱ-1、Ⅱ-2、Ⅱ-3、Ⅱ-4、Ⅰ-1 和Ⅰ-2 二级生态区）

　　考虑到 6 个二级生态分区间仅Ⅰ-1 生态分区与其他二级生态分区之间的鱼类群落结构存在显著差异，以Ⅱ-1 生态分区为例，运用相似性百分比分析解析了其与Ⅰ-1 生态区间鱼类群落结构差异的主要贡献物种，结果显示，鲫、吻虾虎鱼、鳘、泥鳅、宽鳍鱲、棒花鱼和鲤的多度差异解释了Ⅰ-1 和Ⅱ-1 生态分区鱼类群落差异的 50% 以上，其中鲤仅出现于Ⅱ-1 生态分区，鲫、鳘和棒花鱼在Ⅱ-1 生态分区具有更高多度，而宽鳍鱲、泥鳅和吻虾虎鱼在Ⅰ-1 生态分区的多度更高（表 9-10）。

表 9-10　基于相似性百分比分析检验 I -1 和 II -1 两个二级生态分区间
鱼类群落结构差异的关键贡献物种

物种	平均多度		平均不相似性（%）	贡献率（%）	累计贡献率（%）
	I -1 亚区	II -1 亚区			
鲫	0.88	10.43	10.52	12.43	12.43
吻虾虎鱼	13.67	11.57	9.52	11.25	23.67
鳘	0.17	10.93	8.93	10.55	34.23
泥鳅	2.17	0.29	4.90	5.78	40.01
宽鳍鱲	2.54	1.07	4.27	5.04	45.05
棒花鱼	1.54	2.21	4.09	4.83	49.88
鲤	0	1.57	3.93	4.65	54.53

　　分别以杭埠河和南淝河为例，分析其鱼类群落结构随季节和河流级别的变化规律。双因素交叉相似性分析结果显示，就杭埠河而言，季节间（Global $R = 0.05$，$P > 0.05$）及河流级别间（Global $R = -0.01$，$P > 0.05$）的鱼类群落结构严重重叠且无显著性差异；1 ~ 3 级河流中，任何两种级别河流间的群落结构均存在严重重叠（$R < 0.03$）并无显著差异（$P > 0.05$）。同杭埠河相似，南淝河的鱼类群落结构也不随季节（Global $R = -0.02$，$P > 0.05$）和河流级别（Global $R = -0.28$，$P > 0.05$）而显著变化。

9.7.3　与环境因子的关系

　　用 ArcGIS Desktop 9.3 软件，对每调查样点计算下列环境变量：集水区面积（km^2）、坡度（%）、距河源距离、距入巢湖的河口距离，并估算林地、草地、湿地、城镇和农田 5 种土地利用类型的相对面积（表 9-11）

表 9-11　局域栖息地、支流空间位置和集水区景观变量

环境变量	平均值	标准差	变异系数
集水区面积（km^2）	696.91	1281.42	1.84
坡度（%）	3.75	4.42	1.78
距河源距离（km）	19.81	18.94	0.96
距河口距离（km）	44.41	27.11	0.61
林地面积（%）	17.07	19.30	1.13
草地面积（%）	5.87	7.73	1.32
农田面积（%）	56.67	25.53	0.45
湿地面积（%）	3.38	3.69	1.09
城镇面积（%）	6.70	6.51	0.97

　　用 CANOCO 4.5 软件，以冗余分析（redundancy analysis，RDA）解析环境变量对鱼类群落结构的影响，该分析按照下列步骤进行：①单独分析 4 月水化学环境对鱼类群落的影

响；②单独分析集水区景观因素对鱼类群落结构的影响，分4月和10月独立进行。仅出现于1个或2个样点的稀有鱼类物种不纳入分析，目的是降低稀有物种的负面权重。根据向前选择程序（forward selection procedure）确定选入RDA分析的显著性重要环境变量，即以手动选择方式（manual selection）逐步计算每个变量的贡献率和显著性，并运用Monte Carlo置换检验，将显著性（$P<0.05$）变量选入模型。为了降低极端数据的负面权重，对全部变量数据进行$\lg(x+1)$转换，视$P<0.05$为显著水平。

当考虑水化学因素对鱼类群落结构的影响时，冗余分析结果显示，任何环境变量对鱼类群落结构的影响都不具有显著性。

当考虑景观变量鱼类群落结构的影响时，冗余分析结果显示，4月的鱼类群落结构受距河口距离、草地面积和农田面积的显著影响（$P<0.05$），10月的鱼类群落结构受集水区面积、距河口距离和农田面积的显著影响（$P<0.05$）。4月，显著作用环境变量共解释了物种变异的15.5%（第1、第2轴分别解释了其中的11.1%和4.1%），解释了物种与环境关系的87.2%（第1、第2轴分别解释了其中的63.8%和23.4%）；10月，环境变量共解释了物种变异的13.9%（第1、第2轴分别解释了其中的10.2%和3.7%%），解释了物种-环境关系的84.2%（第1、第2轴分别解释了其中的62.0%和22.2%）（表9-12）。

表9-12 基于冗余分析的鱼类群落结构同环境因子的关系

月份	统计	轴1	轴2
4	特征值	0.11	0.04
	物种-环境关系	0.73	0.67
	累计变异百分比		
	仅物种	11.1	15.2
	物种与环境	63.8	87.2
	与轴之间的相关性		
	距河口距离	0.55	0.33
	草地面积	0.25	0.08
	农田面积	−0.61	0.36
10	特征值	0.10	0.04
	物种-环境关系	0.77	0.61
	累计变异百分比		
	仅物种	10.2	13.9
	物种与环境	62.0	84.2
	与轴之间的相关性		
	集水区面积	−0.27	0.38
	距河口距离	0.59	0.22
	农田面积	−0.69	0.02

总体上，集水区面积和农田与轴1呈负相关、与轴2呈正相关，距河口距离和草地面

积与轴 1 和轴 2 均呈正相关，该结果表明，从河源至河口（距河口距离逐渐减小时），农田面积增加，但草地面积减少。沿着轴 1 从左至右的水平方向，农田面积逐渐减小，但草地面积和距河口距离增大，在该环境梯度，鲫、鲤、鳌和红鳍原鲌等物种的数量逐渐减少，但吻虾虎鱼、宽鳍鱲、棒花鱼和司氏鉠等物种的数量增多。沿着轴 2 从下至上的垂直方向，集水区面积和距河口距离逐渐增大，在该环境梯度下，乌鳢、黄鲴和中华细鲫等物种的数量减少，但黄鳝、斑条鱊和沙塘鳢等物种的数量增多（图 9-7）。

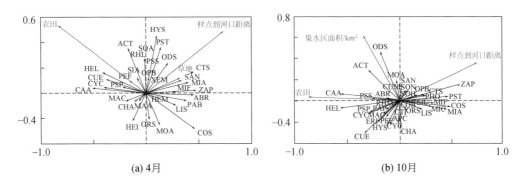

图 9-7   鱼类群落结构与环境因子关系的冗余分析双标图

9.8　历 史 变 化

巢湖 20 世纪 60 年代发现鱼类 85 种，隶属于 11 目 19 科，其中鲤科鱼类占 58%（王歧山，1987）。1973 年，调查发现鱼类 62 种，其中鲤科鱼类占 60%（巢湖地区巢湖水产资源调查小组，1973）。1981 年，调查发现鱼类 78 种，隶属于 10 目 19 科，鲤科鱼类占 52%（吴先成等，1981）。2002 ~ 2004 年，调查发现鱼类 54 种，隶属于 8 目 16 科，其中鲤科鱼类 35 种，占 64.8%（过龙根等，2007）。本次调查发现鱼类 60 种，隶属于 8 目 17 科，其中鲤科鱼类 35 种（德国锦鲤属外来入侵种，作为单独的一个物种），占 57.38%（表 9-1）。

总体上，巢湖鱼类主要以鲤科鱼类为主，占 50% 以上；2002 ~ 2004 年和本调查结果与上世纪调查结果相比，目科数减少，种类数量上明显下降，如洄游性鱼类（中华鲟 *Acipenser sinensis*、白鲟 *Psephurus gladius*、鲚 *Clilia ectenes*、鲥 *Macrura reevesi*、鳗鲡 *Anguilla japonica*、窄体舌鳎 *Cynoglossus gracilis*、弓斑东方鲀 *Fugu ocellatus*、暗色东方鲀 *Fugu obscurs*、红鳍东方鲀 *Fugu rubripes*）减少甚至消失，湖泊定居性鱼类趋于稳定，而以湖鲚（短颌鲚）等小型鱼类占据了绝对优势，大型经济鱼类呈现严重小型化现象（过龙根，2005）。常见的并且有一定产量和价值的品种主要为四大家鱼、鲤、鲫、鲌类、湖鲚和太湖新银鱼等，鲢、鳙等家鱼主要靠人工投放，黄鲴、子陵吻虾虎鱼、鲬鲏亚科等种类较为常见。

巢湖湖鱼类种类减少的原因是多方面的。

首先，20 世纪 60 年代巢湖闸和裕溪闸的建成，阻隔了江-湖鱼类的洄游通道，影响了鱼类繁殖、生长及种群的补充，虽然修建了鱼道，但过鱼效果并不理想（巢湖地区巢湖水产资源调查小组，1973），从而导致江湖洄游性鱼类资源的严重衰退。

其次，沉水植物大面积消失，导致草上产卵鱼类的繁殖场所和幼鱼的肥育场所锐减。目前，巢湖水生植被非常稀少，零星分布在河口及湖的近岸带，但在1954年以前，巢湖水生植被茂盛，分布几乎遍及全湖，然而受1954年洪水和60年代巢湖建闸的影响，到80年代初水生植物分布面积约为19.6km²，占全湖总面积的2.6%（宋协志和卢心固，1984）。

再次，捕捞强度的增加也是导致巢湖鱼类结构变化的重要因素。巢湖捕捞强度的增强是导致巢湖鱼类结构发生变化的重要因子，主要导致巢湖渔业的小型化，小型鱼类占据了大中型鱼类所空出的生态位，种群中的个体也出现以低龄鱼为主的现象，性成熟个体也趋于变小（过龙根等，2007），非法渔具，如电力捕鱼、毒虾、地笼网，以及密眼流刺网等禁用渔具因为作业时隐蔽性强、经济效益高而成为渔民在封湖禁鱼期偷捕首选的渔具，从而严重地杀伤了经济价值较高的经济鱼类和其幼鱼，使湖泊的渔业资源，特别是大中型鱼类遭受到严重的破坏。

最后，巢湖水体富营养化带来严重的生态学后果，如氨氮浓度过高、藻类毒素的毒害作用、溶解氧降低，都会不同程度地引起鱼类种群数量减少（房岩等，2003；Tammi et al.，1999）。巢湖许多入湖河流的污染非常严重，如位于西湖区的南淝河，河水发黑发臭，入湖口一带鱼类甚少，常发生鱼类死亡事件（姚闻卿等，1984）。

参 考 文 献

巢湖地区巢湖水产资源调查小组. 1974. 1973年《巢湖主要经济鱼类资源调查》摘要. 见：安徽省革命委员会科技局、安徽省革命委员会农林局编. 安徽长江主要经济鱼类资源调查报告汇编. 合肥：安徽省科技局，安徽省农林局. 147-149.

陈宜瑜. 1998. 中国动物志硬骨鱼纲鲤形目（中卷）. 北京：科学出版社.

褚新洛，郑葆珊，戴定远. 1999. 中国动物志硬骨鱼纲鲇形目. 北京：科学出版社.

房岩，许振文，孙刚，等. 2003. 长春南湖富营养化进程中鱼类群落结构的变化. 中国环境监测，19（2）：9-12.

过龙根. 2005. 大型浅水湖泊——巢湖的渔业生态学研究. 武汉：中国科学院水生生物研究所博士学位论文.

过龙根，谢平，倪乐意，等. 2007. 巢湖渔业资源现状及其对水体富营养化的响应研究. 水生生物学报，31（5）：700-705.

乐佩琦. 2000. 中国动物志硬骨鱼纲鲤形目（下卷）. 北京：科学出版社.

宋协志，卢心固. 1984. 巢湖水生维管束植物. 见：安徽省巢湖开发公司编. 巢湖渔业资源增殖研究资料（第二集）. 合肥：安徽省巢湖开发公司. 50-53.

王岐山. 1987. 巢湖鱼类区系研究. 安徽大学学报（自然科学版），2：70-78.

吴先成，刁铸山，姚闻卿. 1981. 巢湖鱼类区系. 见：安徽省巢湖开发公司编. 巢湖渔业资源增殖研究资料（第一集）. 合肥：安徽省巢湖开发公司. 36-41.

伍汉霖，钟俊生. 2008. 中国动物志硬骨鱼纲鲈形目虾虎鱼亚目. 北京：科学出版社.

姚闻卿，胡菊英，金庆海，等. 1984. 污染对南淝河鱼类的影响. 见：安徽省巢湖开发公司编. 巢湖渔业资源增殖研究资料（第二集）. 合肥：安徽省巢湖开发公司. 65-69.

朱松泉. 1995. 中国淡水鱼类检索. 南京：江苏科学技术出版社.

Tammi J, Lappalainen A, Mannio J, et al. 1999. Effects of eutrophication on fish and fisheries in Finnish lakes：a survey based on random sampling. Fisheries Management and Ecology, 6（3）：173-186.

第10章　水生态健康评价[①]

流域水生态系统健康评价可以为区域水环境质量管理提供科学支撑，也能够为流域水生态功能区保护目标制定、退化河流生态系统恢复和河流生态系统分级、分区管理等提供科学依据，因此具有重要的理论与实践意义。基于巢湖流域的调查数据和评价方法，以2013年4月调查数据为基础，在调查样点尺度上进行健康评价。评价结果表明，巢湖河流、湖泊综合评价平均得分分别为0.58和0.59，所处等级为中，但接近于良的下限。其中，河流优和良的样点主要分布于西南部山区丘陵区域，中等级主要分布于东南部平原区域和流域丘陵岗地区域，差和劣的样点主要分布于南淝河和十五里河中下游区域；而巢湖湖体优等级的样点位于南部沿岸，差等级的样点位于巢湖西北部，此外东半湖评价得分高于西半湖。

10.1　研究进展

10.1.1　概念发展

水生态系统健康的概念来源于对生态系统健康概念的研究。1941年，Aldo Leopold用"土地疾病"来描述生态系统功能紊乱，并首次提出"土地健康"的概念，但是这一概念在当时并未受到足够重视。20世纪70年代末至80年代初，生态系统健康概念开始形成，由于这一概念易于被决策者和公众接受，所以生态系统健康的研究迅速成为国际生态环境研究的热点之一。然而，由于生态系统本身的综合性和复杂性，生态系统健康学界至今仍未形成一个普遍公认的定义。众多涉足这一领域的学者提出了各自的观点，借鉴生物个体的健康诊断，Rapport（1979）最初提出"生态系统医学"概念，旨在将生态系统作为一个整体进行"诊断"，在此基础上，Schaeffer等（1988）提出生态系统"没有疾病"（absence of disease），即是健康。Costanza等（1992）认为，生态系统健康是指生态系统是活跃的，能保持自身的组织和自主性，对压力具有恢复力。Karr等（1991）则认为，生态系统健康就是具有完整性，并进一步指出无论是个体生物系统还是整个生态系统，能自我实现内在潜力，状态稳定，受到干扰时仍具有自我修复能力，管理它也只需要最小的外界支持，就被认为是健康的。Rapport等（1995）认为，"生态系统健康"是指一个生态系统所具有的稳定性和可持续性，提出"生态系统健康"可以通过活力、组织结构和恢复力3个特征进行定义，并将生态系统健康的定义扩展至以符合适宜的目标为标准来定义一个生态系统的状态、条件或表现，即生态系统健康应该包含两方面内涵：满足人类社会合理

---

① 本章由黄琪（江西师范大学）撰写，高俊峰统稿、定稿。

要求的能力和生态系统本身自我维持与更新的能力。1997年，Costanza 等（1997）进一步提出生态系统健康6个方面的内涵：①健康是系统的自动平衡；②健康是没有疾病；③健康是多样性或复杂性；④健康是稳定性或可恢复性；⑤健康是有活力或增长的空间；⑥健康是系统要素间的平衡。

国际生态系统健康学会（Johnson et al.，1999）将"生态系统健康"定义为研究生态系统管理预防性的、诊断的和预兆的特征，以及生态系统健康与人类健康之间关系的一门系统的科学。崔保山和杨志峰（2001）总结已有研究，提出生态系统健康是指系统内的物质循环和能量流动未受到损害，关键生态组分和有机组织被保存完整，且缺乏疾病，对长期或突发的自然或人为扰动能保持着弹性和稳定性，整体功能表现出多样性、复杂性、活力和相应的生产率，其发展终极是生态整合性。而王根绪等（2003）认为，生态系统健康（ecological health）包括生态系统完整性（ecological integrality）、生态系统恢复力（ecological resilience）和生态系统活力（ecological vigor）（表10-1）。

表10-1　生态系统健康概念和内涵

学者或机构	时间	概念或内涵
Rapport 等	1979	提出"生态系统医学"概念，旨在将生态系统作为一个整体进行"诊断"
Schaeffer 等	1988	健康就是没有疾病"（absence of disease）
Karr 等	1981，1991	生态完整性即健康；无论是个体生物系统还是整个生态系统，能自我实现内在潜力，状态稳定，受到干扰时仍具有自我修复能力，管理它也只需要最小的外界支持，就被认为是健康的
Costanza	1992，1997	生态系统是活跃的，能保持自身的组织和自主性，对压力具有恢复力；（1）健康是系统的自动平衡；（2）健康是没有疾病；（3）健康是多样性或复杂性；（4）健康是稳定性或可恢复性；（5）健康是有活力或增长的空间；（6）健康是系统要素间的平衡
Rapport 等	1995	一个生态系统所具有的稳定性和可持续性；满足人类社会合理要求的能力和生态系统本身自我维持与更新的能力
Rapport 等	1999	研究生态系统管理的预防性的、诊断的和预兆的特征，以及生态系统健康与人类健康之间关系的一门系统的科学
崔保山和杨志峰	2001	生态系统健康是指系统内的物质循环和能量流动未受到损害，关键生态组分和有机组织被保存完整，且缺乏疾病，对长期或突发的自然或人为扰动能保持着弹性和稳定性，整体功能表现出多样性、复杂性、活力和相应的生产率，其发展终极是生态整合性
王根绪	2003	生态系统健康（ecological health）包括生态系统完整性（ecological intergrality）、生态系统恢复力（ecological resilience）合生态系统活力（ecological vigor）
Rapport 和 Maffi	2011	提出生态文化健康（Eco-cultural Health），即在不损害任何重要的生态过程和文化生命力的前提下，达成自然与文化的动态交互与协同进化。
Constanza，刘焱序 等	2012，2015	生态系统健康应当与可持续性和生态系统服务相关联，一个健康的系统必须持续提供大量生态系统服务。

另外，20世纪90年代就产生了生态系统结构和功能是否与有机体类似的争论。Ehrenfeld（1992）和 Suter（1993）认为，生态系统根本不能算作有机体，所以也不会有

类似于有机体的属性，如健康。此外，使用"健康"概念描述生态系统的状况暗含了系统处于优或劣的判断。然而，评估生态系统的优劣基本取决于社会对于生态系统的期望（Wicklum and Davies，1995）。这样生态系统健康就变成了价值的判断，而价值判断是根据人类对于自然世界的认知而改变的，所以把它作为环境管理的科学基准是不合适的。对此，Costanza（2012）坚称，生态系统健康是一个"规范"的概念，包括科学的社会目标，而不仅仅是一个"客观"的科学概念。原始状况动态的平衡或许不是有机体与生态系统共同的属性，但是这不应该成为拒绝生态系统健康是一个有效概念的理由。例如，1992年，《里约环境与发展宣言》（Rio declaration）中就使用了生态系统健康概念以成立全球性生态系统管理机构。

生态系统健康的概念从提出到逐步完善包括两个方面的内涵：一是生态系统本身健康可持续的发展演化，不危及人类的生存和发展；二是健康的生态系统可更好地发挥生态系统的服务功能，促进人类的生存与可持续发展（叶立国和李笑春，2008）。例如，在此基础上，从生态系统资源可持续发展和管理出发，文伏波（2007）认为健康的河流应该既是生态良好的，又是造福人类的河流，是以水资源可持续利用的河流。韩其为、陈吉余等（2007）也认为，对河流健康的定义是能正常发挥其功能，也是人类的索取与保护的平衡。

这些概念和定义对后续生态系统健康研究产生了深远的影响。总之，生态系统健康是区域环境管理多方面的目标（Pantus and Dennison，2005），生态系统健康对于为人类社会提供社会和经济价值具有至关重要的作用（Lu et al.，2015）。

人类活动对于水生态系统污染的加速和累积促使学者不断开发生物监测工具来评估生态系统的受损状况。然而，人类活动干扰和压力对于水生态系统的复杂性催生了生物完整性概念，即"维持或支持平衡、整体和具有适宜性的生物群落，并具有与区域栖息地相适应的物种、多样性和功能组成"。此后，虽然国内外学者对于河流生态系统健康内涵的理解有所侧重和不同，但"完整性"一直都是其中的核心概念。完整性（integrity）指"未受损害、良的状态，表示有全体、全部或健全"。1972 年，美国《清洁水法案》中首次提出河流健康（river health）的概念，即物理、化学和生物完整性，即生态完整性。并且以此为基础制定了一系列河流（包括溪流和河流）的快速生物评估协议，推动流域和各州的河流生态系统健康评价研究。水生态完整性的内涵包括结构完整和功能完善两个方面的内容，结构完整指群落组成，而功能指速率、模式，以及生态系统中的相对重要性。显然，结构和功能完整性都是生态系统健康中的重要内容，它们之间相互关联，但是已有评价指标更多的是构建多参数指标体系并针对结构完整性进行评价。由于河流的物理（生境）和化学（水质）特性都可以通过水体中生物群落结构的改变而直接或间接地体现出，因此在早期许多研究中更强调通过生物完整性来评价河流健康状态。随着研究的进一步开展，以及基于藻类、大型底栖动物、鱼类和高等水生植物等水生生物类群开发指标体系的不断增加，研究学者进一步认识到基于不同生物指标开发的生物完整性指数各具不同的优势，而且河流物理生境和化学特征在生态系统健康评价中仍具备一些优势，因此基于物理、化学和生物的生态完整性评价研究成为水生态系统健康研究的热点和趋势。

10.1.2 评价方法

指示生物法和综合指标体系法是两种常用的生态系统健康评价方法。

(1) 指示生物法

指示物种法是指采用一类指示种群，利用其丰富度、多样性、结构组成、生态特征等参数来监测水生态系统健康。生物完整性指数（index of biological integrity，IBI）是目前指示生物方法中应用最广泛的指标之一，该方法最初由 Karr（1981）提出。生物完整性指数由一类生物的多个参数（Metric）构成，通过比较参数值与参照状态的数值来计算单个参数的得分状况，再依据分级系统评价生态系统的健康状况。由于单个参数对于干扰的敏感程度及类型有所差异，综合参数则可以更准确和全面地反映系统的干扰强度和受损状况。随着研究的深入和扩展，生物完整性指数由最初的鱼类逐渐扩大到大型底栖动物、着生藻类、浮游藻类、浮游动物、沉水植物等水生生物类群，取得了大量研究成果。由于这些生物在水生态系统中的营养级别有所差异，以及这些生物本身的一些习性和特征，导致在构建评价指标体系的时候应该基于研究区和评价目标进行合理选择。

自 20 世纪 80 年代初，刘保元等（1981）、杞桑等（1982）、杨潼和胡德良（1986）分别以浮游生物、环节动物和软体动物进行了水质污染生物研究，杨莲芳等（1992）首次采用水质生物评价方法，应用蜉蝣目（Ephemeroptera）、襀翅目（Plecoptera）和毛翅目（Trichoptera）（缩写 EPT）分类单元数和科级生物指数进行九华河水质生物评价。童晓立（1995）利用水生昆虫评价了南昆山的水质，并比较了 4 种生物指标的适用性。王备新和杨莲芳（2004）根据调查和记录的我国东部地区大型底栖动物样本数据，确定了底栖无脊椎动物的主要分类单元耐污值，并于 2005 年以安徽省黄山地区的溪流为对象，构建了底栖动物完整性指数（B-IBI）。渠晓东等于 2006 年对香溪河健康状况进行了评价，张远等（2007）构建了辽河流域河流底栖动物完整性评价指标和标准。由于区域地理环境和生物区系的差异，国内外构建的 B-IBI 指数均有所差异，无法直接应用在其他区域。李强等根据西苕溪 64个底栖动物样点数据，构建了底栖动物完整性指数来评价溪流健康。Huang 等（2015）考虑了太湖流域人类干扰、自然环境的空间差异，利用太湖流域水生态分区，分别构建了西部丘陵区和东部平原区的大型底栖无脊椎动物的完整性指数评价体系，并进行了评价，结果显示太湖流域受到人类活动较强烈的干扰，且西部评价结果为"中"，东部评价结果为"差"。

生物完整性指数方法在我国湖泊和水库等静水生态系统中的研究较少。其重要原因是我国绝大部分与人类活动密切相关的湖库都受到了一定程度的干扰，致使构建生物完整性指数的参照系统难以科学确定。马陶武等（2008）、汪星等（2012）分别构建了太湖、洞庭湖的底栖动物完整性指数，但是其参照点和受损点依据生物指数来确定虽然有一定科学性，但是存在循环论证的缺陷。蔡琨等（2014）、苏玉等（2013）采用干扰程度最小系统法定义太湖、滇池底栖动物生物完整性指数参照系统，渠晓东等（2012）应用标准化方法筛选参照点，构建了大型底栖动物完整性指数，这些方法对于水生态系统完整评价具有较好的参考价值。

(2) 综合指标体系法

综合指标体系法是指根据水生态系统的物理、化学和生物特征，构建综合指标体系，有些甚至加入服务功能等指标,通过计算指标得分状况,结合指标权重,最终计算得到综合得分并进行等级划分和评定的方法。

相对于我国在综合指标体系方法中开展的研究,北美、欧盟地区和澳洲地区的河流健康更多采用水质指标、水生态系统过程指标、营养盐指标、大型底栖动物指标和鱼类指标等多种类型参数(指标)构建综合评价指标体系,更注重河流、湖泊自然生态状况的评价研究,以期识别人类活动对于流域水生态系统健康状况的干扰或影响。

2006 年以来,中国"水体污染控制与治理科技重大专项"在全国十大流域开展了水生态系统健康评估研究工作,各学者对这些大流域进行了大量和深入的调查,取得了水文、水质、藻类、底栖动物和鱼类等生物类群的大量调查数据。辽河流域(2013 年)、滇池流域(2014 年)开展的河流健康综合评价研究中,综合采用了化学和生物复合完整性指标对流域水生态系统健康进行了评价,黄琪等(2016)综合运用藻类、大型底栖动物和鱼类指数构成的生物完整性,结合物理、化学参数分别构成的物理、化学完整性指数,评价了长江中下游四大淡水湖的健康状况,结果表明综合完整性指数可以同时反映生态系统不同组分受人类活动干扰的不同程度的影响状况,评价结果更具客观性和综合性。综合评价法的发展,综合了流域河流、湖泊物理、化学和生物完整性的概念,丰富和推动了多参数评价方法的发展,是未来河流健康评估的发展方向。

10.2　健康参照状态

评价生态系统结构完整性是基于生物类群的分类,通过构建由物种丰富度、多样性、组成等参数组成的多参数评价指标体系,考察其综合状况与参照状态之间的相对关系来评价健康状况,其中一个关键问题就是构建合理的参照状态。不同的人对于参照状态的理解具有差别,如历史上某个时期的状态、现今存在的最好状态、没有人类活动干扰的状态或者是已有技术条件下能够恢复到的最佳状态等(Stoddard et al., 2006)。这些状态分别可以定义为历史状态(historical condition)、最少干扰状态(least disturbed condition)、极小干扰状态(minimally disturbed condition)和最佳可达状态(best attainable condition)(图 10-1)。

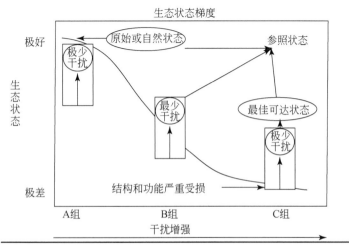

图 10-1　参照状态的定义及类型(Stoddard et al., 2006)

历史状态在欧洲被定义为大规模农业耕作以前，即没有工业化、城市化和规模种植业，只有极少的水质理化、水文状况和生物发生改变，这一状态在英国通常被认为发生在1850年以前，而在德国可追溯至17世纪（Whittier et al.，2007）。北美的历史参照状态被定义为大规模移民以前，即东北部海岸为17世纪，西海岸为20世纪（Wallin et al.，2003）；在澳大利亚则是欧洲殖民以前，即1750年以前（Hughes et al.，1998）。

最少干扰状态可以通过现状调查活动中的最佳物理、化学和生物栖息地指标来定义。通过设定一些标准（准则），就可以找出或定义该状态。各生态区域的自然状况（景观格局，土地利用状况等）差异，导致选择最少干扰状态的标准存在差异，同时最少干扰状态在同一区域也会随时间变化而改变。最少干扰状态与最小干扰状态的一个显著的差别就是，现存的最佳状态距离参照状态有多大的差距。

最佳可达状态在一定程度上等同于最少干扰状态，即在一个时期对区域生态状况进行了最优的工程管理实践。另外，最佳可达状态也可以是理论上对一个区域进行了最佳的生态修复、优化土地利用结构和公共参与的环境管理目标。总而言之，可以认为最佳可达状态的上界和下界分别是最小干扰状态和最少干扰状态，当然这也取决于人类活动在该区域的干扰程度。

筛选参照点位可以应用一系列物理、化学和生物参数构建判断准则来实现。但是构建生物完整性指数时，应该避免使用生物参数，因为这样会导致指标系统具有倾向性，或进入循环论证（Bailey et al.，2014）。

总之，选择合适的参考系统是构建流域水生态系统的基础，其可以直接决定评价结果的可靠性。在流域范围内，为河流与湖泊生态系统选择适当的参照状态十分关键，河流生态系统健康评价研究可以在同一生态区中选择最少干扰状态来建立参考系统；同样，也可以选择最少干扰的湖泊（群）来建立同类湖泊的参照状态。另外，古湖沼学研究表明，沉积物可以对湖泊历史状况进行反演，从而推测出历史上湖泊生态系统的健康状况，构建基于历史状态的参照状态。在评价实践中可以根据评价要求进行综合选择。

10.3　评价指标体系

水生态健康评价指标体系应当对人为干扰活动具有可预测的响应，且能指示流域的健康梯度。因此，构建恰当的水生态健康评价指标体系必须对一系列健康评价指标进行检测，确保健康评价指标的响应与预期保持一致，这对于建立水生态健康监测体系是必不可少的。

本书首先确定流域内人为干扰活动的水平，包括对流域健康具有明确影响的人为活动，如流域农业开发和土地利用结构改变导致的面源污染，工业发展、城市化过程的点源污染和水生态系统物理结构的改变。对不同区域的样点，进行干扰梯度与评价备选指标的回归分析。选择对干扰梯度具有可预测趋势的健康评价备选指标作为巢湖流域不同干扰梯度类型区的健康评价指标。

合理指标具有的特征应该达到以下要求：①可以快速量化河流和湖库等水体的状态，以及存在的风险；②可以提供准确的信息，并易于说明；③对人为干扰能快速响应，并与预测趋势相符；④具有合适的尺度；⑤测量成本合理；⑥与管理目标相关联；⑦有科学依据。

根据上述指标体系构建的原则及相关依据，通过对国内外相关研究进行总结，以及在本流域试评价的基础上，构建一套由目标层、系统层、状态层和指标层所组成的巢湖流域河流和湖库水生态健康综合评价 4 级指标体系框架，其中河流水生态健康评价指标体系框架包括 1 个目标因子、2 个系统因子、5 个状态因子、12 个指标因子（表 10-2），湖库水生态健康评价指标体系框架包括 1 个目标因子、2 个系统因子、6 个状态因子、11 个指标因子（表 10-3）。

表 10-2　巢湖流域河流水生态健康评价指标体系

系统层	状态层	指标层	指标意义
物理化学完整性	水质理化	溶解氧	含氧量指标，水体缺氧会导致水生生物死亡
		电导率	电解质浓度指标，清洁点电导率低
		高锰酸盐指数	水体污染程度指标
	营养盐	总氮	重要营养元素，可导致水体富营养化
		总磷	重要营养元素，可导致水体富营养化
生物完整性	着生藻类	总分类单元数	丰富度指标，物种完整性高的点丰富性高
		Berger-Parker 优势度指数	优势度指标，完整性高的点单一物种优势度低
	大型底栖无脊椎动物	总分类单元数	丰富度指标，物种完整性高的点丰富性高
		Berger-Parker 优势度指数	优势度指标，完整性高的点单一物种优势度低
		科级生物指数	敏感性指标，表征生物的污染耐受程度
	鱼类	总分类单元数	丰富度指标，物种完整性高的点丰富性高
		Berger-Parker 优势度指数	优势度指数

表 10-3　巢湖流域湖库水生态健康评价指标体系

系统层	状态层	指标层	指标意义
物理化学完整性	水质理化	电导率	电解质浓度指标，清洁点电导率低
		溶解氧	含氧量指标，水体缺氧会导致水生生物死亡
	营养	富营养化指数	富营养状态指标，包含 Chla，TN，TP，SD 和 COD_{Mn}
生物完整性	浮游植物	总分类单元数	丰富度指标，物种完整性高的点丰富性高
		Berger-Parker 优势度指数	优势度指标，完整性高的点单一物种优势度低
		蓝藻门密度比例%	特定指示物种，指示富营养化程度
	大型底栖无脊椎动物	总分类单元数	丰富度指标，物种完整性高的点丰富性高
		Berger-Parker 优势度指数	优势度指数，完整性高的点单一物种优势度低
		FBI 指数	敏感性指标，表征生物的污染耐受程度
	鱼类	总分类单元数	丰富度指标，物种完整性高的点丰富性高
		Berger-Parker 优势度指数	优势度指数

10.4 指标计算方法

通过确定指标期望值（指标等级最好状态值）和阈值（指标等级最差状态值），对各类指标进行标准化，公式计算过程中对于指标得分小于 0 的以 0 计算，大于 1 的以 1 计算，以确保所有评价指标得分范围为 0~1。

10.4.1 评价指标标准化

10.4.1.1 水质和营养盐指标标准化

对于随人类活动干扰增大而增大的指标，如电导率、高锰酸盐指数、总氮和总磷、叶绿素、富营养化指数等，标准化公式为

$$\text{指标得分} = \frac{\text{阈值} - \text{测量值}}{\text{阈值} - \text{期望值}} \tag{10-1}$$

对于随人类活动干扰增大而减小的指标，如溶解氧等，其标准化公式为

$$\text{指标得分} = \frac{\text{测量值} - \text{阈值}}{\text{期望值} - \text{阈值}} \tag{10-2}$$

其中，期望值和阈值参照国家水质等级标准和试评价数据共同确定。

10.4.1.2 水生生物指标标准化

藻类、底栖动物和鱼类的物种数指标标准化公式为

$$\text{指标得分} = \frac{\text{测量值} - \text{阈值}}{\text{期望值} - \text{阈值}} \tag{10-3}$$

蓝藻密度比例指标，藻类、底栖动物、鱼类 Berger-Parker 指数，底栖动物 FBI 指数标准化公式为

$$\text{指标得分} = \frac{\text{阈值} - \text{测量值}}{\text{阈值} - \text{期望值}} \tag{10-4}$$

10.4.2 健康评价综合指标计算

样点健康评价综合得分由水质指数、营养指数、藻类指数、底栖动物指数和鱼类指数综合计算得到。

$$\text{综合评价指数} = \frac{\text{水质指数} + \text{营养指数} + \text{藻类指数} + \text{底栖动物指数} + \text{鱼类指数}}{5} \tag{10-5}$$

10.4.2.1 水质理化指标

（1）河流系统

水质指标选择高锰酸盐指数、叶绿素 a、电导率和溶解氧，其中溶解氧作为关键指标，

如果该指标得分为 0，则水质指数为 0，计算公式为

$$水质理化指标 = \frac{DO + EC + COD_{Mn}}{3} \tag{10-6}$$

式中，DO 为溶解氧；EC 为电导率；COD_{Mn} 为高锰酸盐指数。

（2）湖库系统

水质指标选择电导率和溶解氧，其中溶解氧作为关键指标，如果该指标得分为 0，则水质指数为 0，计算公式为：

$$水质理化指标 = \frac{DO + EC}{2} \tag{10-7}$$

式中，EC 为电导率；DO 为溶解氧。

10.4.2.2 水质营养物指标

（1）河流系统

营养指标通过综合总氮、总磷的状况计算得到：

$$营养盐指标 = \frac{TN + TP}{2} \tag{10-8}$$

式中，TN 为总氮；TP 为总磷。

（2）湖库系统

营养指标选择营养状态指数，涉及指标主要为叶绿素 a（Chla）、总磷（TP）、总氮（TN）、透明度（SD）和高锰酸盐指数（COD_{Mn}），计算公式为

$$营养状态指数\ TLI\left(\sum\right) = \sum_{j=1}^{m} W_j \cdot TLI(j) \tag{10-9}$$

式中，$TLI\left(\sum\right)$ 为综合营养状态指数；W_j 为第 j 种参数的营养状态指数的相关权重；$TLI(j)$ 为第 j 种参数的营养状态指数。

以 Chla 作为基准参数，则第 j 种参数的归一化的相关权重计算公式为

$$W_j = r_{ij}^2 \sum_{j=1}^{m} r_{ij}^2 \tag{10-10}$$

式中，r_{ij} 为第 j 种参数与基准参数 Chla 的相关系数；m 为评价参数的个数。

中国湖泊（水库）的 chla 与其他参数之间的相关关系 r_{ij} 及 r_{ij}^2 见表 10-4。

表 10-4 中国湖泊（水库）部分参数与 chla 的相关关系 r_{ij} 及 r_{ij}^2 值

参数	Chla	TP	TN	SD	COD_{Mn}
r_{ij}	1	0.84	0.82	−0.83	0.83
r_{ij}^2	1	0.7056	0.6724	0.6889	0.6889

注：引自金相灿等著《中国湖泊环境》，表中 r_{ij} 来源于中国 26 个主要湖泊调查数据的计算结果。

营养状态指数计算公式为

$$TLI(Chla) = 10(2.5 + 1.086\ln Chla) \tag{10-11}$$

$$TLI(TP) = 10(9.436 + 1.624\ln TP) \tag{10-12}$$

$$TLI(TN) = 10(5.453 + 1.694\ln TN) \tag{10-13}$$

$$TLI(SD) = 10(5.118 - 1.94\ln SD) \tag{10-14}$$

$$TLI(COD_{Mn}) = 10(0.109 + 2.66\ln COD_{Mn}) \tag{10-15}$$

式中，叶绿素 a（Chla）单位为 μg/L；透明度（SD）单位为 m；其他指标单位均为 mg/L。

10.4.2.3 水生生物指标综合得分计算

不论河流系统还是湖库系统，大型底栖无脊椎动物指标选择分类单元数、Berger-Parker 指数和科级生物指数（FBI），计算公式为

$$底栖动物指标 = \frac{S + D + B}{3} \tag{10-16}$$

式中，S 为分类单元数；D 为 Berger-Parker 优势度指数，Berger-Parker 指数计算与藻类相同；B 为 FBI 指数。

不论河流系统还是湖库系统，鱼类指标均选择分类单元数和 Berger-Parker 优势度指数，计算公式为

$$鱼类指标 = \frac{S + D}{2} \tag{10-17}$$

式中，S 为分类单元数；D 为 Berger-Parker 优势度指数。

（1）河流系统

着生藻类指标选择分类单元数和 Berger-Parker 指数，计算公式为

$$着生藻类指标 = \frac{S + D}{2} \tag{10-18}$$

式中，S 为分类单元数；D 为 Berger-Parker 优势度指数。

（2）湖库系统

浮游植物指标选择分类单元数、Berger-Parker 指数和蓝藻门比例指数，计算公式为

$$浮游藻类指标 = \frac{S + D + C}{2} \tag{10-19}$$

式中，S 为分类单元数；D 为 Berger-Parker 优势度指数；C 为蓝藻门比例指数。

10.5 指标阈值及等级标准

10.5.1 指标阈值

在进行巢湖流域水生态健康临界阈值确定时，水生态系统类型区的确定以巢湖流域水生态功能三级分区为基本分区依据，期望值阈值标准按照国家标准、已有文献研究成果、试点数据及专家建议 4 个方面确定。

本次评价确定的阈值中，河流水质、营养盐等阈值参考地表水环境质量标准 GB 3838—2002 和调查样点测量值 95% 分位数确定，湖库营养、水质参考地表水环境质量标准 GB 3838—2002、历史资料和营养状态综合确定；生物指标中，藻类分类单元数以巢湖流域调查的 191 个样点的 95% 分位数作为优质期望值，以 5% 分位数作为临界阈值；

Berger-Parker 指数采用 0.90 和 0.10。大型底栖无脊椎动物分类单元数标准以巢湖流域调查的 191 个样点的 95% 分位数作为优质期望值，考虑到丘陵区、平原区和湖库的差异，分别建立优质期望值标准；FBI 指数分别以点位所在区域 95% 分位数作为优质期望值，5% 分位数作为临界阈值（负向指标采用 5% 分位数作为优质期望值，95% 分位数作为临界阈值），Berger-Parker 指数以 0.90 和 0.10 作为临界阈值和优质期望值（表 10-5，表 10-6）。

表 10-5　河流水生态系统健康评价指标期望值与阈值

指标类型	指标	适用范围	期望值	阈值
水质理化	溶解氧	所有样点	7.5mg/L	2mg/L
	电导率	所有样点	100μs/cm	400μs/cm
	高锰酸盐指数	所有样点	2mg/L	10mg/L
营养盐	总氮	所有样点	0.5mg/L	2mg/L
	总磷	所有样点	0.02mg/L	0.3mg/L
着生藻类	分类单元数	所有样点	28	2
	优势度指数	所有样点	0.14	1
底栖动物	分类单元数	山区	28	4
		平原	19	2
	FBI 指数	山区	1.82	7.00
		平原	4.18	9.36
	优势度指数	山区	0.19	0.70
		平原	0.25	0.90
鱼类	分类单元数	所有样点	8	0
	优势度指数	所有样点	0.29	1

表 10-6　湖库水生态系统健康评价指标期望值与阈值

指标类型	评价指标	适用范围	期望值	阈值
水质理化	溶解氧	所有样点	7.5mg/L	2mg/L
	电导率	所有样点	100μs/cm	400μs/cm
	高猛酸盐指数	所有样点	2mg/L	10mg/L
营养盐	富营养指数	所有样点	50	70
浮游藻类	分类单元数	所有样点	22	7
	优势度指数	所有样点	0.19	0.76
	蓝藻密度比例	所有样点	0	0.86
底栖动物	分类单元数	所有样点	11	2
	FBI 指数	所有样点	6.00	9.00
	优势度指数	所有样点	0.16	0.96
鱼类	分类单元数	所有样点	5	0
	优势度指数	所有样点	0.4	1

10.5.2 健康等级标准

将各个评价指标计算结果综合后得到水生态系统的健康综合得分，参考欧盟水框架指令（Water Framework Directive，WFD）（Hering et al.，2006），以及美国 Chesapeake Bay 等地（Williams et al.，2009）对于评价结果的等级划分方法，采用等分法将水生态系统健康状况得分分为 5 个等级，并且对各个等级的名称、分级标准和等级作如下描述。

表 10-7　水生态级别划分与分级标准

健康等级	分级标准	等级描述
优	0.8 ~ 1.0	没有改变，自然状态；或轻微改变，水生态系统的自然生境和群落组成有变化，但生态功能没有发生变化
良	0.6 ~ 0.8	轻微程度的改变，水生态系统的自然生境和群落组成有一定程度的变化，但生态系统的基本功能没有发生变化
中	0.4 ~ 0.6	中等程度改变，敏感物种丧失，水生态系统的结构和功能均发生较大的变化，部分生态功能丧失
差	0.2 ~ 0.4	较高的人类活动干扰，水生态系统变化显著，耐污群落占据优势，鱼类和藻类单一化趋势
劣	0 ~ 0.2	水生态系统严重改变，仅剩下极度耐污种类，基本生态功能丧失，甚至短期不可逆转

10.6　调查样点健康评价结果

基于评价指标体系，按照在河流与湖库、水生态功能分区两种分类方法对评价结果进行总结和描述。

10.6.1 河流样点评价结果

（1）水质理化评价

河流整体水质理化各指标浓度及评价值占各水质等级百分比有以下结果：全流域 DO 浓度为 0.85 ~ 21.44mg/L，平均浓度为 9.68mg/L；DO 分级评价结果显示，DO 平均得分为 0.88，其中优和良的比例分比别为 81.33% 和 6.67%，达到样点总数的 88.00%。中、差和劣的比例分别为 1.33%、4.00% 和 6.67%。EC 为 33.00 ~ 3158.00μS/cm，平均值为 233.00μS/cm；EC 分级评价结果显示，EC 的平均得分为 0.64，其中优和良的比例分别为 36.00% 和 28.67%，接近样点总数的 65%，而中、差及劣的比例分别为 15.33%、8.67% 和 11.33%。COD_{Mn} 浓度为 1.76 ~ 68.29mg/L，平均浓度为 5.80mg/L；COD_{Mn} 分级评价结果显示，COD_{Mn} 平均得分为 0.58，其中优和良的比例分别为 28.00% 和 22.67%，超过样点总数的 50%，而中、差及劣的比例分别占 22.00%、14.67% 和 12.67%。流域理化指标分级评价的结果显示，理化指标平均得分为 0.70，其中优及良的比例分别为 34.67% 和

41.33%，达到样点总数的 76.00%，中、差及劣的比例分别为 13.33%，6.00% 和 4.67%，通过水质理化分级评价，流域水生态健康等级为"良"（图 10-2）。

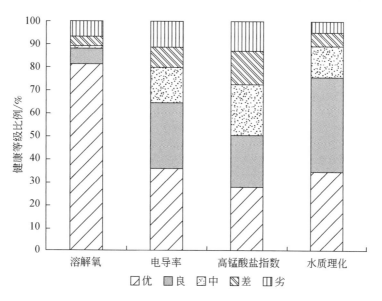

图 10-2　巢湖流域河流水质理化指标健康等级比例

（2）营养盐评价

巢湖流域河流整体水质营养盐各指标浓度及评价值占各水质等级百分比有以下结果：全流域 TP 浓度为 0.01 ~ 8.81mg/L，平均浓度为 0.39mg/L（0.27mg/L，去除两个极大值）；TP 分级评价结果显示，TP 平均得分为 0.67，其中优和良的比例分别为 58.76% 和 12.67%，超过样点总数的 70.00%。中、差及劣的比例分别为 6.67%，2.67% 和 19.33%。TN 浓度为 0.45 ~ 53.49mg/L，平均浓度为 3.78mg/L（2.98mg/L，去除前三个最极值）；TN 分级评价结果显示，TN 的平均得分为 0.37，其中优和良的比例分别为 20.67% 和 14.00%，而中、差的比例均为 10.00%，劣的比例为 45.33%，超过样点总数的 45.00%。巢湖流域营养盐指标分级评价的结果显示，营养盐指标平均得分为 0.52，其中优及良的比例分别为 26.67% 和 15.33%，达到样点总数的 42.00%，中、差及劣的比例分别为 26.67%、12.00% 和 19.33%，说明水质营养盐性质在流域呈现中状态（图 10-3）。

（3）着生藻类评价

巢湖流域着生藻类各指标及评价值占各藻类评价等级百分比有以下结果：全流域着生藻类分类单元数为 1 ~ 39，平均值为 14.24；分类单元数分级评价结果显示，分类单元数平均得分为 0.46，其中优和良的比例分别为 21.43% 和 10.00%，不及样点总数的 33.33%，中的比例为 20.71%，而差及劣的比例分别为 21.43% 和 26.43%，超过样点总数的 45.00%。Berger-Parker（B-P）优势度的范围为 0.1 ~ 1，平均值为 0.34；B-P 优势度分级评价结果显示，B-P 优势度平均得分为 0.76，其中优和良的比例分别为 57.14% 和 22.86%，达样点总数的 80.00%，而中、差及劣的比例分别为 11.43%、2.86% 和 5.71%。巢湖流域着生藻类分级评价的结果显示，着生藻类评价平均得分为 0.61，其中优及良的比例分别为24.29%和27.14%，接近样点总数的55%，中、差及劣的比例分别为34.29%，8.57%和5.71%，着生藻类的分级评价说明流域河流水生态健康呈良状态（图10-4）。

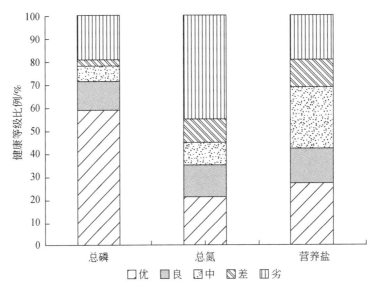

图 10-3　巢湖流域河流营养盐指标健康等级比例

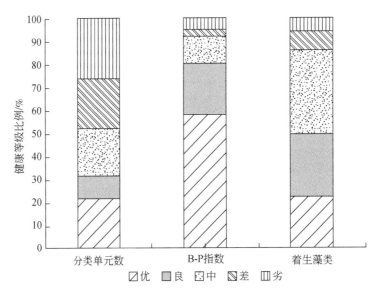

图 10-4　巢湖流域河流着生藻类指标健康等级比例

（4）底栖动物评价

巢湖流域河流各样点分类单元数为 1～28，平均为 11.80；分级评价显示，优和良的比例为 14.86% 和 16.89%；中和差的比例为 27.03% 和 25.68%，值得注意的是，劣的比例达到了 15.54%。全流域各样点 B–P 优势度为 0.14～1.00，平均值为 0.49；其中优和良的比例为 25.00% 和 31.08%；中和差的比例为 17.57% 和 6.76%，劣的比例为 19.59%。河流 FBI 为 1.74 ~ 9.40，平均值为 5.90；其中优比例仅占 16.89%；良和中级别比例为 18.24% 和 37.84%，差和劣的比例为 16.22% 和 10.81%。底栖评价整体情况是优和良的比例为 8.11% 和 35.147%，中、差和劣的比例分别为 31.08%，14.86% 和 10.81%（图 10-5）。综合来看，巢湖流域底栖动物评价结果整体较差，水生态健康整体状态不容乐观，亟待恢复和治理。

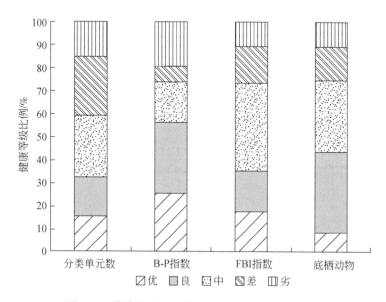

图 10-5 巢湖流域河流底栖动物指标健康等级比例

（5）鱼类评价

全流域河流各样点分类单元数为 0 ~ 13，平均为 4.72；通过分级评价显示，优和良的比例为 20.34% 和 25.42%；中和差的比例为 16.95% 和 30.51%，劣比例达到了 6.78%。全流域各样点 B－P 优势度为 0 ~ 1，平均值为 0.55；其中优和良的比例为 32.20% 和 33.90%；中和差的比例为 8.47%、15.25%，劣的比例为 10.17%。鱼类综合评价结果显示，综合平均得分为 0.59，优和良的比例为 27.12% 和 25.42%，中、差和劣比例为 22.03%、20.34% 和 5.08%（图 10-6）。综合来看，流域河流鱼类生物多样性低，评价结果整体较差，水生态健康整体状态不容乐观，亟待恢复和治理。

（6）综合评价

通过对巢湖流域河流水质理化指标、营养盐指标、着生藻类、底栖动物和鱼类的综合评价得出，巢湖流域河流综合评价平均得分为 0.58，优和良的比例分别为 2.67% 和 54.00%，超过全部样点的 55.00%，中的比例为 30.00%，差和劣的比例仅占 10.67% 和 2.67%，说明巢湖流域河流水生态系统健康整体呈中状态（图 10-7）。而从评价结果的空间分布特征来看，优和良的样点主要分布于西南部山区丘陵区域，中等级主要分布于东南部平原区域和流域丘陵岗地区域，差和劣的样点主要分布于南淝河和十五里河中下游区域。

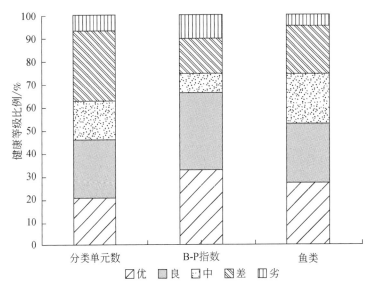

图 10-6　巢湖流域河流鱼类指标健康等级比例

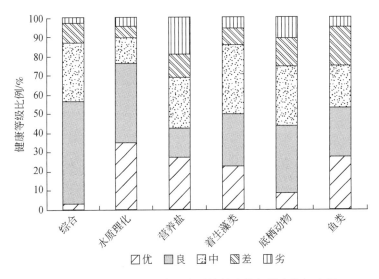

图 10-7　巢湖流域河流水生态系统综合指标健康等级比例

10.6.2　湖泊与水库样点评价结果

(1) 水质理化评价

巢湖流域湖泊及水库整体水质理化各指标浓度及评价值占各水质等级百分比有以下结果：DO 浓度为 1.05~20.51mg/L，平均浓度为 10.19；DO 分级评价结果显示，DO 平均得分为 0.98，其中优的比例分比别为 97.56%。中及差的比例均为 0，劣的比例为 2.44%。EC 为 48.00~880.00μS/cm，平均值为 207.34μS/cm；EC 分级评价结果显示，EC 的平均得分为 0.67，其中优和良的比例分别为 9.76% 和 70.73%，超过样点总数的 80.00%，而中、差及劣的比例分别为 7.32%、4.88% 和 7.32%。湖库理化指标分级评价的结果显示，理化指标平均得分为 0.82，其中优及良的比例分别为 80.49% 和 12.20%，超过样点总数的 92%，中、差及劣的比例分别为 4.88%、0 和 2.44%，通过水质理化分级评价，流域水生态健康呈优状态（图 10-8）。

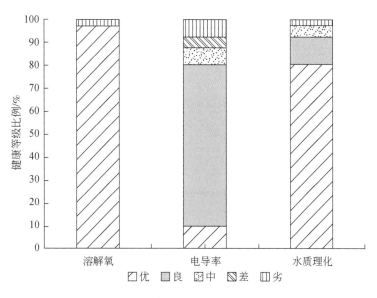

图 10-8 巢湖流域湖库水质理化指标健康等级比例

（2）营养盐状况评价

巢湖流域湖泊及水库水质营养各指标浓度及评价值占各水质等级百分比有以下结果：TP 浓度为 0.01 ~ 1.03mg/L，平均浓度为 0.15mg/L；营养状态指数评价结果显示，TP 平均得分为 0.48，其中优和良的比例分别为 19.51% 和 12.20%，超过样点总数的 31.00%。中、差及劣的比例分别为 24.39%、21.95% 和 21.95%。TN 浓度为 0.76 ~ 15.34mg/L，平均浓度为 2.65mg/L；TN 分级评价结果显示，TN 的平均得分为 0.22，其中优和良的比例分别为 4.88% 和 0，而中、差的比例为 19.51% 和 21.95%，劣的比例为 53.66%，超过样点总数一半。COD_{Mn} 浓度为 2.34 ~ 9.56mg/L，平均浓度为 5.24mg/L；通过 COD_{Mn} 分级评价结果显示，COD_{Mn} 平均得分为 0.95，其中优和良的比例分别为 87.80% 和 9.76%，超过样点总数的 95%，而中比例为 2.44%，差及劣的比例分别为 0%。叶绿素浓度为 0.60 ~ 59.90，平均浓度为 11.23，叶绿素评价平均得分为 0.90，叶绿素评价结果显示，优和良的比例分别为 85.57% 和 12.20%，中、差和劣的比例 0、0 和 2.44%；透明度范围为 0.10 ~ 1.30m，平均为 0.35m，指标平均得分为 0.17，透明度评价结果显示，优和良的比例分别为 17.07% 和 0，中、差和劣的比例 0%、2.44% 和 80.49%。巢湖流域湖库营养盐状态分级评价的结果显示，营养状况指数平均得分为 0.54，其中优及良的比例分别为 17.07% 和 21.96%，接近样点总数的 40%，中、差及劣的比例分别为 29.27%、19.51% 和 12.20%，说明水质营养盐状况在流域呈现中状态（图 10-9）。

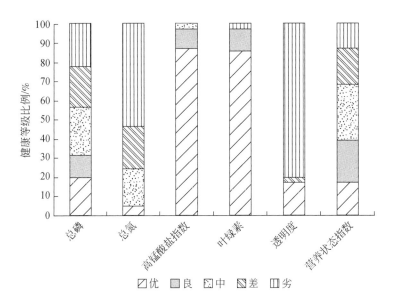

图 10-9　巢湖流域湖库营养状况指标健康等级比例

（3）浮游藻类评价

　　巢湖流域湖库浮游藻类各指标及评价值占各藻类评价等级百分比有以下结果：湖库浮游藻类分类单元数为 3~26，平均值为 16.10；分类单元数分级评价结果显示，分类单元数平均得分为 0.59，其中优和良的比例分比别为 45.90%、12.20%，超过样点总数的 58%，而中、差及劣的比例均为 14.63%。B-P 优势度的范围为 0.1~0.89，平均值为 0.41；B-P 优势度分级评价结果显示，B-P 优势度平均得分为 0.64，其中优和良的比例分别为 39.02% 和 24.39%，接近样点总数的 65%，而中、差及劣的比例分别为 14.63%、4.88% 和 17.07%。蓝藻比例指数范围为 0.00~0.90，平均值为 0.38；蓝藻比例指数分级评价结果显示，蓝藻比例指数平均得分为 0.58，其中优和良的比例分别为 41.46%、4.88%，超过样点总数的 45%，而中、差及劣的比例分别占 17.07%、14.63% 和 21.95%。通过湖库浮游藻类分级评价的结果显示，浮游藻类评价平均得分为 0.60，其中优及良的比例分别为 21.95% 和 41.46%，超过样点总数的 60%，中、差及劣的比例分别为 12.20%、14.63% 和 9.76%，浮游藻类的分级评价说明流域湖库水生态健康呈良状态（图 10-10）。

（4）底栖动物评价

　　湖库各样点分类单元数为 2~12，平均为 5.35；通过分级评价显示，优和良的比例为 7.32% 和 4.88%；中和差的比例为 19.51% 和 41.46%，值得注意的是，劣的比例达到了 26.83%。各样点 B-P 优势度为 0.16~0.99，平均值为 0.45；其中优和良的比例为 36.59% 和 21.95%；中和差的比例为 9.76% 和 4.88%，劣的比例为 26.83%。湖库 FBI 为 6.03~9.41，平均值为 8.25；其中优比例仅占 7.32%；良和中级别比例均为 2.44% 和 17.07%，差和劣的比例为 41.46% 和 31.71%，可见湖库清洁指示种比例较小，导致该项评价指标总体较差。湖库底栖评价整体情况是优和良的比例为 2.44% 和 17.07%，中，差

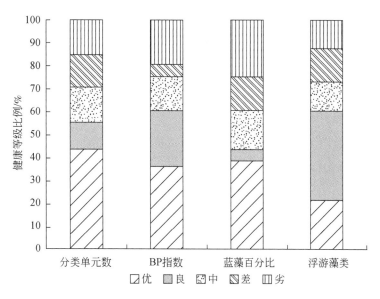

图 10-10　巢湖流域湖库浮游藻类指标健康等级比例

和劣的比例分别为 43.90%、14.63% 和 21.95%（图 10-11）。综合来看，巢湖流域湖库底栖动物多样性低，清洁指示种少，评价结果整体较差，水生态健康整体状态不容乐观，亟待恢复和治理。

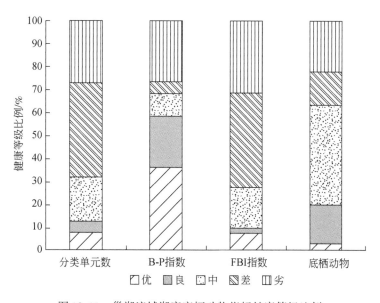

图 10-11　巢湖流域湖库底栖动物指标健康等级比例

（5）综合评价

通过对巢湖流域湖库水质理化指数、营养状态指标、浮游藻类和底栖动物综合评价得出，巢湖流域湖库综合评价平均得分为 0.61，优和良的比例分别为 9.76% 和 41.46%，超过全部样点的 50.00%，中的比例为 46.34%，差和劣的比例仅占 2.44% 和 0%，其中巢湖湖体综合平均得分为 0.59，优和良的比例分别为 2.94 和 44.12%，中的比例为 50.00%，差和劣的比例为 2.94% 和 0，该结果说明巢湖流域湖库水生态系统健康整体总体呈良状态，特别是流域龙河口水库、枫沙湖等都处于良到优状态，而巢湖湖体处于中状态。各个指标评价结果有较大差别，水质理化评价结果较好，而营养状态、浮游藻类和底栖动物评价结果相对较差（图 10-12）。

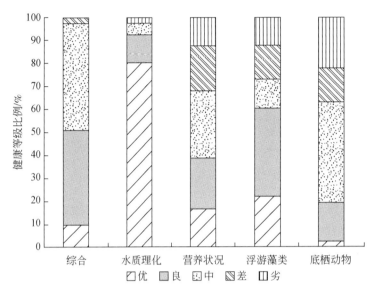

图 10-12　巢湖流域湖库水生态系统综合指标健康等级比例

10.7　巢湖流域水生态健康评价

10.7.1　流域总体状况

巢湖流域综合评价结果总体处于良水平。其中，河流的总体空间分布特征是优和良的样点主要分布于西南部山区丘陵区域，中等级主要分布于东南部平原区域和流域丘陵岗地区域，差和劣的样点主要分布于东北部南淝河和十五里河中下游区域。巢湖湖体评价结果显示，巢湖西半湖和东半湖评价结果具有明显差异，东半湖评价结果优于西半湖。除巢湖外，龙河口水库、枫沙湖和董铺水库等水库的评价结果均处于良或优等级（图 10-13）。

在对流域水生态功能分区进行评价的基础上，对流域河流集水区（流域）进行了进一步分析，评价了各个集水区的水生态系统健康状况。

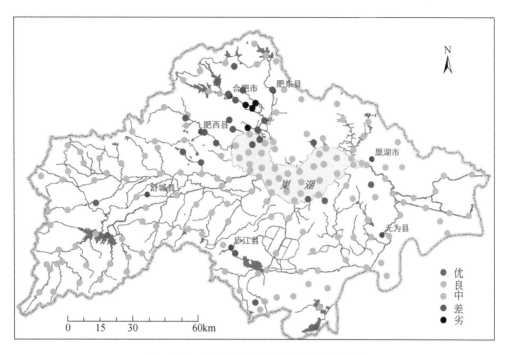

图 10-13　巢湖流域样点综合评价健康等级

10.7.2　子流域水生态健康状况

10.7.2.1　杭埠河流域

杭埠河流域健康评价结果表明，该区综合评价平均得分为 0.64，等级为良。其中，水质理化指标、营养盐指标、藻类指标、底栖动物指标和鱼类指标得分分别为 0.83、0.61、0.54、0.58 和 0.66，水质理化指标评价等级为优，营养盐和鱼类指标评价结果为良等级，藻类与底栖动物为中等级。该结果表明，杭埠河流域水生态系统健康整体总体呈良状态。除水质指标外，各个评价指标评价结果差别较小（图 10-14）。

杭埠河流域是巢湖流域中最大的来水子流域，杭埠河来水占巢湖流域入湖来水总量的一半以上，因此杭埠河流域的水生态系统健康状况对于整个巢湖流域具有重要影响。杭埠河流域土地利用总体以林地和农业用地为主，河流周边污染以农业面源污染为主，因此其水生态系统健康状况具有典型的研究意义。

杭埠河流域水生态系统健康状况评价总体处于良好等级。从评价结果的空间分布来看，流域河流上游和中游河段点位评价结果总体优于下游，流域上游和中游绝大多数点位评价结果都处于良好或以上等级，而流域北部河流点位评价结果一般处于中或差等级。该评价结果一方面反映了人类活动干扰在河流下游的累积作用，另一方面也反映了人类活动对于河流下游的干扰相对更强烈。

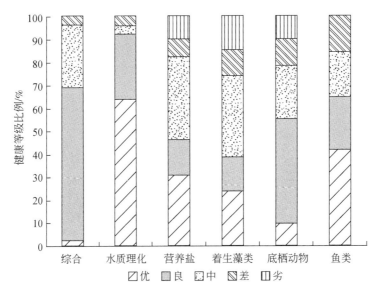

图 10-14　杭埠河流域综合指标健康等级比例

10.7.2.2　白石天河流域

白石天河流域健康评价结果表明，该区综合评价平均得分为 0.66，等级为良。水质理化指标、营养盐指标、藻类指标、底栖动物指标和鱼类指标得分分别为 0.74、0.69、0.61、0.58、0.65 和 0.64，藻类指标评价等级为中，水质理化、营养盐、底栖动物和鱼类指标评价结果都为良等级。该结果表明，白石天河流域水生态系统健康整体总体呈良状态。各个评价指标得分相对均等，评价结果差别较小（图 10-15）。

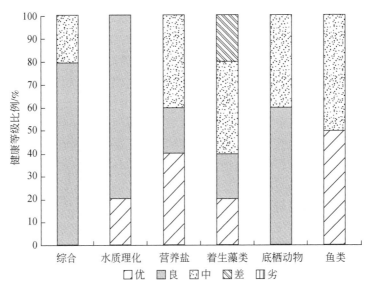

图 10-15　白石天河流域综合指标健康等级比例

白石天流域处于巢湖流域中南部，流域水生态系统健康状况评价总体处于好等级。从评价结果的空间分布来看，流域河流上游和中游河段点位评价结果总体优于下游，流域上游和中游多数点位评价结果都处于良好或以上等级，而下游河流点位评价结果为中等级。该评价结果反映了人类活动对于河流干扰在上下游具有一定差别。

10.7.2.3 兆河流域

兆河流域健康评价结果表明，该区综合评价平均得分为 0.59，等级为中。其中，水质理化指标、营养盐指标、藻类指标、底栖动物指标和鱼类指标得分分别为 0.72、0.52、0.63、0.51 和 0.49，水质理化和藻类指标评价等级为良，营养盐、底栖动物和鱼类指标评价结果都为中等级。该结果表明，兆河流域水生态系统健康整体总体接近于良状态。各个评价指标得分有一定差别（图 10-16）。

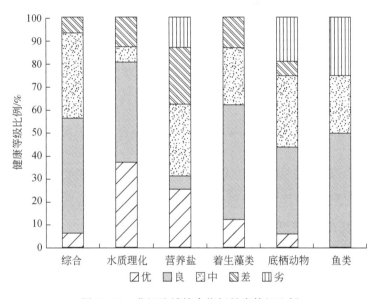

图 10-16 兆河流域综合指标健康等级比例

兆河流域处于巢湖流域东南部，流域水生态系统健康状况评价总体处于一般等级。从评价结果的空间分布来看，流域河流健康状况呈一定上下游趋势，即流域上游山丘区评价结果总体优于流域中下游平原区，反映出该区域平原区人类活动干扰对水生态系统健康状况的影响较大。

10.7.2.4 裕溪河流域

裕溪河流域健康评价结果表明，该区综合评价平均得分为 0.66，等级为良。其中，水质理化指标、营养盐指标、藻类指标、底栖动物指标和鱼类指标得分分别为 0.76、0.63、0.70、0.60 和 0.57，水质理化、营养盐、藻类和底栖动物指标评价等级为良，鱼类指标评价结果为中等级。该结果表明，裕溪河流域水生态系统健康处于良状态。各个评价指标得分有一定差别（图 10-17）。

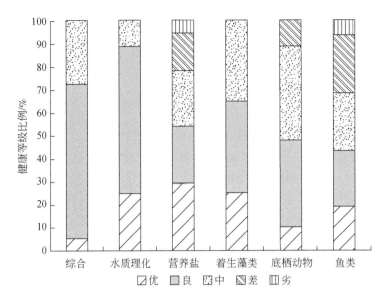

图 10-17　裕溪河流域综合指标健康等级比例

裕溪河流域是巢湖流域最大的出水子流域，裕溪河出水占巢湖出湖水总量的一半以上，因此裕溪河流域的水生态系统健康状况对于整个巢湖流域非常重要。

裕溪河流域水生态系统健康状况评价总体处于良好等级。从评价结果的空间分布来看，流域上游丘陵区评价结果较好，中下游评价结果等级差异无明显规律。该评价结果表明，该区水生态健康状况总体较好，局部受人类活动干扰较大，评价结果一般。

10.7.2.5　柘皋河流域

柘皋河流域健康评价结果表明，该区综合评价平均得分为 0.57，等级为中。其中，水质理化指标、营养盐指标、藻类指标、底栖动物指标和鱼类指标得分分别为 0.51、0.61、0.57、0.63 和 0.51，营养盐和底栖动物指标评价等级为良，水质理化、藻类和鱼类指标评价结果为中等级。该结果表明，柘皋河流域水生态系统健康整体总体接近于良状态。各个评价指标得分有一定差别（图 10-18）。

柘皋河流域处于巢湖流域东北部，流域水生态系统健康状况评价总体处于一般等级。从评价结果的空间分布来看，流域河流健康状况呈一定上下游分布规律，流域上游河流点位综合评价结果反而劣于流域中下游，反映出该区域人类活动干扰对上游水生态系统健康状况的影响较大。

10.7.2.6　南淝河流域

南淝河流域健康评价结果表明，该区综合评价平均得分为 0.45，等级为中。其中，水质理化指标、营养盐指标、藻类指标、底栖动物指标和鱼类指标得分分别为 0.47、0.31、0.61、0.41 和 0.55，水质理化、底栖动物和鱼类指标评价等级为良，营养盐指标为差、藻类为良。该结果表明，南淝河流域水生态系统健康整体总体为中，但是各个

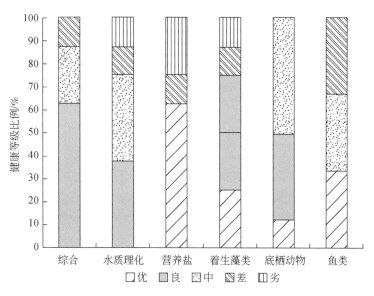

图 10-18　柘皋河流域综合指标健康等级比例

评价指标得分有较大差别，特别是营养盐指标得分较低，表明其受到人类活动影响较强（图 10-19）。

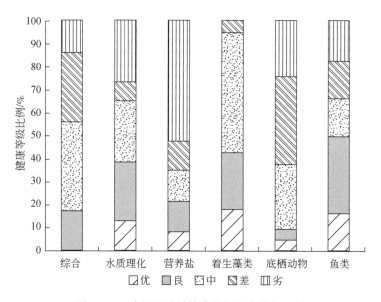

图 10-19　南淝河流域综合指标健康等级比例

　　南淝河流域是巢湖流域中经济发展水平最高的子流域，南淝河占巢湖流域入湖污染物来源总量的一半以上，因此南淝河流域的水生态系统健康状况对于整个巢湖具有重要影响。南淝河流域土地利用总体以城市建设用地和农业用地为主，河流周边污染主要包括工业污染、城镇生活污染和农业面源污染，因此其水生态系统健康状况具有典型性。

南淝河流域水生态系统健康状况评价总体处于中等级，各指标评价结果等级有较大差别。从评价结果点位空间分布状况来看，流域河流上游河段点位评价结果总体优于中下游，流域上游绝大多数点位评价结果都处于中或以上等级，而流域中下游河流点位评价结果一般处于差或劣等级。该评价结果反映出城区人类活动对于河流生态系统健康状况的破坏十分强烈，导致生态系统受损比较严重。

10.7.2.7 派河流域

派河流域健康评价结果表明，该区综合评价平均得分为 0.45。其中，水质理化指标、营养盐指标、藻类指标、底栖动物指标和鱼类指标得分分别为 0.58、0.28、0.70、0.32和 0.42，水质理化和鱼类指标评价等级为中，营养盐和大型底栖动物指标评价结果为差等级，藻类评价结果为良。该结果表明，派河流域水生态系统健康整体总体处于中等状态。各个评价指标得分也具有较大差别（图 10-20）。

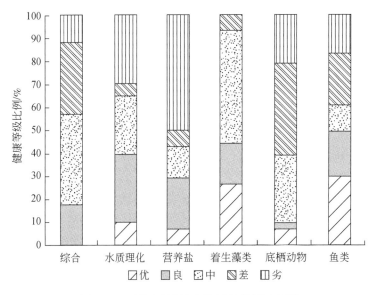

图 10-20 派河流域综合指标健康等级比例

派河流域处于巢湖流域西部，流域水生态系统健康状况评价总体处于一般等级。从评价结果的空间分布来看，流域河流健康状况呈明显上下游分布规律，流域上游河流点位综合评价结果优于流域中游，中游则又优于下游，反映出该区域人类活动干扰对河流水生态系统健康状况的影响主要源于累积影响。

10.7.2.8 十五里河流域

十五里河流域健康评价结果表明，该区综合评价平均得分为 0.19，等级为中。其中，水质理化指标、营养盐指标、藻类指标和底栖动物指标得分分别为 0.31、0.00、0.38 和0.08，水质理化和藻类指标评价等级为差，营养盐和底栖动物指标为劣。该结果表明，十五里河流域水生态系统健康整体总体为劣，各个评价指标得分很低，表明其受到人类活动影响较强，生态系统结构与功能严重受损（图 10-21）。

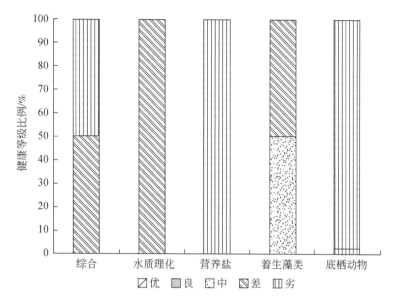

图 10-21　十五里河流域综合指标健康等级比例

十五里河流域处于巢湖流域西北部，流域水生态系统健康状况评价处于极差等级。从评价结果的空间分布来看，流域河流健康状况呈明显上下游分布规律，流域中游河流点位综合评价结果优于流域下游，反映出该区域人类活动干扰对河流水生态系统健康状况的影响主要源于累积影响，且干扰强度十分严重。

10.7.2.9　塘西河流域

塘西河流域健康评价结果表明，该区综合评价平均得分为 0.39。其中，水质理化指标、营养盐指标、藻类指标和底栖动物指标得分分别为 0.49、0.00、0.36 和 0.72，水质理化指标评价等级为中，营养盐和藻类指标评价结果分别为劣和差等级，底栖动物评价结果为良。该结果表明，塘西河流域水生态系统健康整体总体处于差状态。各个评价指标得分也具有较大差别，主要原因可能与该流域仅有一个点位、采样结果具有一定的偶然性有关。

塘西河流域处于巢湖流域西北部，流域水生态系统健康状况评价处于差等级。评价结果反映出该区域人类活动干扰对河流水生态系统健康状况的干扰强度比较严重。

参 考 文 献

蔡琨，张杰，徐兆安，等. 2014. 应用底栖动物完整性指数评价太湖生态健康. 湖泊科学，26（1）：74-82.

崔保山，杨志峰. 2001. 湿地生态系统健康研究进展. 生态学杂志，20：31-36.

高俊峰，蒋志刚. 2012. 中国五大淡水湖保护与发展. 北京：科学出版社.

高俊峰等. 2014. 太湖蓝藻水华生态灾害评价. 北京：科学出版社.

国家环境保护总局《水和废水监测分析方法》编委会. 2002. 水和废水监测分析方法. 第四版. 北京：中国环境科学出版社.

黄琪, 高俊峰, 张艳会, 等. 2016. 长江中下游四大淡水湖水生态系统完整性评价. 生态学报, 36（1）：118-126

黄琪. 2015. 太湖流域水生态系统健康评价. 北京：中国科学院博士学位论文.

金相灿, 屠清瑛. 1990. 湖泊富营养化调查规范. 北京：中国环境科学出版社.

李强, 杨莲芳, 吴璟, 等. 2007. 底栖动物完整性指数评价西苕溪溪流健康. 环境科学, 28（9）：2141-2147.

廖静秋, 曹晓峰, 汪杰, 等. 2014. 基于化学与生物复合指标的流域水生态系统健康评价——以滇池为例. 环境科学学报, 34（7）：1845-1852.

刘保元, 王士达, 王永明, 等. 1981. 利用底栖动物评价图们江污染的研究. 环境科学学报, 1（4）：337-348.

马陶武, 黄清辉, 王海, 等. 2008. 太湖水质评价中底栖动物综合生物指数的筛选及生物基准的确立. 生态学报, 28（3）：1192-1200.

杞桑, 林美心, 黎康汉. 1982. 用大型底栖动物对珠江广州河段进行污染评价. 环境科学学报, 2（3）：181-189.

渠晓东. 2006. 香溪河大型底栖动物时空动态、生物完整性及小水电站的影响研究. 武汉：中国科学院水生生物研究所博士学位论文.

渠晓东, 刘志刚, 张远. 2012. 标准化方法筛选参照点构建大型底栖动物生物完整性指数. 生态学报, 32（15）：4661-4672.

苏玉, 曹晓峰, 黄艺. 2013. 应用底栖动物完整性指数评价滇池流域入湖河流生态系统健康. 湖泊科学, 25（1）：91-98.

汪星, 郑丙辉, 李黎, 等. 2012. 基于底栖动物完整性指数的洞庭湖典型断面的水质评价. 农业环境科学学报, 31（9）：1799-1807.

王备新, 徐东炯, 杨莲芳, 等. 2007. 常州地区太湖流域上游水系大型底栖无脊椎动物群落结构特征及其与环境的关系. 生态与农村环境学报, 23（2）：47-51.

王备新, 杨莲芳. 2004. 我国东部底栖无脊椎动物主要分类单元耐污值. 生态学报, 24（12）：2768-2775.

王备新, 杨莲芳, 胡本进, 等. 2005. 应用底栖动物完整性指数 B-IBI 评价溪流健康. 生态学报, 25（6）：1481-1490.

王根绪, 程国栋, 钱鞠. 2003. 生态安全评价研究中的若干问题. 应用生态学报, 14（9）：1551-1556.

文伏波, 韩其为, 许炯心, 等. 2007. 河流健康的定义与内涵. 水科学进展, 18（1）：140-150.

杨潼, 胡德良. 1986. 利用底栖大型无脊椎动物对湘江干流污染的生物学评价. 生态学报, 3（3）：262-274.

叶立国, 李笑春. 2008. 生态系统健康研究述评. 水土保持研究, 5（15）：186-190.

张远, 徐成斌, 马溪平, 等. 2007. 辽河流域河流底栖动物完整性评价指标与标准. 环境科学学报, 27（6）：919-927.

张远, 赵瑞, 渠晓东, 等, 2013. 辽河流域河流健康综合评价方法研究. 中国工程科学, 15（3）：11-18.

张志明, 高俊峰, 闫人华. 2015. 基于水生态功能区的巢湖环湖带生态服务功能评价. 长江流域资源与环境, 24（7）：1110-1118

刘焱序, 彭建, 汪安, 等. 2015. 生态系统健康研究进展. 生态学报, 35（18）：5920-5930.

童晓立, 胡慧建, 陈思源. 1995. 利用水生昆虫评价南昆山溪流的水质. 华南农业大学学报, 16（3）：6-10.

杨莲芳，李佑文，戚道光，等. 1992. 九华河水生昆虫群落结构和水质生物评价价. 生态学报，12（1）：8-15.

Bailey R C, Linke S, Yates A G. 2014. Bioassessment of freshwater ecosystems using the reference conditionapproach：comparing established and new methods with common data sets. Freshwater Science, 33（4）：1204-1211

Bunn S E, Abal E G, Smith M J. 2010. Integration of science and monitoring of river ecosystem health to guide investments in catchment protection and rehabilitation. Freshwater Biology, 55（1）：223-240.

Costanza R, d′Arge R, De Groot R, et al. 1997. The value of the world′s ecosystem services and natural capital. Nature, 387：253-260.

Costanza R, Norton B G, Haskell B D. 1992. Ecosystem health：new goals for environmental management. Island Press.

Costanza R. 2012. Ecosystem health and ecological engineering. Ecological Engineering, 45（8）：24-29.

De Leo G A, Levin S. 1997. The multifaceted aspects of ecosystem integrity. Conservation Ecology, 1（1）：3.

Ehrenfeld D. 1992. Ecosystem health and ecological theories. In：Costanza R. Ecosystem Health：New Goals for Environmental Management. Washington D. C. USA：Island Press：135-143.

Gao Y N, Gao J F, Yin H B, et al. 2015. Remote sensing estimation of the total phosphorus concentration in a large lake using band combinations and regional multivariate statistical modeling techniques. Journal of Environmental Management, 151：33-43.

Hering D, Feld C K, Moog O, et al. 2006. Cook book for the development of a Multimetric Index for biological condition of aquatic ecosystems：experiences from the European AQEM and STAR projects and related initiatives. Hydrobiologia, 566（1）：311-324.

Huang Q, Gao J F, Cai Y J, et al. 2014. Development of a macroinvertebrate multimetric index for the assessment of streams in the Chaohu Basin, China. Nanjing：The 9th International Conference on Ecological Informatics ICEI 2014.

Hughes R M, Kaufmann P R, Herlihy A T, et al. 1998. A process for developing and evaluating indices of fish assemblage integrity. Canadian Journal of Fisheries and Aquatic Sciences, 55（7）：1618-1631.

Huang Q, Gao J F, Cai Y J, et al. 2015. Development and application of benthic macroinvertebrate- based multimetric indices for the assessment of streams and rivers in the Taihu Basin, China. Ecological Indicators, 48：649-659.

Johnson M, Bolin B , Costanza R. 1999. Globalization and sustainability of human health：an ecological perspective. Bioscience, 49：205-210.

Karr J R, 1981. Assessment of biotic integrity using fish communities. Fisheries, 6：21-27.

Karr, J R. 1991. Biological integrity：a long- neglected aspect of water resource management. Ecological Applications, 1（1）：66-84.

Lu Y, Wang R, Zhang Y, et al. 2015. Ecosystem health towards sustainability. Ecosystem Health and Sustainability, 1（1）：1-15.

Pantus F J, Dennison W C. 2005. Quantifying and evaluating ecosystem health：a case study from Moreton Bay, Australia. Environmental Management, 36（5）：757-771.

Rapport D J, Bohm G, Buckingham D, et al. 1999. Ecosystem health：the concept, the ISEH, and the important tasks ahead. Ecosystem Health, 5（2）：82-90.

Rapport D J, Gaudet C L, Calow P. 1995. Evaluating and monitoring the health of large- scale ecosystems. Springer- Verlag.

Rapport D J, Maffi L. 2011. Eco- cultural health, global health, and sustainability. Ecological Research, 26 (6): 1039-1049.

Rapport D J. 1979. Ecosystem medicine. Ecology, 60 (4): 180-182.

Rapport D, Costanza R, McMichael A J. 1998. Assessing ecosystem health. Trends in Ecology and Evolution, 13 (10): 397-402.

Schaeffer D J, Herricks E E, Kerster H W. 1998. Ecosystem health: I. measuring ecosystem health. Environmental Management, 12 (4): 445-455.

Stoddard J L, Larsen D P, Hawkins C P, et al. 2006. Setting expectations for the ecological condition of streams: the concept of reference condition. Ecological Applications, 16 (4): 1267-1276.

Suter G W. 1993. A critique of ecosystem health concepts and indexes. Environmental Toxicology And Chemistry, 12: 1533-1539.

Wallin M, Wiederholm T, Johnson R. 2003. Guidance on establishing reference conditions and ecological status class boundaries for inland surface waters. GIS Working group.

Whittier T R, Stoddard J L, Larsen D P et al. 2007. Selecting reference sites for stream biological assessments: best professional judgment or objective criteria. Journal of the North American Benthological Society, 26 (2): 349-360.

Wicklum D, Davies R W. 1995. Ecosystem health and integrity. Canadian Journal of Botany, 73: 997-1000.

Williams M, Longstaff B, Buchanan C, et al. 2009. Development and evaluation of a spatially explicit index of Chesapeake Bay health. Marine Pollution Bulletin, 59 (1): 14-25.

附录 1　水生生物群落物种多样性指数

物种多样性指数是生物多样性的核心，是衡量生物群落规模、复杂性、稳定性的基础，同时也是反映群落受干扰程度及水质评价的重要参数，物种多样性指数还广泛应用于水生态系统的健康评价。生物群落物种多样性测度的指数众多，本书主要选用以下几种常用的物种多样性指数来评价巢湖流域水生生物群落的多样性。

（1）Margalef 丰富度指数

Margalef 丰富度指数反映群落中物种的丰富度，指一个群落中物种丰富度程度的指数。

$$d_{Ma} = (S-1)/\ln N$$

式中，S 为群落中的总物种数；N 为群落中的个体总数。

（2）Simpson 优势度指数

Simpson 优势度指数是对多样性的反面，即集中性的度量，表示从无限大的群落中随机抽取两个个体为同一种的概率，数值越大，表示优势度物种越小，群落中的物种多样性越高。

$$D = 1 - \sum_{i=1}^{S} (n_i/N)^2$$

式中，S 为群落中的总物种数；n_i 为第 i 种的个体数；N 为群落中的个体总数。

（3）Shannon-Wiener 多样性指数

Shannon-Wiener 多样性指数是应用信息论中熵的概率，其用于群落时反映了物种个体出现的紊乱和不确定性，即物种的多样性。如果从群落中随机抽取一个个体，它将属于哪个种是不定的，而且物种数目越多，其不定性也越大，即多样性越高。

$$H' = - \sum_{i=1}^{S} (n_i/N)\ln(n_i/N)$$

式中，S 为群落中的总物种数；n_i 为第 i 种的个体数；N 为群落中的个体总数。

（4）Pielou 均匀度指数

Pielou 均匀度可以定义为群落中不同物种数量分布的均匀程度，为群落的实测多样性（H'）与理论上的最大多样性（H'_{max}，即在给定物种数 S 下的完全均匀群落分布的多样性）的比率。

$$J = H'/H'_{max} = - \sum_{i=1}^{S} (n_i/N)\ln(n_i/N)/\ln S$$

式中，S 为群落中的总物种数；n_i 为第 i 种的个体数；N 为群落中的个体总数。

附录2　巢湖流域水生生物名录

附2-1　浮游植物名录

门	科	种
蓝藻门 Cyanophyta	色球藻科 Chroococcaceae	粗大微囊藻 *Microcystis robusta*
		铜绿微囊藻大型变种 *M. aeruginosa* var. *major*
		铜绿微囊藻 *M. aeruginosa*
		铜绿微囊藻小型变种 *M. aeruginosa* var. *minor*
		水华微囊藻 *M. flos-aquae*
		微小微囊藻 *M. minutissima*
		苍白微囊藻 *M. pallida*
		不定微囊藻 *M. incerta*
		格氏隐球藻 *Aphanocapsa grevillei*
		微小隐球藻 *A. delicatissima*
		极小隐杆藻 *Aphanothece minutissima*
		卡氏隐杆藻 *A. castagnei*
		窗格隐杆藻 *A. clathrata*
		微小色球藻 *Chroococcus minutus*
		小型色球藻 *C. minor*
		多胞色球藻 *C. multicellularis*
		巨大色球藻 *C. giganteus*
		窗格粘球藻 *Gloeocapsa fenestralis*
		惠氏集胞藻 *Synechocystis willei*
		美丽射星藻 *Marssoniella elegans*
		微小裂面藻 *Merismopedia tenuissima*
		点形裂面藻 *M. punctata*
		细小裂面藻 *M. minima*
	胶须藻科 Rivulariaceae	简单眉藻 *Calothrix subsimplex*
		中华尖头藻 *Raphidiopsis sinensis*

续表

门	科	种
蓝藻门 Cyanophyta	颤藻科 Oscillatoriaceae	小席藻 *Phormidium tenue*
		狭细席藻 *P. attenuatum*
		湖泊束毛藻 *Trichodesmium lacuetre*
		狭细颤藻 *Oscillatoria angustissima*
		尖细颤藻 *O. acuminata*
		巨颤藻 *O. princeps*
		拟短形颤藻 *O. subbrevis*
		绿色颤藻 *O. chlorina*
		大螺旋藻 *Spirulina major*
		为首螺旋藻 *S. princeps*
		钝顶节旋藻 *Arthrospira platensis*
		希罗鞘丝藻 *Lyngbya hieronymusii*
		项圈型伪鱼腥藻 *Pesudanabaena moniliformis*
		沃龙伪鱼腥藻 *P. voronichinii*
		湖泊浮鞘丝藻 *Planktolyngbya limnetica*
	念珠藻科 Nostocaceae	水华鱼腥藻 *Anabaena flos-aquae*
		固氮鱼腥藻 *A. azotica*
		水华束丝藻 *Aphanizomenon flos-aquae*
硅藻门 Bacillariophyta	圆筛藻科 Coscinodiscaceae	冠盘藻 *Stephanodiscu* sp.
		梅尼小环藻 *Cyclotella meneghiniana*
		具星小环藻 *Cyclotella stelligera*
		偏心圆筛藻 *Coscinodiscus excentricus*
		颗粒直链藻 *Melosira granulata*
		颗粒直链藻极狭变种 *M. granulata* var. *angustissima*
		颗粒直链藻极狭变种螺旋变形 *M. granulata* var. *angustissima* f. *spiralis*
		变异直链藻 *M. varians*
		意大利直链藻 *M. italica*
		岛直链藻 *M. islandica*
		冠盘藻 *Stephnodiscus* sp.
		偏心圆筛藻 *Coscinodiscus excentricus*
		梅尼小环藻 *Cyclotella meneghiniana*
		广缘小环藻 *C. bodonica*
		扭曲小环藻 *C. comta*
	管形藻科 Solenicaceae	长刺根管藻 *Rhizosolenia longiseta*

门	科	种
硅藻门 Bacillariophyta	盒形藻科 Biddulphicaceae	扎卡四棘藻 Attheya zachariasi
	脆杆藻科 Fragilariaceae	钝脆杆藻 Fragilaria capucina
		二头脆杆藻 F. biceps
		绒毛平板藻 Tebellaria flocculosa
		冬生等片藻 Diatoma hemae
		爆裂针杆藻 Synedra rumpens
		尖针杆藻 S. acus
		肘状针杆藻 S. ulna
		近缘针杆 S. tabulata
		双头针杆藻 S. amphicephala
		华丽星杆藻 Asterionella formosa
		弧形峨眉藻 Ceratomneis arcus
	短缝藻科 Eunotiaceae	强壮短缝藻 Eunotia valida
		月形短缝藻 E. lunaris
		短小短缝藻 E. exigua
		弧形短缝藻 E. arcus
	舟形藻科 Naviculaceae	披针形舟型藻 Navicula lanceolata
		放射舟型藻 N. radiosa
		喙头舟形藻 N. rhynchocephala
		隐头舟型藻 N. cryptocephala
		浅绿舟型藻线性变种 N. viridula var. linearis
		系带舟形藻 N. cincta
		短小舟形藻 N. exigua
		双头舟形藻 N. bicapitellata
		尖头舟形藻 N. cuspidate
		斯潘塞布纹藻 Gyrosgma spencerii
		扭转布纹藻 G. distortum
		尖布纹藻 G. acuminatum
		辐节藻 Stauroneis sp.
		长蓖藻 Neidium sp.
		北方羽纹藻 Pinnularia borealis
		歧纹羽纹藻 P. divergens
		著名羽纹藻 P. nobilis
		杆状美壁藻 Caloneis bacillum

门	科	种
硅藻门 Bacillariophyta	舟形藻科 Naviculaceae	短角美壁藻 *C. silicula*
		斯密斯胸膈藻 *Mastogloia smithii*
		椭圆胸膈藻 *M. elliptica*
		类菱形肋缝藻 *Frustulia rhomboides*
		普通肋缝藻 *F. vulgaris*
		卵圆双壁藻 *Diploneis ovalis*
	桥弯藻科 Cymbellaceae	近缘桥弯藻 *Cymbella affinis*
		细小桥弯藻 *Cymbella gracilis*
		艾伦桥弯藻 *C. ehrenbergii*
		披针形桥弯藻 *C. lanceolata*
		胀大桥弯藻委内瑞拉变种 *C. turgidula* var. *venezolana*
		膨胀桥弯藻 *C. tumida*
		极小内丝藻 *Encyonema minutum*
		普通内丝藻 *E. vulgare*
		隐内丝藻 *E. latens*
		卵圆双眉藻 *Amphora ovails*
	异极藻科 Gomphonemaceae	尖顶异极藻 *Gomphonema augur*
		小型异极藻 *G. parvulum*
		近棒形异极藻 *G. subclavatum*
		缢缩异极藻 *G. constrictum*
		纤细异极藻 *G. gracile*
		塔形异极藻 *G. turris*
	曲壳藻科 Achnantheaceae	扁圆卵形藻 *Cocconeis placentula*
		弯形弯楔藻 *Rhoicosphenia curvata*
		披针形曲壳藻 *Achnanthes lanceolata*
		极细微曲壳藻 *A. minutissima*
		短小曲壳藻 *A. exigua*
		比索曲壳藻 *A. biasolettiana*
	菱形藻科 Nitzschiaceae	钝端菱形藻 *Nitzschia obtusa*
		近粘连菱形藻斯科舍变种 *N. subcohaerens* var. *scotica*
		细端菱形藻 *N. dissipata*
		新月菱形藻 *N. closterium*
		直菱形藻 *N. recta*
		弯菱形藻 *N. sigma*
		双尖菱板藻 *Hantzschia amphioxys*

门	科	种
硅藻门 Bacillariophyta	双菱藻科 Surirellaceae	极小双菱藻 *Surirella minuta*
		卵圆双菱藻 *S. ovalis*
		草鞋波缘藻 *Cymatopleura solea*
	杆状藻科 Bacillariaceae	奇异杆状藻 *Bacillaria paradoxa*
	窗纹藻科 Epithemiaceae	侧生窗纹藻 *Epithemia adnata*
		弯棒杆藻 *Rhopalodia gibba*
甲藻门 Dinophyta	多甲藻科 Peridiniaceae	带多甲藻 *Peridinium zonatum*
		微小多甲藻 *P. pusillum*
		挨尔拟多甲藻 *Peridinopsis elpatiewskyi*
	角甲藻科 Ceratiaceae	角甲藻 *Ceratium cornutum*
	裸甲藻科 Gymnodiniaceae	简单裸甲藻 *Gymnodinium simplex*
金藻门 Chrysophyta	色金藻科 Chromulinaceae	卵形色金藻 *Chromulina globosa*
		变形色金藻 *C. pascheri*
	棕鞭藻科 Ochromonadaceae	脆棕鞭藻 *Ochromonas fragilis*
		卵形棕鞭藻 *O. ovalis*
	锥囊藻科 Dinobryonaceae	淡红金粒藻 *Chrysococcus rufescens*
		北方金杯藻 *Kephyrion boreale*
		浮游金杯藻 *K. planctonicum*
		卵形金杯藻 *K. ovale*
	近囊胞藻科 Paraphysomonadaceae	环饰金球藻 *Chrysosphaerella annulata*
	金变形藻科 Chrysamoebidiaceae	辐射金变形藻 *Chrysamoeba radians*
	金柄藻科 Stylococcaceae	狭口金钟藻 *Chrysopyxis stenostoma*
		双足金钟藻 *C. hipes*
	鱼鳞藻科 Mallomonadaceae	卵形鱼鳞藻 *Mallomonas oviformis*
隐藻门 Crytophyta	隐鞭藻科 Cryptomonadaceae	尖尾蓝隐藻 *Chroomonas acuta*
		具尾蓝隐藻 *C. caudata*
		啮蚀隐藻 *Cryptomonas erosa*
		卵形隐藻 *C. ovata*

门	科	种
裸藻门 Euglenophyta	瓣胞藻科 Petalomonadaceae	微小瓣胞藻 *Petalomonas pusilla*
	裸藻科 Euglenacea	绿色裸藻 *Euglena viridis*
		鱼形裸藻 *E. pisciformis*
		多形裸藻 *E. polymorpha*
		带形裸藻 *E. ehrenbergii*
		纤细裸藻 *E. gracilis*
		尖尾裸藻 *E. oxyuris*
		梭形裸藻 *E. acus*
		尾裸藻 *E. caudata*
		尾荆囊裸藻 *Trachelomonas armata*
		湖生囊裸藻 *T. lacustris*
		糙纹囊裸藻 *T. scabra*
		长梭囊裸藻 *T. nodsoni*
		珍珠囊裸藻 *T. margaritifera*
		圆柱囊裸藻 *T. cylindrica*
		棘刺囊裸藻具冠变种 *T. hispida* var. *coronata*
		细粒囊裸藻 *T. granulosa*
		矩圆囊裸藻 *T. oblonga*
		囊壳陀螺藻 *Strombomonas tambowika*
		河生陀螺藻 *S. fluviatilis*
		卵形鳞孔藻 *Lepocinclis ovum*
		椭圆鳞孔藻 *L. steinii*
		秋鳞孔藻 *L. autumnalis*
		秋鳞孔藻膨大变种 *L. autumnalis* var. *bullata*
		颤动扁裸藻 *Phacus oscillans*
		钩状扁裸藻 *P. undulatus*
		奇形扁裸藻 *P. anomalus*
		尖尾扁裸藻 *P. acuminatus*
		圆形扁裸藻 *P. orbicularis*
		梨形扁裸藻 *Phacus pyrum*
		弯曲扁裸藻 *P. inflexus*

门	科	种
绿藻门 Chlorophyta	衣藻科 Chlamydomonadaceae	球衣藻 *Chlamydomonas globosa*
	团藻科 Volvocaceae	杂球藻 *Pleodorina californica*
		空球藻 *Eudorina elegans*
		实球藻 *Pandorina morum*
	四孢藻科 Tetrasporaceae	湖生四孢藻 *Tetraspora lacustris*
	四集藻科 Palmellaceae	湖生绿星球藻 *Asterococcus limneticus*
		粘四集藻 *Palmella mucosa*
	胶球藻科 Cocomyxaceae	纺锤藻 *Elakatothrix gelatinosa*
	绿球藻科 Chlorococcaceae	四刺微芒藻 *Micractinium quadrisetum*
		微芒藻 *M. pusillum*
		疏刺多芒藻 *Golenkinia paucispina*
	小桩藻科 Characiaceae	湖生小桩藻 *Characium limneticum*
		细小弓形藻 *Schroederia setigera*
		弓形藻 *S. setigera*
		拟菱形弓形藻 *S. nitzschioides*
		螺旋弓形藻 *S. spiralis*
		硬弓形藻 *S. robusta*
		印度弓形藻 *S. indica*
	小球藻科 Chlorellaceae	小球藻 *Chlorella vulgaris*
		蛋白核小球藻 *C. perenoidoea*
		椭圆小球藻 *C. ellipsoidea*
		十字顶棘藻 *Lagerheimiella wratislaviensis*
		日内瓦顶棘藻 *L. genevensis*
		盐生顶棘藻 *L. subsalsa*
		三角四角藻 *Tetraedron trigonum*
		细小四角藻 *T. minimum*
		整齐四角藻 *T. regulare*
		膨胀四角藻 *T. tumidulum*
		三叶四角藻 *T. trilobulatum*
		具尾四角藻 *T. caudatum*
		拟新月藻 *Closteriopsis longissima*
		卷曲纤维藻 *Annkistrodesmus convolutus*

门	科	种
绿藻门 Chlorophyta	小球藻科 Chlorellaceae	针状纤维藻 *A. acicularis*
		螺旋纤维藻 *A. spiralis*
		镰形纤维藻 *A. falcatus*
		粗壮纤维藻 *A. bibraianus*
		格里佛单针藻 *Monoraphidium griffithii*
		加勒比单针藻 *M. caribeum*
		科马克单针藻 *M. komarkovae*
		奇异单针藻 *M. mirabile*
		旋转单针藻 *M. contortum*
		小型月牙藻 *Selenastrum minutum*
		纤细月牙藻 *S. gracile*
		肥壮蹄形藻 *Kirchneriella obesa*
		内曲蹄形藻 *K. incurvata*
		粗刺四棘藻 *Treubaria crassispina*
	卵囊藻科 Oocystaceae	浮球藻 *Planktosphaeria gelatinosa*
		湖生卵囊藻 *Oocystis lacustris*
		椭圆卵囊藻 *O. elliptica*
		波吉卵囊藻 *O. borgei*
		小型卵囊藻 *O. perva*
		单生卵囊藻 *O. solitaria*
		胶星藻 *Gloeoactinium limineticm*
		肾形藻 *Nephrocytium agardhianum*
		新月肾形藻 *N. lunatum*
		球囊藻 *Sphaerocystis schroeteri*
		浮游辐球藻 *Radiococcus planktonicus*
	网球藻科 Dictyosphaeraceae	美丽网球藻 *Dictyosphaarium pulchellum*
		网球藻 *D. ehrenbergianum*
		四球藻 *Tetrachlorella alternans*
		四月藻 *Tetrallantos lagerkeimii*
		椭圆四瓣藻 *Quadricoccus ellipticus*
	盘星藻科 Pediastraceae	二角盘星藻 *Pediastrum duplex*
		二角盘星藻纤细变种 *P. duplex* var. *gracillimum*
		四角盘星藻 *P. tetras*
		四角盘星藻四齿变种 *P. tetras* var. *tetraodon*
		短棘盘星藻 *P. boryanum*

续表

门	科	种
绿藻门 Chlorophyta	盘星藻科 Pediastraceae	盘星藻 *P. biradiatum*
		单角盘星藻具孔变种 *P. simplex* var. *duodenarium*
		双射盘星藻 *P. biradiatum*
	栅藻科 Scenedesmaceae	双对栅藻 *Scenedesmus bijuga*
		双对栅藻交错变种 *S. bijuga* var. *alternans*
		单列栅藻 *S. linearis*
		四尾栅藻 *S. quadricauda*
		球刺栅藻 *S. uscapi*
		隆顶栅藻微小变形 *S. protuberans* f. *minor*
		斜生栅藻 *S. obliquus*
		齿牙栅藻 *S. denticulatus*
		二形栅藻 *S. dimorphus*
		被甲栅藻具刺变种 *S. armatus*
		被甲栅藻博格变种双尾变形 *S. armatus* var. *boglariensis*
		尖细栅藻及变种 *S. acuminatus*
		双尾栅藻 *Scenedesmus bicaudatus*
		盘状栅藻 *S. disciformis*
		纤维藻形栅藻 *S. ankistrodesmoides*
		多瑙河新链藻 *Neodesmus danubialis*
		丛球韦氏藻 *Westella botryoides*
		线形拟韦斯藻 *Westellopsis linearis*
		异刺四星藻 *Tetrastrum heterocanthum*
		四角十字藻 *Crucigenia quadrata*
		四足十字藻 *C. tetrapedia*
		直角十字藻 *C. rectangularis*
		多形十字藻 *C. variabilis*
		铜钱形十字藻 *C. fenestrata*
		顶锥十字藻 *C. apiculata*
		双胞双囊藻 *Didymocystis bicellularis*
		浮游双囊藻 *D. planctonica*
		月形四链藻 *Tetradesmus lunatus*
	空星藻科 Coelastruaceae	小型空星藻 *Coelastrum microporum*
		网状空星藻 *C. reticulatum*
		长鼻空星藻 *C. proboscideum*
		立方体空星藻 *C. cubicum*

门	科	种
绿藻门 Chlorophyta	空星藻科 Coelastruaceae	河生集星藻 *Actinastrum fluviatile*
		集星藻 *A. hantzschii*
	葡萄藻科 Botryccoccaceae	具钙葡萄藻 *Botryococcus braunii*
	丝藻科 Ulotrichaceae	长毛针丝藻 *Raphidonema longiseta*
		杆裂丝藻 *Stichococcus bacillaris*
		细丝藻 *Ulothrix tenerrima*
		多形丝藻 *U. variabilis*
		漂浮胶丝藻 *Gloeotila pelagica*
		简单尾丝藻 *Uronema simplicissmum*
		池生微孢藻 *Microspora stagnorum*
	鼓藻科 Desmidiaceae	纤细新月藻 *Closterium gracile*
		大宽带鼓藻 *Pleurotaenium maximum*
		凹顶鼓藻 *Euastrum ansatum*
		饱满凹顶鼓藻 *E. turgidum*
		近膨胀鼓藻 *Cosmarium subtumidum*
		颗粒鼓藻 *C. granatum*
		圆鼓藻 *C. circulare*
		尖刺棒形鼓藻 *Gonatozygon aculeatum*
		纤细新月藻 *Closterium gracile*
		库津新月藻 *C. kuetzingii*
		月牙新月藻 *C. cynthia*
		浮游角星鼓藻 *Staurastrum planctonicum*
		尖头叉星鼓藻 *Staurodesmus cuspidatus*

附 2-2　着生硅藻名录

目	科	种
圆筛藻目 Coscinodiscales	圆筛藻科 Coscinodiscaceae	梅尼小环藻 *Cyclotella meneghiniana*
		具星小环藻 *C. stelligera*
		广缘小环藻 *C. bodanica*
		冠盘藻 *Stephanodiscu* sp.
		偏心圆筛藻 *Coscinodiscus excentricus*
		颗粒直链藻 *Melosira granulata*
		颗粒直链藻极狭变种 *M. granulata* var. *angustissima*

目	科	种
圆筛藻目 Coscinodiscales	圆筛藻科 Coscinodiscaceae	颗粒直链藻极狭变种螺旋变形 *M. granulata* var. *angustissima* f. *spiralis*
		变异直链藻 *M. varians*
		意大利直硅藻 *M. italica*
		模糊直硅藻 *M. ambigua*
根管藻目 Rhizosoleniales	管型藻科 Solenicaceae	长刺根管藻 *Rhizosolenia longiseta*
盒形藻目 Biddulphiales	盒形藻科 Biddulphicaceae	扎卡四棘藻 *Attheya zachariasi*
		中华盒形藻 *Bidduiphia sinensis*
	盒角盘藻科 Eupodiscaceae	光滑侧链藻 *Pleurosira laevis*
无壳缝目 Araphidiales	脆杆藻科 Fragilariaceae	钝脆杆藻 *Fragilaria capucina*
		钝脆杆藻中狭变种 *F. brevistriata* var. *elliptica*
		短线脆杆藻 *F. brevistriata*
		短棍状 *F. nitzschioides*
		羽纹脆杆藻 *F. pinnata*
		连接脆杆藻 *F. construens*
		F. parasitica
		二头脆杆藻 *F. biceps*
		寄生脆杆藻 *F. parasitica*
		Tetracylus emarginatus
		绒毛平板藻 *Tebellaria flocculosa*
		窗格平板藻 *T. fenestrata*
		普通等片藻 *Diatoma vulgare*
		普通等片藻线性变种 *D. vulgare* var. *linearis*
		冬生等片藻 *D. hemae*
		中型等片藻 *D. mesodon*
		环状扇形藻 *Meridion circulare*
		缢缩扇形藻 *M. constrictum*
		尖针杆藻 *Synedra acus*
		尖针杆藻放射变种 *S. acus* var. *radians*
		粗针杆藻 *S. robusta*
		肘状针杆藻 *S. ulna*
		肘状针杆藻尖喙变种 *S. ulna* var. *oxyrhynchus*
		爆裂针杆藻 *S. rumpens*
		华丽星杆藻 *Asterionella formosa*
		弧形峨眉藻线性变种 *Ceratomneis arcus* var. *linearis* f. *recta*
		弧形峨眉藻 *C. arcus*

续表

目	科	种
拟壳缝目 Raphidionales	短缝藻科 Eunotiaceae	强壮短缝藻 *Eunotia valida*
		月形短缝藻 *E. lunaris*
		短小短缝藻 *E. exigua*
		拟短缝藻 *E. fallax*
		平行短缝藻 *E. parallela*
		弧形短缝藻 *E. arcus*
		二峰短缝藻 *E. diodon*
		弯曲短缝藻 *E. flexuoxa*
		篦行短缝藻 *E. pectinalis*
		缺刻短缝藻 *E. incisa*
双壳缝目 Biraphidinales	舟形藻科 Naviculaceae	小型舟形藻 *Navicula minuscula*
		N. upsaliensis
		极细舟形藻 *N. subtilissima*
		喙头舟形藻 *N. rhynchocephala*
		瞳孔舟形藻 *Navicula pupula*
		隐头舟形藻 *N. cryptocephala*
		N. explanata
		淡绿舟型藻线性变种 *N. viridula* var. *linearis*
		披针形舟型藻 *N. lanceolata*
		细长舟型藻 *N. gracilis*
		放射舟型藻 *N. radiosa*
		系带舟型藻 *N. cincta*
		系带舟型藻修弗变种 *N. cincta* var. *heufleri*
		杆状舟形藻 *N. bacillum*
		N. pseudotuscula
		斯潘塞布纹藻 *Gyrosgma spencerii*
		尖布纹藻 *G. acuminatum*
		渐狭布纹藻 *G. attenuatum*
		扭转布纹藻 *G. distortum*
		优美布纹藻 *G. eximinum*
		波罗的海布纹藻中华变种 *Gyrosgma balticum* var. *sinensis*
		锉刀布纹藻 *G. scalprodies.*
		类菱形肋缝藻 *Frustulia rhomboides*
		F. rhomboids var. *crassinervia*
		普通肋缝藻 *F. vulgaris*

续表

目	科	种
双壳缝目 Biraphidinales	舟形藻科 Naviculaceae	双头辐节藻 *Stauroneis anceps*
		双头辐节藻线形变种 *S. anceps* var. *linearis*
		尖辐节藻 *S. acuta*
		紫心辐节藻 *S. phoenicenteron*
		两尖辐节藻 *S. amphioxys*
		Hippodonta capitata
		北方羽纹藻 *Pinnularia borealis*
		歧纹羽纹藻近线形变种 *P. divergens* var. *sublinearies*
		歧纹羽纹藻 *P. divergens*
		极歧纹羽纹藻近喙头变种 *P. divergentissima* var. *subrostrata*
		P. brauniana
		不定羽纹藻 *P. erratica*
		P. eifelana
		同簇羽纹藻 *P. gentilis*
		杆状美壁藻 *Caloneis bacillum*
		短角美壁藻 *C. silicula*
		舒曼美壁藻 *C. schumanniana*
		斯密斯胸膈藻 *Mastogloia smithii*
		椭圆胸膈藻丹施变种 *M. elliptica* var. *Dansei*
		细纹长蓖藻尖头变种 *Neidium affine* var. *longiceps*
		虹彩长蓖藻 *N. iridis*
		二畦长蓖藻 *N. bisulcatum*
		伸长长蓖藻 *N. productum*
		卵圆双壁藻 *Diploneis ovalis*
		椭圆双壁藻 *D. elliptica*
		间断双壁藻 *D. interrupta*
		茧形藻 *Amphiprora* sp.
	桥弯藻科 Cymbellaceae	艾伦桥弯藻 *Cymbella ehrenbergii*
		近箱型桥弯藻 *C. subcistula*
		披针形桥弯藻 *C. lanceolata*
		膨胀桥弯藻 *C. tumida*
		胀大桥弯藻委内瑞拉变种 *C. turgidula* var. *Venezolana*
		两尖桥弯藻 *C. aphioxys*
		粗糙桥弯藻 *C. aspera*
		纤细桥弯藻 *C. gracillis*

目	科	种
双壳缝目 Biraphidinales	桥弯藻科 Cymbellaceae	小头桥弯藻 C. microcephala
		近轴桥弯藻 C. proxima
		胡斯特桥弯藻 C. hustedtii
		近缘桥弯藻 C. affinis
		相等桥弯藻 C. aequalis
		卵圆双眉藻 Amphora ovails
		A. pediculus
		普通内丝藻 Encyonema vulgare
		偏肿内丝藻 E. ventricosum
		隐内丝藻头 E. latens
		微小内丝藻 E. minutum
		埃尔金内丝藻 E. elginense
		近相等弯肋藻 Cymbopleura subaequalis
		尖形弯肋藻 C. acuta
		英吉利弯肋藻 C. anglica
		线性弯肋藻 C. linearis
	异极藻科 Gomphonemaceae	尖异极藻布雷变种 Gomphonema acuminatum var. brebissonii
		缢缩异极藻 G. constrictum
		缢缩异极藻意大利变种 G. constrictum var. Italicum
		尖顶异极藻 G. augur
		尖端异极藻 G. apicatum
		塔形异极藻 G. turris
		塔形异极藻中华变种 G. turris var. sinicum
		具球异极藻 G. sphaerophrum
		近棒形异极藻 G. subclavatum
		近棒形异极藻尖细变种 G. subclavatum var. acuminatum
		尖细异极藻 G. acuminatum
		尖细异极藻伯恩托克斯变种 G. acuminatum var. pantocsekii
		小型异极藻 G. parvulum
		纤细异极藻 G. gracile
		G. pumilum
		不定异极藻菱形变种 G. instablis var. rhombicum
		窄异极藻 G. angustatum

续表

目	科	种
单壳缝目 Monoraphidales	曲壳藻科 Achnantheaceae	扁圆卵形藻 *Cocconeis placentula*
		扁圆卵形藻多孔变种 *C. placentula* var. *euglypta*
		弯形弯楔藻 *Rhoicosphenia curvata*
		极细微曲壳藻 *Achnanthes minutissima*
		A. pusilla
		海德曲壳藻 *A. heideni*
		比索曲壳藻 *A. biasolettiana*
		披针形曲壳藻 *A. lanceolata*
		披针形曲壳藻可疑变种 *A. lanceolata* var. *dubia*
		披针形曲壳藻椭圆变种 *A. lanceolata* var. *elliptica*
		波缘曲壳藻 *A. crenulata*
		短小曲壳藻 *A. exigua*
管壳缝目 Aulonoraphidinales	菱形藻科 Nitzschiaceae	细长菱形藻 *Nitzschia gracilis*
		钝端菱形藻 *N. obtusa*
		N. brevissimn
		N. vermicularies
		类 S 形菱形藻 *N. sigmoidea*
		N. perminuta
		近线形菱形藻 *N. sublinearis*
		线形菱形藻 *N. linearis*
		碎片菱形藻 *N. frustulum*
		弯菱形藻 *N. sigma*
		直菱形藻 *N. recta*
		近粘连菱形藻斯科舍变种 *N. subcohaerens* var. *scotica*
		细端菱形藻 *N. dissipata*
		细端菱形藻中等变种 *N. dissipata* var. *media*
		N. brevissima
		新月菱形藻 *N. closterium*
		双尖菱板藻 *Hantzschia amphioxys*
		双尖菱板藻相等变种 *H. amphioxys* var. *aequalis*
	窗纹藻科 Epithemiaceae	侧生窗纹藻 *Epithemia adnata*
		斑纹窗纹藻 *E. zebra*
		弯棒杆藻 *Rhopalodia gibba*
	双菱藻科 Surirellaceae	窄双菱藻 *Surirella angusta*
		极小双菱藻 *S. minuta*

目	科	种
管壳缝目 Aulonoraphidinales	双菱藻科 Surirellaceae	线形双菱藻 *S. linearis*
		粗壮双菱藻 *S. robusta*
		卵圆双菱藻 *S. ovalis*
		拉普兰双菱藻 *S. lapponica*
		软双菱藻 *S. tenera*
		华彩双菱藻 *S. plendida*
		草鞋形波缘藻 *Cymatopleura solea*

附 2-3　浮游动物（轮虫）名录

目	科	种
游泳目 Ploimida	臂尾轮科 Brachionidae	萼花臂尾轮虫 *Brachionus calyciflorus*
		角突臂尾轮虫 *B. angularis*
		壶状臂尾轮虫 *B. urceolaris*
		十指臂尾轮虫 *B. militaris*
		花篋臂尾轮虫 *B. quadridentatus*
		螺形龟甲轮虫 *Keratella cochlearis*
		矩形龟甲轮虫 *K. quadrata*
		曲腿龟甲轮虫 *K. valga*
		裂痕龟纹轮虫 *Anuraeopsis fissa*
		舟形龟纹轮虫 *A. navicula*
		真跰轮虫 *Eudactylota eudactylota*
	鬼轮科 Tritrotriidae	台杯鬼轮虫 *Trichotria pocillum*
	晶囊轮科 Asplanchnidae	前节晶囊轮虫 *Asplanchna priodonta*
		西氏晶囊轮虫 *A. sieboldi*
		盖氏晶囊轮虫 *A. girodi*
		一种晶囊轮虫 *Asplanchna* sp.
	水轮科 Epiphanidae	椎尾水轮虫 *Epiphanes senta*
	腹尾轮科 Gastropodidae	腹足腹尾轮虫 *Gastropus hyptopus*
		小型腹尾轮虫 *G. stylifer*
		舞跃无柄轮虫 *Ascomorpha saltans*
		卵形无柄轮虫 *A. ovalis*
		没尾无柄轮虫 *A. ecaudis*
		一种无柄轮虫 *Ascomorpha* sp.

目	科	种
游泳目 Ploimida	异尾轮科 Trichocercidae	暗小异尾轮虫 T. pusilla
		等刺异尾轮虫 T. similis
		刺盖异尾轮虫 Trichocerca capucina
		二突异尾轮虫 T. bicrislata
		纵长异尾轮虫 T. elongata
		罗氏异尾轮虫 T. rousseleti
		细异尾轮虫 T. gracilis
		鼠异尾轮虫 T. rattus
		长刺异尾轮虫 T. longiseta
		纵长异尾轮虫 T. elongata
		对棘同尾轮虫 Diurella stylata
	疣毛轮科 Synchaeidae	长圆疣毛轮虫 Synchaeta oblonga
		长足疣毛轮虫 S. longipes
		梳状疣毛轮虫 S. pectinata
		颤动疣毛轮虫 S. tremula
		尖尾疣毛轮虫 S. stylata
		针簇多肢轮虫 Polyarthra trigla
	腔轮科 Lecanidae	矛趾腔轮虫 Lecane hastata
		月形腔轮虫 L. luna
		大腔轮虫 L. grandis
		一种腔轮虫 Lecane sp.
		月形单趾轮虫 Monostyla lunaris
		四齿单趾轮虫 M. quadridentata
		钝齿单趾轮虫 M. crenata
		精致单趾轮虫 M. elachis
		囊形单趾轮虫 M. bulla
		梨形单趾轮虫 M. pyriformis
	须足轮科 Euchlanidae	大肚须足轮虫 Euchlanis dilatata
		小须足轮虫 E. parra
		梨状须足轮虫 E. piriformis
		细趾须足轮虫 E. calpidia
	狭甲轮科 Colurellidae	盘状鞍甲轮虫 Lepadella patella
		冠突鞍甲轮虫 L. cristata
		五肋鞍甲轮虫 L. quinquecostata
		尖尾鞍甲轮虫 L. acuminata

续表

目	科	种
游泳目 Ploimida	狭甲轮科 Colurellidae	卵形鞍甲轮虫 *L. ovalis*
		钩状狭甲轮虫 *Colurella uncinata*
		钝角狭甲轮虫 *C. obtusa*
		偏斜钩状狭甲轮虫 *C. uncinata forma deflexa*
	椎轮科 Notommatidae	小巨头轮虫 *Cephalodella exigna*
		凸背巨头轮虫 *C. gibba*
		一种巨头轮虫 *Cephalodella* sp.
		弯趾椎轮虫 *Notommata cyrtopus*
		纵长晓柱轮虫 *Eothinia elongata*
		眼睛柱头轮虫 *Eosphora najas*
	棘管轮科 Mytilinidae	腹棘管轮虫 *Mytilina compressa*
	前翼轮科 Proalidae	简单前翼轮虫 *Proales simplex*
	高跷轮科 Scaridiidae	高跷轮虫 *Scaridium longicaudum*
	猪吻轮科 Dicranophoridea	猪前吻轮虫 *Aspelta aper*
		粗壮猪吻轮虫 *Dicranophorus robustus*
	镜轮科 Testudinellidea	镜轮虫一种 *Testudinella* sp.
		沟痕泡轮虫 *Pompholyx sulcata*
簇轮目 Flosculariacea	三肢轮科 Filiniidae	长三肢轮虫 *Filinia longiseta*
		臂三肢轮虫 *F. brachiata*
		顶生三肢轮虫 *F. terminalis*
	聚花轮科 Conochilidae	叉角拟聚花轮虫 *Conochilus dossuarius*
		独角聚花轮虫 *C. unicornis*
蛭态目 Bdelloidea	旋轮科 Philodinidae	旋轮虫 *Philodina* sp.

附2-4 大型底栖动物名录

门	纲	目	种
环节动物门 Annelida	蛭纲 Hirudinea	无吻蛭目 Arhynchobdellida	石蛭属 *Erpobdella* sp.
			宽体金线蛭 *Whitmania pigra*
		颚蛭目 Gnathobdellida	医蛭属 *Hirudo* sp.
		吻蛭目 Rhynchobdellida	扁舌蛭 *Glossiphonia complanata*
			宽身舌蛭 *Glossiphonia lata*
			泽蛭属 *Helobdella fusca*
			拟扁蛭属 *Hemiclepsis* sp.

续表

门	纲	目	种
环节动物门 Annelida	寡毛纲 Oligochaeta	颤蚓目 Tubificida	印西头鳃虫 *Branchiodrilus hortensis*
			苏氏尾鳃蚓 *Branchiura sowerbyi*
			霍甫水丝蚓 *Limnodrilus hoffmeisteri*
			癞颤蚓属 *Spirosperma* sp.
			中华河蚓 *Rhyacodrilus sinicus*
	多毛纲 Polychaeta	沙蚕目 Nereidida	寡鳃齿吻沙蚕 *Nephtys oligobranchia*
节肢动物门 Arthropoda	甲壳纲 Crustacea	端足目 Amphipoda	太湖大鳌蜚 *Grandidierella taihuensis*
			钩虾属 *Gammarus* sp.
		十足目 Decapoda	锯齿新米虾 *Neocaridina denticulata*
			秀丽白虾 *Exopalaemon modestus*
			日本沼虾 *Macrobrachium nipponense*
	昆虫纲 Insecta	鞘翅目 Coleoptera	龙虱科 Dytiscidae sp.
			Eulichas sp.
			Ordobrevia sp.
			Stenelmis sp.
			沼梭科 Haliplidae sp.
			四鳃扁泥虫属 *Eubrianax* sp.
			Psephenus sp.
			Ectopria sp.
			Berosus sp.
			牙甲属 *Hydrophilus* sp.
			水龟虫科 Hydrophilidae sp.
			水龟虫属 *Hydrocassis* sp.
			沼甲属 *Scirtes* sp.
			水梭属 *Peltodytes* sp.
			萤科 Lampyridae sp.
		双翅目 Diptera	Canacidae sp.
			蠓科 Ceratopogonidae sp.
			分离底栖摇蚊 *Benthalia dissidens*
			无突摇蚊属 *Ablabesmyia* sp.
			端心突摇蚊 *Cardiocladius capcinus*
			黄色羽摇蚊 *Chironomus flaviplumus*
			枝角摇蚊属 *Cladopelma lateralis*
			菱跗摇蚊属 *Clinotanypus* sp. 1

门	纲	目	种
节肢动物门 Arthrepoda	昆虫纲 Insecta	双翅目 Diptera	菱蚸摇蚊属 *Clinotanypus* sp. 2
			轮环足摇蚊 *Cricotopus anulator*
			双线环足摇蚊 *Cricotopus bicinctus*
			林间环足摇蚊 *Cricotopus sylvestris*
			三轮环足摇蚊 *Cricotopus triannulatus*
			三带环足摇蚊 *Cricotopus trifasciatus*
			平滑环足摇蚊 *Cricotopus vierriensis*
			隐摇蚊属 *Cryptochironomus* sp.
			弯铗摇蚊属 *Crytotendipes* sp.
			黑头二叉摇蚊 *Dicrotendipes nigrocephalicus*
			叶二叉摇蚊 *Dicrotendipus lobifer*
			三段二叉摇蚊 *Dicrotendipus triromus*
			淡绿二叉摇蚊 *Dicrotendipes pelochloris*
			二叉摇蚊属 *Dicrotendipes* sp.
			分齿恩非摇蚊 *Einfeldia dissidens*
			伸展内摇蚊 *Endochironomus tendens*
			真开氏摇蚊属 *Eukiefferiella* sp.
			柔嫩雕翅摇蚊 *Glyptotendipes cauliginellus*
			浅白雕翅摇蚊 *Glyptotendipes pallens*
			德永雕翅摇蚊 *Glyptotendipes tokunagai*
			雕翅摇蚊属 *Glyptotendipes severini-type*
			暗肩哈摇蚊 *Harnischia fuscimana*
			近藤水摇蚊 *Hydrobaenus kondoi*
			水摇蚊属 *Hydrobaenus* sp.
			多毛拉普摇蚊 *Lappodiamesa multiseta*
			多巴小摇蚊 *Microchironomus tabarui*
			软狭小摇蚊 *Microchironomus tener*
			黑斑倒毛摇蚊 *Microtendipes britteni*
			滤水直突摇蚊 *Orthocladius rivicola*
			溪流直突摇蚊 *Orthocladius rivulorum*
			直突摇蚊属 *Orthocladius* sp.
			拟突摇蚊属 *Paracladius* sp.
			拟枝角摇蚊属 *Paracladopelma* sp.
			白角多足摇蚊 *Polypedilum albicorne*
			黄色多足摇蚊 *Polypedilum flavum*

续表

门	纲	目	种
节肢动物门 Arthropoda	昆虫纲 Insecta	双翅目 Diptera	小云多足摇蚊 Polypedilum nubeculosum
			云集多足摇蚊 Polypedilum nubifer
			步行多足摇蚊 Polypedilum pedestre
			梯形多足摇蚊 Polypedilum scalaenum
			耐垢多足摇蚊 Polypedilum sordens
			多足摇蚊属 Polypedilum sp.
			前突摇蚊属 Procladius sp.
			Prodiamesa sp.
			红裸须摇蚊 Propsilocerus akamusi
			伪直突摇蚊属 Pseudorthocladius sp.
			五柄流长跗摇蚊 Rheotanytarsus pentapoda
			瑟摇蚊属 Sergentia sp.
			狭口摇蚊属 Stenochironomus mentum
			秋月齿斑摇蚊 Stictochironomus akizukii
			多齿齿斑摇蚊 Stictochironomus multannulatus
			齿斑摇蚊属 Stictochironomus sp.
			中国长足摇蚊 Tanypus chinensis
			长足摇蚊属 Tanypus sp.
			下凸长跗摇蚊 Tanytarsus chinyensis
			长跗摇蚊 Tanytarsus sp.
			拟枝角摇蚊属 Paracladopelma sp.
			细蚊属 Dixella sp.
			蚋科 Simuliidae sp.
			水虻属 Stratiomys sp.
			斑虻属 Chrysops sp.
			虻属 Tabanus sp.
			朝大蚊属 Antocha sp.
			细大蚊属 Dicranomyia sp.
			大蚊科 Tipulidae sp. 1
			大蚊科 Tipulidae sp. 2
			棘膝大蚊属 Holorusia sp.
			Nippotipula sp.
			舞虻科 Rhamphomyia sp.
			毛黑大蚊属 Hexatoma sp.
			Pilaria sp.
			棉大蚊属 Erioptera sp.

门	纲	目	种
节肢动物门 Arthropoda	昆虫纲 Insecta	蜉蝣目 Ephemeroptera	花翅蜉属 *Baetiella* sp.
			四节蜉属 *Baetis* sp.
			细蜉属 *Caenis* sp.
			带肋蜉属 *Cincticostella* sp.
			弯握蜉属 *Drunella* sp.
			小蜉属 *Ephemerella* sp.
			锯形蜉属 *Serratella* sp.
			天角蜉属 *Uracanthella* sp.
			蜉蝣属 *Ephemera* sp.
			高翔蜉属 *Epeorus* sp.
			扁蜉属 *Heptagenia* sp.
			等蜉属 *Isonychia* sp.
			宽基蜉属 *Choroterpes* sp.
			河花蜉属 *Potamanthus* sp.
			短丝蜉属 *Siphlomurus* sp.
			越南蜉属 *Vietnamella* sp.
		半翅目 Hemiptera	负子蝽科 Belostomatidae sp.
			划蝽科 Corixidae sp.
			蝎蝽科 Nepidae sp.
			黾蝽科 Gerridae sp.
			猎蝽科 Reduviidae sp.
			半翅目 Hemiptera sp.
		等足目 Isopoda	栉水虱属 *Asellus* sp.
			鼠妇属 *Porcellio* sp.
		鳞翅目 Lepidoptera	*Elophila interruptalis*
			Elophila sp.
			斑水螟属 *Eoophyla* sp.
			筒水螟属 *Parapoynx* sp.
		广翅目 Megaloptera	斑鱼蛉属 *Neochauliodes* sp.
			星齿蛉属 *Protohermes* sp.
		蜻蜓目 Odonata	绿蜓属 *Aeschnophlebia* sp.
			佩蜓属 *Periaeschra* sp.
			普蜓属 *Planaeschna* sp.
			色蟌属 *Calopteryx* sp.
			眉色蟌属 *Matrona* sp.

门	纲	目	种
节肢动物门 Arthropoda	昆虫纲 Insecta	蜻蜓目 Odonata	细蟌属 *Aciagrion* sp.
			小蟌属 *Agriocnemis* sp.
			尾蟌属 *Cercion* sp.
			黄蟌属 *Ceriagrion* sp.
			蟌属 *Coenagrion* sp.
			瘦蟌属 *Ischnura* sp.
			莫蟌属 *Mortonagrion* sp.
			斑蟌属 *Pseudagrion* sp.
			红蟌属 *Pyrrhosoma* sp.
			伟蜓属 *Anax* sp.
			蝶蜓属 *Chlorogomphus* sp.
			圆臀大蜓属 *Anotogaster* sp.
			亚春蜓属 *Asiagomphus* sp.
			戴春蜓属 *Davidius* sp.
			长腹春蜓属 *Gastrogomphus* sp.
			叶春蜓属 *Ictinogomphus* sp.
			环尾春蜓属 *Lamelligomphus* sp.
			硕春蜓属 *Megalogomphus* sp.
			长足蜻蜓属 *Merogomphus* sp.
			日蜻蜓属 *Nihonogomphus* sp.
			东方春蜓属 *Orientogomphus* sp.
			显春蜓属 *Phaenandrogomphus* sp.
			新叶春蜓属 *Sinictinogomphus* sp.
			华春蜓属 *Sinogomphus* sp.
			扩腹春蜓属 *Stylurus* sp.
			纤春蜓属 *Leptogomphus* sp.
			猛春蜓属 *Labrogomphus* sp.
			红蜻属 *Crocothemis* sp.
			红小蜻属 *Nannophya* sp.
			斜痣蜻属 *Tramea* sp.
			丽翅蜻属 *Rhyothemis* sp.
			褐蜻属 *Trithemis* sp.
			弓蜻属 *Macromia* sp.
			大蜻科 Macromiidae sp.
			长腹扇蟌属 *Coeliccia* sp.
			扇蟌属 *Platycnemis* sp.
			狭扇蟌属 *Copera* sp.

门	纲	目	种
节肢动物门 Arthropoda	昆虫纲 Insecta	襀翅目 Plecoptera	倍叉襀属 *Amphinemura* sp.
			Flavoperla sp.
			钩襀属 *Kamimuria* sp.
			新襀属 *Neoperla* sp.
			近襀属 *Neoperlops* sp.
		毛翅目 Trichoptera	异距枝石蛾属 *Anisocentropus* sp.
			径石蛾属 *Ecnomus* sp.
			舌石蛾属 *Glossosoma* sp.
			瘤石蛾属 *Goera* sp.
			弓石蛾属 *Arctopsyche* sp.
			侧枝纹石蛾亚属 *Ceratopsyche* sp.
			短脉纹石蛾属 *Cheumatopsyche* sp.
			纹石蛾属 *Hydropsyche* sp.
			鳞石蛾属 *Lepidostoma* sp.
			须长角石蛾属 *Mystacides* sp.
			栖长角石蛾属 *Oecetis* sp.
			长角石蛾科 Leptoceridae sp.
			Allocosmoecus sp.
			Amphicosmoecus sp.
			截脉沼石蛾属 *Apatania* sp.
			缺叉等翅石蛾属 *Chimarra* sp.
			Polycentropus sp.
			Atopsyche sp.
			喜马石蛾属 *Himalopsyche* sp.
			原石蛾属 *Rhyacophila* sp.
			角石蛾属 *Stenopsyche* sp.
			Uenoa sp.
			Brachycentras sp.
			Molannodes sp.
软体动物门 Mollusca	双壳纲 Bivalvia	贻贝目 Mytioida	淡水壳菜 *Limnoperna fortunei*
		蚌目 Unionoida	中国尖嵴蚌 *Acuticosta chinensis*
			椭圆背角无齿蚌 *Anodonta woodiana elliptica*
			圆背角无齿蚌 *Anodonta woodiana pacifica*
			背角无齿蚌 *Anodonta woodiana woodiana*
			背瘤丽蚌 *Lamprotula leai*

续表

门	纲	目	种
软体动物门 Mollusca	双壳纲 Bivalvia	蚌目 Unionoida	短褶矛蚌 *Lanceolaria grayana*
			射线裂脊蚌 *Schistodesmus lampreyanus*
			棘裂嵴蚌 *Schistodesmus spiosus*
			圆顶珠蚌 *Unio douglasiae*
		帘蛤目 Veneroida	河蚬 *Corbicula fluminea*
			中国淡水蛏 *Novaculina chinensis*
			湖球蚬 *Sphaerium lacustre*
	腹足纲 Gastropoda	基眼目 Basommatophora	萝卜螺属 *Radix* sp.
			椭圆萝卜螺 *Radix swinhoei*
			耳萝卜螺 *Radix auricularia*
			膀胱螺属 *Physa* sp.
			凸旋螺 *Gyraulus convexiusculus*
			尖口圆扁螺 *Hippeutis cantori*
			大脐圆扁螺 *Hippeutis umbilicalis*
		中腹足目 Mesogastropoda	长角涵螺 *Alocinma longicornis*
			檞豆螺 *Bithynia misella*
			大沼螺 *Parafossarulus eximius*
			纹沼螺 *Parafossarulus striatulus*
			方格短沟蜷 *Semisulcospira cancelata*
			放逸短沟蜷 *Semisulcospira libertina*
			特氏短沟蜷 *Semisulcospira telonaria*
			光滑狭口螺 *Stenothyra glabra*
			铜锈环棱螺 *Bellamya aeruginosa*
			中国圆田螺 *Cipangopaludina chinensis*

附 2-5　水生高等植物名录

科	种
木贼科 Equisetaceae	问荆 *Equisetum arvense*
	节节草 *Hippochaete ramosissimum*
水蕨科 Parkeriaceae	水蕨 *Ceratopteris thalictroides*
苹科 Marsileaceae	苹 *Marsilea quadrifolia*
槐叶苹科 Salviniaceae	槐叶苹 *Salvinia natans*
满江红科 Azollaceae	满江红 *Azolla imbricata*

科	种
蓼科 Polygonaceae	酸模叶蓼 *Polygonum lapathifolium*
	绵毛酸模叶蓼 *P. lapathifolium* var. *salicifolium*
	荭蓼 *P. orientale*
	水蓼 *P. hydropiper*
	愉悦蓼 *P. jucundum*
	蓼子草 *P. criopolitanum*
	戟叶蓼 *P. thunbergii*
	箭叶蓼 *P. sieboldii*
	长戟叶蓼 *P. maackianum*
	细叶蓼 *P. taquetii*
	齿果酸模 *Rumex dentatus*
	羊蹄 *R. japonicus*
石竹科 Caryophyllaceae	繁缕 *Stellaria media*
	中国繁缕 *S. chinensis*
	牛繁缕 *Myosoton aquaticum*
苋科 Amaranthaceae	喜旱莲子草 *Alternanthera philoxeroides*
	莲子草 *A. sessilis*
毛茛科 Ranunculaceae	石龙芮 *Ranunculus sceleratus*
	刺果毛茛 *R. muricatus*
	毛茛 *R. japonicus*
	肉根毛茛 *R. polii*
	水毛茛 *Batrachium bungei*
三白草科 Saururaceae	三白草 *Saururus chinensis*
睡莲科 Nymphaeaceae	莲 *Nelumbo nucifera*
	芡 *Euryale ferox*
金鱼藻 Ceratophvllaceae	金鱼藻 *Ceratophyllum demersum*
十字花科 Cruciferae	碎米荠 *Cardamine hirsuta*
	水田碎米荠 *C. lyrata*
	广东蔊菜 *Rorippa cantoniensis*
	球果蔊菜 *R. globosa*
	印度蔊菜 *R. indica*
	荠菜 *Capsella bursa-pastoris*
虎耳草科 Saxifragaceae	扯根菜 *Penthorum chinense*
蔷薇科 Rosaceae	朝天委陵菜 *Potentilla supina*
葫芦科 Cucurbitaceae	盒子草 *Actinostemma tenerum*

科	种
千屈菜科 Lythraceae	圆叶节节菜 *Rotala rotundifolia*
菱科 Trapaceae	菱 *Trapa bispinosa*
	四角菱 *T. quadrispinosa*
	细果野菱 *T. maximowiczii*
	野菱 *T. incisa*
	乌菱 *T. bicornis*
柳叶菜科 Onagraceae	丁香蓼 *Ludwigia prostrata*
	黄花水龙 *L. peploides* subsp. *stipulacea*
小二仙草科 Haloragidaceae	穗状狐尾藻 *Myriophyllum spicatum*
伞形科 Umbelliferae	水芹 *Oenanthe javanica*
	破铜钱 *Hydrocotyle sibthorpioides* var. *batrachium*
报春花科 Primulaceae	泽珍珠菜 *Lysimachia candida*
睡菜科 Menyanthaceae	荇菜 *Nymphoides peltatum*
	金银莲花 *N. indica*
唇形科 Labiatae	活血丹 *Glechoma longituba*
	薄荷 *Mentha haplocalyx*
	溪黄草 *Isodon serra*
马鞭草科 Verbenaceae	过江藤 *Phyla nodiflora*
爵床科 Acanthaceae	水蓑衣 *Hygrophila salicifolia*
玄参科 Scrophulariaceae	北水苦荬 *Veronica anagallis-aquatica*
	通泉草 *Mazus japonicus*
胡麻科 Pedaliaceae	茶菱 *Trapella sinensis*
狸藻科 Lentibulariaceae	黄花狸藻 *Utricularia aurea*
菊科 Compositae	马兰 *Kalimeris indica*
	虾须草 *Sheareria nana*
	蒌蒿 *Artemisia selengensis*
	钻叶紫菀 *Aster subulatus*
	鳢肠 *Eclipta prostrata*
泽泻科 Alismataceae	慈菇 *Sagittaria trifolia*
水鳖科 Hydrocbadtaceae	黑藻 *Hydrilla verticillata*
	水鳖 *Hydrocharis dubia*
	苦草 *Vallisneria natans*
	水车前 *Ottelia alismoides*

科	种
眼子菜 Potamogetonaceae	眼子菜 *Potamogeton distinctus*
	竹叶眼子菜 *P. malaianus*
	微齿眼子菜 *P. maackianus*
	菹草 *P. crispus*
	尖叶眼子菜 *P. oxyphyllus*
茨藻科 Najadaeeae	小茨藻 *Najas minor*
	大茨藻 *N. marina*
	草茨藻 *N. graminea*
雨久花科 Pontederiaceae	凤眼莲 *Eichhornia crassipes*
灯心草科 Juncaceae	灯心草 *Juncus effusus*
鸭跖草科 Commelinaceae	鸭跖草 *Commelina communis*
	水竹叶 *Murdannia triquetra*
谷精草科 Eriocaulaceae	谷精草 *Eriocaulon buergerianum*
禾本科 Gramineae	菰 *Zizania latifolia*
	芦苇 *Phragmites australis*
	芦竹 *Arundo donax*
	早熟禾 *Poa annua*
	光头稗 *Echinochloa colona*
	长芒稗 *E. caudata*
	狗牙根 *Cynodon dactylon*
	马唐 *Digitaria sanguinalis*
	假稻 *Leersia japonica*
	水禾 *Hygroryza aristata*
	牛鞭草 *Hemarthria altissima*
	狗尾草 *Setaria viridis*
	荩草 *Arthraxon hispidus*
	虉草 *Phalaris arundinacea*
	看麦娘 *Alopecurus aequalis*
	茵草 *Beckmannia syzigachn*
	双穗雀稗 *Paspalum distichum*
	鹅观草 *Roegneria kamoji*
	荻 *Triarrhena sacchariflora*
天南星科 Araceae	菖蒲 *Acorus calamus*
	石菖蒲 *A. tatarinowii*
	芋 *Colocasia esculenta*

科	种
浮萍科 Lemnaeeae	紫萍 *Spirodela polyrrhiza*
	浮萍 *Lemna minor*
香蒲科 Typhaceae	香蒲 *Typha orientalis*
	水烛 *T. angustifolia*
莎草科 Cyperaceae	水葱 *Scirpus validus*
	藨草 *S. triqueter*
	香附子 *Cyperus rotundus*
	聚穗莎草 *C. glomeratus*
	高杆莎草 *C. exaltatus*
	碎米莎草 *C. iria*
	垂穗薹草 *Carex dimorpholepis*
	陌上菅 *C. thunbergii*
	牛毛毡 *Eleocharis yokoscensis*
	具槽秆荸荠 *E. valleculosa*

附 2-6　鱼类物种名录

目	科	种	1959～1963 年	2002～2004 年	2012～2013 年
鲟形目 Acipenseriformes	鲟科 Acipenseridae	中华鲟 *Acipenser sinensis*	+		
	匙吻鲟科 Polydontidae	白鲟 *Psephurus gladius*	+		
鲱形目 Clupeiformes	鳀科 Engraulidae	短颌鲚 *Coilia brachygnathus*		+	+
		鲚 *C. ectenes*	+	+	
	鲱科 Clupeidae	鲥 *Terualosa reevesii*	+		
鲑形目 Salmoniformes	银鱼科 Salangidae	大银鱼 *Protosalanx hyalocranius*	+		+
		太湖新银鱼 *Neosalanx taihuensis*	+	+	
		短吻间银鱼 *Hemisalanx brachyrostralis*	+		
鳗鲡目 Anguilliformes	鳗鲡科 Anguillidae	鳗鲡 *Anguilla japonica*	+	+	
鲤形目 Cypriniformes	鲤科 Cyprinidae	宽鳍鱲 *Zacco platypus*			+
		马口鱼 *Opsariichthys bidens*			+
		南方马口鱼 *O. uncirostris*	+	+	

续表

目	科	种	1959 ~ 1963 年	2002 ~ 2004 年	2012 ~ 2013 年
鲤形目 Cypriniformes	鲤科 Cyprinidae	中华细鲫 *Aphyocypris chinensis*			+
		青鱼 *Mylopharyngodon piceus*	+	+	+
		草鱼 *Ctenopharyngodon idellus*	+	+	+
		鯮 *Luciobrama macrocephalus*	+		
		鳡 *Elopichthys bambusa*	+	+	
		尖头鲅 *Phoxinus oxycephalus*			+
		赤眼鳟 *Spualiobarbus curriculus*	+		
		鲢 *Hypophthalmichthys molitrix*	+	+	+
		鳙 *Aristichthys nobilis*	+	+	+
		鰲 *Hemiculter leucisculus*	+	+	+
		贝氏鰲 *H. bleekeri*	+	+	
		寡鳞飘鱼 *Pseudolaubuca engraulis*	+	+	
		飘鱼 *P. sinensis*	+	+	
		似鳡 *Toxabramis swinhonis*	+	+	
		红鳍原鲌 *Cultrichthys erythropterus*	+	+	+
		翘嘴鲌 *Erythroculter ilishaeformis*	+	+	+
		达氏鲌 *Culter dabryi*	+	+	
		蒙古鲌 *Culter mongolicus*	+	+	+
		尖头鲌 *Culter oxycephalus*	+		
		拟尖头鲌 *Culter oxycephaloides*	+		
		鳊 *Parabramis pekinensis*	+	+	+
		团头鲂 *Megalobrama amblycephala*		+	+
		鲂 *M. skolkovii*		+	
		三角鲂 *M. terminalis*	+		
		细鳞鲴 *Xenocypris microlepis*	+		+
		黄尾鲴 *X. davidi*	+		+
		银鲴 *X. argentea*	+		
		似鳊 *Pseudobrama simoni*	+		+
		无须鱊 *A. gracilis*		+	
		斑条鱊 *A. taenianalis*	+		+
		短须鱊 *A. barbatulus*			+
		越南鱊 *A. tonikinensis*		+	
		兴凯鱊 *A. chankaensis*	+	+	
		大鳍鱊 *A. macropterus*	+	+	

353

续表

目	科	种	1959～1963年	2002～2004年	2012～2013年
鲤形目 Cypriniformes	鲤科 Cyprinidae	寡鳞鱊 A. hypselonotus	+		
		彩石鳑鲏 Rhodeus lighti	+	+	+
		高体鳑鲏 R. ocellatus	+	+	
		光唇鱼 Acrossocheilus fasciatus			+
		花䱻 Hemibarbus maculatus	+	+	+
		唇䱻 H. labeo	+		+
		麦穗鱼 Pseudorasbora parva	+	+	+
		黑鳍鳈 Sarcocheilichthys nigripinnis		+	+
		华鳈 S. sinensis	+	+	+
		亮银鮈 Squalidus nitens			+
		银鮈 S. argentatus			+
		蛇鮈 Saurogobio dabryi	+	+	+
		长蛇鮈 Saurogobio dumerili	+	+	
		棒花鱼 Abbottina rivularis	+	+	
		福建小鳔鮈 Microphysogobio fukiensis			+
		嵊县小鳔鮈 M. chengsiensis			+
		似刺鳊鮈 Paracanthobrama guichenoti	+		
		隐须颌须鮈 Gnathopogon nicholsi	+		
		银色颌须鮈 G. argentatus	+	+	
		吻鮈 Rhinogobio typus		+	
		铜鱼 Coreius heterodon	+		
		鲤 Cyprinus carpio	+	+	+
		德国锦鲤 C. carpio			+
		鲫 Carassius auratus	+	+	+
	鳅科 Cobitidae	紫薄鳅 Leptobotia taeniops	+		+
		武昌副沙鳅 Parabotia banarescui			+
		黄沙鳅 Botia xanthi	+	+	
		中华花鳅 Cobitis sinensis			+
		泥鳅 Misgurnus anguillicaudatus	+	+	+
		大鳞副泥鳅 Paramisgurnus dabryanus			+
	胭脂鱼科 Catostomidae	胭脂鱼 Myxocyprinus asiaticus	+		

目	科	种	1959~1963年	2002~2004年	2012~2013年
鲇形目 Siluriformes	鲇科 Siluridae	鲇 *Silurus asotus*	+	+	+
	鲿科 Bagridae	黄颡鱼 *Pelteobagrus fulvidraco*	+	+	+
		瓦氏黄颡鱼 *P. vachelli*	+		
		光泽黄颡鱼 *P. nitidus*	+	+	
		长须黄颡鱼 *Pelteobagrus eupogon*	+		
		切尾拟鲿 *Pseudobagrus truncates*			+
		白边拟鲿 *P. albomarginatus*	+		+
		乌苏拟鲿 *P. ussuriensis*	+		
		长吻鮠 *Leiocassis longirostris*	+		
		粗吻鮠 *L. crassilabris*	+		
		叉尾鮠 *Leiocassis tenuifurcatus*	+		
		大鳍鳠 *Mystus macropterus*	+		
	钝头鮠科 Amblycipitidae	司氏鉠 *Liobagrus styani*			+
鳉形目 Cyprinodontiformes	鳉科 Cyprinodontidae	中华青鳉 *Oryzias latipes sinensis*		+	+
	胎鳉科 Poeciliidae	食蚊鱼 *Gambusia affinis*			+
颌针鱼目 Beloniformes	鱵科 Hemiramphidae	间下鱵鱼 *Hemiramphus intermedius*	+	+	+
合鳃鱼目 Synbranchiformes	合鳃鱼科 Synbranchidae	黄鳝 *Monopterus albus*	+	+	+
鲈形目 Perciformes	鮨科 Serranidae	波纹鳜 *S. undulata*			+
		鳜 *Siniperca chuatsi*	+	+	+
		长身鳜 *Coreosiniperca roulei*	+		
		大眼鳜 *S. kneri*	+		
	塘鳢科 Eleotridae	中华沙塘鳢 *Odontobutis sinensis*		+	+
		褐塘鳢 *Eleotris fusca*	+		
		黄黝 *Hypseleotris swinhonis*	+	+	+
		葛氏鲈塘鳢 *Perccottus glehni*	+		
	虾虎鱼科 Gobiidae	子陵吻虾虎鱼 *Rhinogobius giurinus*	+	+	+
	斗鱼科 Belontiidae	圆尾斗鱼 *Macropodus chinensis*	+	+	+

续表

目	科	种	1959~1963 年	2002~2004 年	2012~2013 年
鲈形目 Perciformes	鳢科 Channidae	乌鳢 Channa argus	+	+	+
	刺鳅科 Mastacembelidae	刺鳅 Mastacembelus aculeatus	+	+	+
鲽形目 Pleuronectiformes	舌鳎科 Cynoglossidae	窄体舌鳎 Cynoglossus gracilis	+		
鲀形目 Tetraodontiformes	鲀科 Tetraodontidae	弓斑东方鲀 Fugu ocellatus	+		
		暗色东方鲀 F. obscurs	+		
		红鳍东方鲀 F. rubripes	+		